高等学校人工智能教育丛书

机器学习基础教程

Fundamentals of Machine Learning

姚舜才　孙传猛　编著

西安电子科技大学出版社

内容简介

本书介绍了机器学习的基本算法、历史发展、应用前景及相关问题。内容包括：机器学习所涉及的必要的数学知识，机器学习的基本模式和任务，神经网络的基本理论及算法结构，分类与聚类学习算法，数据维度归约的基本方法，图理论及方法以及当前比较流行的机器学习理论和算法。本书在加深学生对经典机器学习方法理解的基础上适当扩展其视野，以培养和提高其解决实际问题的能力。

本书可作为高等学校人工智能相关专业的教材，也适合该领域的工程技术人员参考使用。

图书在版编目(CIP)数据

机器学习基础教程 / 姚舜才，孙传猛编著. —西安：西安电子科技大学出版社，2020.3
(2022.4 重印)
ISBN 978-7-5606-5551-2

Ⅰ. ① 机…　Ⅱ. ① 姚…　② 孙…　Ⅲ. ① 机器学习—高等学校—教材
Ⅳ. ① TP181

中国版本图书馆 CIP 数据核字(2019)第 289409 号

策　　划　李惠萍
责任编辑　宁晓蓉
出版发行　西安电子科技大学出版社(西安市太白南路 2 号)
电　　话　(029)88202421　88201467　　　邮　　编　710071
网　　址　www.xduph.com　　　　　　　电子邮箱　xdupfxb001@163.com
经　　销　新华书店
印刷单位　陕西天意印务有限责任公司
版　　次　2020 年 3 月第 1 版　2022 年 4 月第 2 次印刷
开　　本　787 毫米×960 毫米　1/16　印张　15
字　　数　308 千字
印　　数　2001～3000 册
定　　价　35.00 元
ISBN 978-7-5606-5551-2/TP

XDUP 5853001-2

前　言

近年来，人工智能(AI)的发展如火如荼，在很多领域都显示了强大的生命力。机器学习算法作为人工智能的核心也受到了广泛的重视。鉴于此，普及机器学习的基本知识，让更多的人特别是青年学生深入了解机器学习，进而在工作中将机器学习的理论和方法进行有效应用，就成为一项很重要的工作。目前，对于机器学习进行介绍和研究的书籍已经有不少，这些书籍大多出自国内外业界翘楚之手，其学术水平自不待言。然而这些书籍更多地着眼于学术上的严谨性和结构上的完整性，数学分析及推导的内容较多，而且基本都是“大部头”著作，对于处于入门阶段的读者来讲，可能阅读和理解起来较为困难。为了帮助广大读者打开机器学习这个领域的大门，我们精心编写了本书。在本书的编写过程中，我们以逻辑清晰、突出重点、简洁明了、方便接受、好学好懂为原则，尽量用较为平实的语言对机器学习的方法进行描述，以便于理解。在此基础上再渐次加深难度，逐步引领读者步入机器学习的殿堂。

本书以典型和常见的机器学习算法为例进行介绍，全书内容共分八章。第一章绪论，主要介绍了机器学习的基本情况、该领域的重要人物、学术流派、发展历程以及应用前景，同时对由机器学习发展所产生的社会影响也做了相应评述；第二章对机器学习所用到的数学知识进行了回顾和补充，主要集中在矩阵理论和统计学方面；第三章对机器学习的基本任务和学习模式进行了阐述，特别是对基于机器学习的拟合(回归)方法进行了讨论；第四章较为全面地介绍了神经网络这一机器学习的重要分支，对神经网络的工作机理进行了分析和评介；第五章对于作为机器学习基本任务之一的分类和聚类方法，从基本的基于统计的分类、聚类方法到现在较为先进的方法均进行了介绍；第六章对数据维度归约方法进行了介绍，内容涉及基于多元统计的方法及多类数据特征提取等；第七章对图方法进行了介绍，特别是对于决策树理论进行了较为详细的分析；第八章介绍了当前主流的、较为典型的机器学习方法，在一定程度上属于拓展视野的内容。

本书第一至第四章、第六章、第八章由姚舜才编写，第五章、第七章由孙传猛编写。全书由姚舜才统稿定稿。本书配有教学PPT演示文档，读者可从出版社网站下载。

本书的编写得到了西安电子科技大学出版社李惠萍老师的帮助和鼓励，在此表示衷心的感谢！

机器学习的发展日新月异，而本书作者的知识学养水平有限，书中难免存在不当之处，恳请广大读者及专家不吝指正。

编著者

2019年10月

目　录

第一章 绪 论

机器学习(Machine Learning)是近年来非常引人注目的学科，相关的新闻报道和“消息快餐”经常会出现在各种媒体上。一般来说，人们很难将“机器”和“学习”这两个词联系起来。因为，在很多人看来好像只有“人”才具有“学习”的能力，而机器一般应该是冷冰冰的，易给人留下“傻、大、黑、粗”的印象，机器也能“学习”？有这种想法其实并不奇怪，因为这要看怎样定义“机器”和“学习”。在18世纪工业革命时期，机器主要是在体力上代替人力进行工作，将人们从手工业的劳作中解放出来。那时的机器确实很难让人们觉得机器能够“学习”。但是时代在不断地发展，到了21世纪的今天，各种技术的进步让不同年龄的人都感到应接不暇，“机器”这个词的内涵和外延也发生了很多变化。如果我们不把机器仅仅看作是“各种金属和非金属部件组装成的装置”(百度百科)而适当扩大一些，例如可以将多媒体电脑和智能手机也列入“机器”的行列，就会发现机器其实也有一点“小脑筋”！工业革命时期的机器确实不能与之相提并论。那么多媒体电脑和智能手机能够“学习”吗？这也要看怎样来定义“学习”。哲学家、心理学家对于学习都会有不同的看法。诚然，学习是人类具有的一种重要智能行为，但如果将学习定义为人类所特有的活动，那么机器肯定就被排除在外了。同样，我们不妨将学习的范围再适当扩大些，例如我们在很多场合能够看到动物经过一定的训练，可以获得一些技能并进行表演。如果这些可以列入学习的范畴，那么多媒体电脑/智能手机的智力水平和学习能力肯定比那些动物强！它可以很快地“认出”一个人，可以推断出你的购物习惯，可以“造”出一幅你心目中的画作等。

由此可以看出，能够进行学习的机器实际上是一种高级的计算机，而这种机器进行学习的过程是要设计合适的算法，使得这种足够“聪明”和富有“智能”的机器进行一些合乎逻辑的推断。机器学习是依赖于高性能计算机和优秀算法的，是建立在高性能计算机平台上的多学科相互交叉的一门新兴学科。在这众多的、相互交叉的学科中，不仅会涉及概率论与数理统计、微积分、代数学、控制论这些传统的工程学科，也会涉及神经科学、仿生智能等新兴的、非传统的工程学科。机器学习仿佛使计算机有了更加优秀的“灵魂”，使其完成了很多令人叹为观止和不可思议的工作，例如从20世纪末的“深蓝”大战卡斯帕罗夫到近些年的AlphaGo与李世石围棋对弈都使人工智能和机器学习名声大噪。

在这种形势下，我们实在没有理由不对机器学习进行一番研究，搞清楚其基本的运行机制，并在此基础上不断在各方面推进机器学习的发展，让机器的学习能力达到更加让人惊叹的新高度。

1.1 机器学习发展简史与概况

谈到机器学习就不可能绕开人工智能，但是人工智能的发展历史却不那么容易界定。这主要是因为对于“智能”的理解不同。很多人将人工智能与工程控制理论结合起来，这样的话智能机器的历史甚至可以追溯到两千多年前。例如在中国古代出现的指南车(图 1.1)和记里鼓车(图 1.2)都可以算作智能机器。无论指南车怎样行进，车上的小人的手臂会一直指向南方，这也能体现出这种机器的“智能”——毕竟它始终“知道”哪里是南方。记里鼓车则会在行驶到一定的里程时发出相应的提醒或报告。

图 1.1 指南车模型

图 1.2 记里鼓车模型

很明显，这两种机器实际上是运用反馈控制的基本原理来实现其功能的，但是将反馈原理列入人工智能或机器学习的范畴似乎有些牵强。又有些人提出“智能”应该包括记忆功能，于是那些具有记忆功能的装置和芯片也被列入了“智能”的范畴。人工智能或机器学习应该具有基本的记忆功能，但是将具有记忆功能的装置称为“智能”未免也有拔高之嫌。那么，人工智能和机器学习应该起源于何时呢？一般认为，人工智能和机器学习缘起于一次会议——达特茅茨(Dartmouth)会议。

1956 年夏，美国学者麦卡锡(John McCarthy，1927—2011)、明斯基(Marvin Lee Minsky，1927—2016)、纽厄尔(Allen Newell，1927—1992)、司马贺(Herbert Alexander Simon，1916—2001)(图 1.3)聚集在达特茅茨一起讨论关于信息处理的学术问题。在这次会议上首次提出了“人工智能”这一术语，一般认为这就是人工智能和机器学习的起源。

在此后的将近 10 年间，也就是到 20 世纪 60 年代中叶，机器学习的主要研究方向集中在知识学习方面，研究的主题是系统的执行能力，研究内容在于对数据的优化处理，即智能系统在接收到相应的数据后进行自寻优的过程，需要设计在现在看来较为简单的算法使系统能够自动进行优化处理，例如某些棋局对弈程序。在这段时期一个令人瞩目的发展是神经网络方法的不断完善。虽然在 20 世纪 40 年代末已经出现了“Hebbian 学习规则”，但是这种学习机制在处理有标签的学习问题时存在较大缺陷，因此限制了其使用范围。1958 年，

Rosenblatt 提出了线性感知机模型，通过不断地进行迭代解决了线性可分问题。与之相应，有监督的学习算法、梯度下降寻优等学习规则也应运而生。这个阶段，感知机被应用在声音、信号的识别方面，同时学习记忆能力也得到了提高。

麦卡锡(John McCarthy)　明斯基(Marvin Lee Minsky)　司马贺(Herbert Alexander Simon)

图 1.3 达特茅茨会议主要与会者

从 20 世纪 60 年代中叶到 70 年代中叶，人们逐渐发现了线性感知机所存在的问题。由于在机器学习过程中需要处理较大数量的数据，而当时计算机的计算速度和存储容量都不能满足需要，因此神经网络的研究受到了冷落。人工智能和机器学习领域的研究人员不再对基于数据的研究模式感兴趣，而是转向了逻辑分析和推理模型方面。在这期间专家系统逐渐发展了起来。专家系统通常由知识库、推理机及解释器等组成。在知识库中存放有对于问题求解所需要的专家知识，而推理机负责运用知识库中所存储的知识来进行问题求解。在推理过程中，推理机会针对问题与知识库中的知识进行反复比较和匹配，从而得出结果。解释器主要是进行问题解释，例如为什么要提出相应的问题，在得出结论的过程中，机器(计算机)的运算过程是怎样的，即机器是如何得出结论的。专家系统的基本结构如图 1.4 所示。

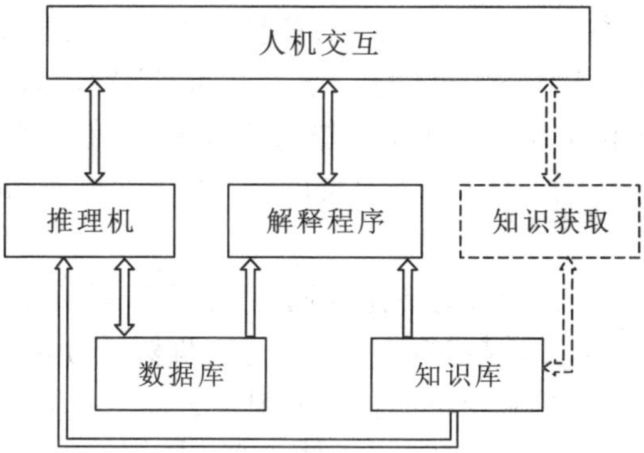

图 1.4 专家系统的基本结构

在专家系统蓬勃发展的同时，也有人指出了其存在的一些问题，这主要表现在：专家知识库中各条规则的相互关系并不明确，单独的一条规则表述比较简单，但是当规则的量增大时，其中的逻辑关系却不能进行交互，很难看到单个规则对于决策所起的作用，也就是说，专家系统缺乏分层的知识表达；其次，专家系统的搜索策略效率不高，对于大型系统，推理引擎会搜索所有的规则，这就限制了专家系统的应用，即其不适于大型系统的实时处理；此外，专家系统几乎没有学习能力，它只能在现有的规则中进行推理，而不能不断地从实践中调整和丰富知识库。知识库的更新仍然需要人工来进行。

尽管专家系统存在这些问题，但仍然完成了在那个年代所被赋予的任务，这是人工智能走过的一个必不可少的阶段。虽然它并不能进行自我学习，但是它为以后人工智能向机器具有自动学习的功能迈进提供了发展方向。

在接下来的十年间，围绕专家系统知识库的自我更新和知识获取的研究促进了机器学习的发展。同时计算机科学和技术的不断进步，也使得智能系统与实际工程问题相结合成为可能。1980 年夏天，第一届机器学习研讨会在美国卡内基-梅隆大学举行，这可以视作机器学习的正式登场。1986 年，在司马贺等人的共同促进下，国际性学术杂志《Machine Learning》正式创刊，使得机器学习发展更加迅速。在这个阶段，反馈型神经网络的提出使得感知机“进化”为神经网络。连接主义的理论为神经网络的发展提供了心理学和哲学的基础。各种形式的智能算法几乎都依附于神经网络，通过改变网络结构和活化函数来处理不同的问题，同时对于提高神经网络的特性(例如稳定性、收敛情况)的研究也层出不穷。这段时间堪称神经网络(感知机)的全面复兴时期。人们对于神经网络充满了空前的信心，神经网络的热度不但涉及科学技术领域，而且也扩散到了其他很多领域：很多科幻小说甚至是儿童动画片都以连接主义、神经网络的基本技术为背景，日本著名动画片《铁臂阿童木》就是其中的典型范例。

20 世纪 80 年代以后，人工智能的发展似乎放缓了许多。因为在这一阶段信息技术、互联网技术更为热门。很多相关领域的研究人员将精力放在了这些方面，而人工智能似乎被冷落了。此外，在人工智能范围内，也出现了各学派相互争鸣的态势，例如基于统计学理论的统计学习方法对神经网络的批评，仿生智能的遗传算法、智能群体算法对于寻优方法的不断改进等。但从另一方面看，这种局面也可以看作是人工智能/机器学习领域百花齐放的一个开端。

进入 21 世纪以后，模式识别成为信息领域的“显学”。随着图像识别、自然语言处理、机器翻译等领域所提出的要求不断提升，人工智能和机器学习有了长足的进步。特别是在 2016 年韩国棋手李世石与谷歌 AlphaGo 进行的围棋人机大战中，人工智能 AlphaGo 以总比分 4∶1 获胜，更使人工智能、深度学习名声大噪，又一次掀起了机器学习研究的高潮。当前，机器学习的发展正蓬勃进行，其发展前景也许真正是不可限量的。

1.2 机器学习的研究与应用现状

在机器学习领域始终存在着两种方向、两大派别。一种是以传统统计学作为其坚实的基础，并在此基础上不断进行改进和发展，例如统计学习理论和由此而发展出的支持向量机方法；而另一种则是仿生智能，学者们受到生物智能或神经科学的启发而得出了一系列智能方法，例如遗传算法、神经网络等。

传统统计学对于机器学习方面的基础贡献主要来源于传统统计学中的多元统计分析。多元统计分析是对于标量数据统计的扩展。多元统计分析方法建立在严密的数学推理基础上，对于数据样本的分析给出了详尽的分析过程和不容辩驳的结果。很多基于统计方法的机器学习都能在多元统计分析的范畴进行溯源，例如线性分类、聚类、主成分分析等。在某种程度上，可以说多元统计分析是机器学习中进行数据分析的基础。当然，多元统计分析方法也存在一些问题。首先，多元统计方法始终还是一种静态分析方法，对于动态系统的数据建模，多元统计方法是无能为力的；其次，由于过多关注数学分析的严密性，多元统计方法的计算量比较大。针对这种情况，动态的时间序列分析就作为建模方面的一个有效补充。时间序列的动态建模方法更便于刻画动态系统的特性。从机器学习的分类上来说，动态时间序列建模一般被排除在外。这可能是动态时间序列建模所解决的问题与机器学习所解决的问题不同所导致的。动态时间序列建模可能更关注系统的过程和动态性能，同时也为系统的控制提供依据；而机器学习的任务可能更主要地集中在静态的分类、聚类和数据降维等方面。关于建模(拟合与回归)，不论线性与非线性，可能机器学习更关注静态分析。

经过多年的不断发展，统计学派在贝叶斯理论的基础上形成了统计学习的方法，因此也有人称之为“贝叶斯派”。这个学派的主要代表人物是弗拉基米尔·瓦普尼克(Vladimir N. Vapnik，1936—)和阿列克谢·切沃宁基斯(Alexey Chervonenkis，1938—2014)(图 1.5)。

弗拉基米尔·瓦普尼克(Vladimir N. Vapnik)

阿列克谢·切沃宁基斯(Alexey Chervonenkis)

图 1.5 统计学习方法的主要代表人物

统计学习学派认为，机器学习就是从给定的函数集 $f(x, \alpha)$(其中 α 是参数)中选择出能够最好地逼近训练器响应的函数，也就是要根据 n 个独立同分布的观测样本 (x_1, y_1)，(x_2, y_2)，…，(x_n, y_n)，在一组函数 $\{f(x, \alpha)\}$ 中求出一个最优函数 $f^*(x, \alpha)$，对训练器的响应进行估计并使其期望风险达到最小，即

$$\min_{f^*(x,\alpha)} R(\alpha) = \min_{f^*(x,\alpha)} \int L(y, f(x, \alpha)) \mathrm{d}P(x, y) \tag{1.1}$$

这样一来，在解决机器学习的问题(特别是模式识别与建模拟合)时，就需要寻找待求的函数，然后用估计的密度得出相应的函数。根据概率论中的大数定理，可用算术平均代替数据期望，于是可以用经验风险

$$R_{\mathrm{emp}}(\omega) = \frac{1}{n} \sum_{i=1}^{n} L(y_i, f(x_i, \omega)) \tag{1.2}$$

来代替期望风险。由于在实际的工作中，当时的神经网络对于问题的泛化控制并不尽如人意，因此，统计学习理论学派指出，“在解决一个给定问题时，要设法避免把解决一个更为一般的问题作为其中间步骤”。同时还对神经网络等仿生智能方法作出评价：“……同理，与 SVM(支持向量机，由统计学习理论直接发展而来)相比，NN(神经网络)不像一门科学，更像一门工程技巧”，甚至对神经网络的科学性提出了质疑(《统计学习理论的本质》)。这些可以看作是统计学习理论与以神经网络为代表的仿生智能的争鸣。在此过程中，统计学习理论有了较大发展，由统计学习理论直接发展而来的支持向量机及其衍生方法在很长一段时间里占据了机器学习领域的主要阵地。而另一方面，仿生智能也在不断发展，特别是在前述的围棋大战中，由神经网络的“升级版”——深度学习所主导的机器学习方法又貌似占据了这个领域的制高点。神经网络方法的主要代表人物见图 1.6。

Warren McCulloch
(1898—1969)

Walter Pitts
(1923—1969)

Frank Rosenblatt
(1928—1971)

图 1.6 神经网络方法主要代表人物

仿生智能作为机器学习的一个重要分支和学派，与统计学派相比可能在理解上更为容易，同时在普及程度上也似乎比统计学派更广一些。在这个学派中又有很多分支，例如生

物遗传算法、粒子群算法等，其中最具有代表性的莫过于神经网络了。下面先介绍神经网络算法的基本情况。神经网络的初期形式是线性感知机，其基本的灵感来源是人类神经元的模型。1943 年，心理学家 W. McCulloch 与数理逻辑学家 W. Pitts 在对人的神经元反射进行研究后，提出了神经元的基本数学模型，这种模型被称为 MP 模型，如图 1.7 所示。MP 模型可以通过一个带参函数 $f(x, w)$实现对一些线性分类问题的处理。虽然其参数 w（权重）一般由人为设定，看上去没有那么“智能”，但这种模型确实开启了神经网络学习模式的新时代。

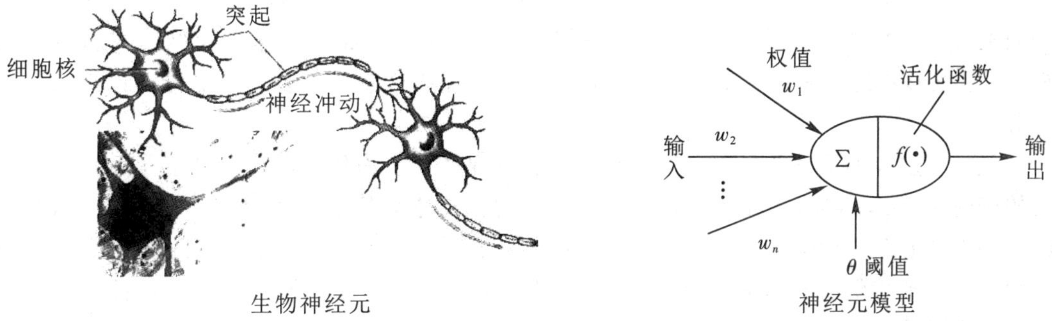

图 1.7 生物神经元与神经元模型的对照

20 世纪 50 年代末，F. Rosenblatt 将单个的神经元网络模型发展成为多层感知机。这时候该模型就有了非常正式的名字“神经网络”。虽然它的“反对派”们仍然有些不屑地称其为“感知机”，但这种模型的权值参数已经能够自行调整，而且在分布式存储、并行处理以及函数拟合方面显示出强大的生命力，引起了众多学者和工程人员的极大兴趣，神经网络的研究进入了一个高潮时期。在这个时期，误差后传原则(BP)和神经元权重的调整方法——梯度下降方法显示出其优势，并成为此后神经网络算法的基本架构。

1984 年，一种带有反馈机制的新型神经网络 Hopfield 出现了。反馈型神经网络将控制论中的反馈机制引入神经网络，既赋予了神经网络联想记忆的新功能，但也带来了稳定性的问题。反馈型神经网络中的稳定性问题与控制论中的稳定性问题没有本质的区别，只不过此时的神经网络系统可能与控制理论所研究的系统有些许不同而已，但是控制理论的基本方法仍然适用，因为控制理论毕竟是一种方法论。由此观之，在反馈型神经网络中引入的“计算能量”概念实际上就是控制理论中李雅普诺夫(Lyapunov)稳定性判别方法的一个翻版。在反馈型神经网络应用成功的感召下，神经网络方法又一次兴盛了起来。针对局部极值问题，模拟退火算法、玻尔兹曼机相继推出，大大促进了神经网络的研究。

在随后的十几年中，随着统计学习学派发展出的贝叶斯方法、支持向量机方法在很多方面的成功应用，神经网络算法走上了与其他仿生智能算法相互结合的道路。这些仿生算法中以遗传算法和仿生群体算法(如蚁群算法、粒子群算法等)最为引人注目。这些仿生算法主要是进行优化处理的，在寻优的途径上提供了不少非常好的思路。例如，遗传算法(GA，Genetic Algorithm)从遗传学机理的生物进化过程受到启发，借助数字化编码方式首先构成一组候选解，然后再考察其适应度，同时也不放弃模仿生物基因的“变异”——放弃某些解，从而最终形成优化解的过程，这对并行计算是一个非常大的促进。再如仿生群体算法的粒子群算法(PSO，Particle Swarm Optimization)，从鸟类群体的捕食行为受到启发，首先分析群体中的个体信息，然后使群体对信息形成共享，从而在求解空间中将无序的搜寻转变为有序搜寻。与遗传算法相比，粒子群算法没有进行遗传操作，而是根据自身速度进行搜索，还具有一定的记忆功能，其收敛速度有了进一步的提高。这些算法虽然从表面上来看与神经网络的关系不大，但是它们从不同的方面促进了神经网络对自身的调整，而且其基本思想是基于仿生智能的，属于仿生智能这个人工智能领域分支的有机组成部分。

经过了多年的实践与反思，进入新世纪后以神经网络为代表的仿生智能学派调整了自己的研究风范：不再将神经科学作为研究工作的主要指导思想。因为毕竟人类对于自身神经生理以及心理方面的情况也不甚了解，更妄谈在计算机等智能体上对其进行应用了。神经网络学派虽然仍将神经科学视作重要的灵感来源，但是也不再紧紧抱住这棵稻草不放了。在吸收了统计学派卓有成效的研究成果的基础上，神经网络也将自己的研究与传统严谨的数学学科相结合。2006 年，深度信念网络(DBN，Deep Belief Network)的推出标志着神经网络的又一次复兴。

在传统的神经网络中，为了能够提高网络的工作效率和精度不得不增加网络的层数，但是网络层数的增加会给寻优工作带来困难，使用传统的梯度下降方法将很难找到最优解。此外，随着神经网络层数的增加，各种参数也会变得越来越多，在对网络进行训练时就需要大量的标签数据。这样的网络结构形式和算法基本不具备解决小样本问题的能力，而且其泛化性也比较差。这种很多层的神经网络被形象地称为深度神经网络，很多学者也由此认为深度神经网络不能进行实际应用，因为要训练这样的网络简直是无从下手。Geoffrey Hinton 提出的深度信念网络很好地将统计分析与神经网络相结合解决了这个问题，为深度学习开辟了新的道路。对于多层结构的神经网络，深度信念网络采用了逐层训练的方式，称为“贪婪逐层预训练”。这是一种通过无监督方式对网络进行逐层训练的方式，在训练第 n 层时前面的层不变，首先训练过的网络层不会在新层引入后重新训练，这样就可以为网络赋予较好的初始权值。随后网络进入了监督学习阶段，在此阶段需要对预训练的网络进行精调(微调)最终达到最优解。这种方法的一个直接结果就是受限玻尔兹曼机，这部分内容将会在本书第八章进行介绍。

许多人讨论深度学习与机器学习到底有什么区别，甚至在文字表达上下功夫，援引语言学、语义学的种种解释。其实深度学习与机器学习的区别主要有两个方面：其一是网络结构，深度学习的网络结构要比普通机器学习的网络结构复杂；其二是在深度学习中对于统计学习的方法予以了高度的重视，而不再持有“高深的理论是没有用的，有用的是有效的算法”这类浅薄的观点。凭借着这两点，深度学习将机器学习引入了“深度”，并将其带上了又一个高峰。

当今，深度学习已经成为一个很流行的词。尽管很多人并不了解它的真实含义，为了赶时髦而把它加在任何一种他们认为高级的事物上，例如有人甚至用在了对于学生的教育上，本人认为这实在是有些勉强了。但是这也从另一个方面说明了深度学习对于当前社会生活的影响。

人工智能及机器学习的大致架构情况可以用图 1.8 来表示，这里我们也以此图作为本小节的结束。

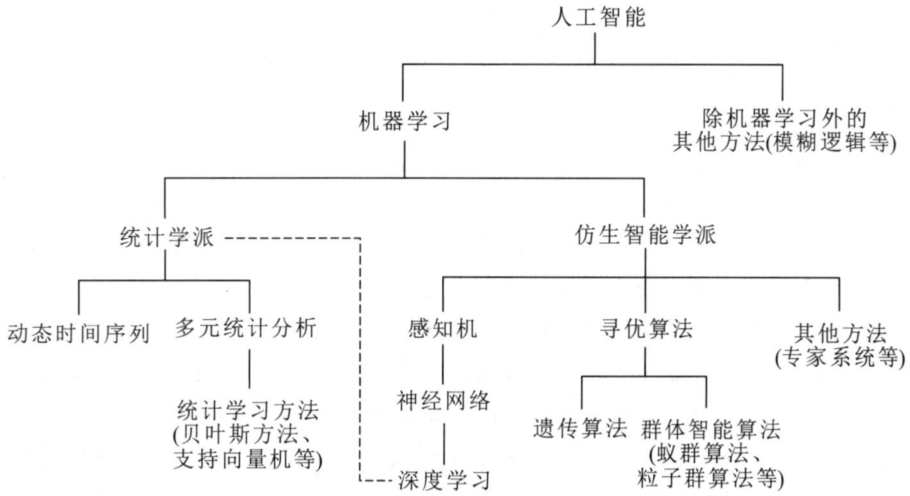

图 1.8 人工智能及机器学习的大致架构

1.3 机器学习的相关问题

近年来机器学习的快速发展在很大程度上改变了人们的生活方式，也使得各个领域的研究人员对其十分关注。这些研究领域不仅包括计算科学、信息科学等传统科技领域，还包括了哲学、伦理学以及心理学等社会科学领域。各个领域从不同的侧面对机器学习的发展进行研讨，这对机器学习的发展也起到了不同程度的促进作用。

在哲学方面的研究主要集中在本体论和方法论方面。从本体论的方面来讲，机器学习的根本仍然是人的能力的延伸。尽管目前机器学习所取得的成果已经到了让人瞠目结舌的地步，例如生成对抗网络所产生的照片图像几乎可以乱真，虚拟现实让人身临其境等，但这也并不是机器(计算机)自身的功劳，而应该归功于超强的计算机硬件平台(计算机硬件专家)和机器学习专家对于算法的精雕细琢。机器还能进行一些推理，它们甚至有超过人类的推理能力(“深蓝”战胜卡斯帕罗夫、AlphaGo 战胜李世石)，但它也无法摆脱设计精巧的算法和过硬可靠的硬件平台对其的制约。从这一点上来说，机器学习的主体并没有变化，而是人的能力的提升，人类应该在这方面更加充满信心！

方法论是指人们用什么样的方式来分析和解决问题的一门学科。在科技领域，“老三论”(系统论、控制论、信息论)是方法论。特别是控制论，在很长时间内引起了哲学界的广泛关注，德国著名哲学家海德格尔(Martin Heidegger)在 20 世纪 70 年代接受《明镜》记者采访时曾有下列对话：

海德格尔：今天各种科学已经接管了迄今为止哲学的任务。……哲学消散在几种特殊科学中了：心理学、逻辑学、政治学。

《明镜》记者：那么现在谁占据了哲学的地位呢？

海德格尔：控制论。

由此可以看出控制论在当时对于人们的认识有多么大的影响力。而现在，人工智能、机器学习更是带来了对于哲学方法论的又一次更新。智能如何实现、知识如何获取这类问题在人工智能和机器学习的不断发展过程中一次次地被提出来，也成为了哲学界研究的新课题。这个问题不论从哪方面来讲都比较大，因此也不是用较短的篇幅能说明的。这里主要对机器学习方法论中学习推理的模式进行归类和说明。

推理的模式一般分为演绎和归纳两种。而在机器学习的两大主要方法中正好体现了这两种模式。统计学习理论将自己的分析方法建立在严密的数学基础上，由贝叶斯理论出发渐次推进，构建了在数学上比较完备的小样本学习理论体系。在样本数据较少的情况下统计学习方法解决了很多问题，而且在泛化性方面似乎没有任何问题，应该属于演绎推理的范畴；与之相对应的神经网络方法则对于训练的样本数据规模有较大的依赖，而且在某些情况下泛化性也不尽如人意，但其基本原理远比统计学习方法简单得多，也容易理解和进行推广，对于实际工程问题的处理往往立竿见影。这是因为神经网络方法从数据出发，不断进行训练的结果，从学习推理方式上来说更接近于归纳推理模式。

再回到方法论的层面来看，归纳要求有足够丰富的观测例证，尽量能够覆盖样本空间；而演绎则要求前提的正确性和推证过程的严密性。从这里就可以看出，对于神经网络来讲需要有足够大的数据量和优秀的训练算法，而统计学习方法需要有坚实的理论基础。实际的工程情况是，我们不可能穷尽所有的样本空间数据，因此这就成了神经网络方法泛化性的一个“魔咒”。另一方面，统计学习方法的数学基础总需要一个完美的先验模型(例如相当精确的概率分布/密度函数)，而实际问题总是与预设的先验模型有出入，这也成了统计学习方法的“鸡肋”。一般来讲，演绎方法的难度与归纳方法相比还是比较大的。例如统计学习理论的代表支持向量机，其核函数的选择就是一个非常大的挑战。此外，对于先验模型的获得，统计学习方法也没有更好的方法，而且在某种程度上又得求助于归纳方法。从人工智能和机器学习的实践上来看，可能从事实际工作的人员更看重以神经网络为代表归纳方法：这种方法虽然没有严密高深的理论演绎做支撑，但是在实际工作中却非常行之有效。对于那些可能“把他们头脑搞糊涂”(Karl J. Å ström)的理论，工程技术人员可能更青睐一种行之有效的“工程技巧”!

但是神经网络方法泛化性较差却是一个不可回避的问题。针对这一问题，神经网络领域的专家将神经网络的学习方式引向“深度”——深度学习理论在神经网络学习及基础上引入了较为严谨的数学理论，使之能够在一定程度上规避神经网络的弱项，使神经网络获得了极大的提升。AlphaGo 与李世石的围棋之战就是其中的良好例证。目前，以深度学习为基本架构的各种学习方法如雨后春笋相继推出，这似乎预示着在将来一段时间内以仿生智能为主，同时兼顾吸收统计学派学习方法的学习模式可能要占据机器学习领域的制高点了。另一方面，以统计学派为主的学习理论应该也在不断向前发展，我们期待着他们在不远的未来会给机器学习领域注入新的清流。

人工智能、机器学习使机器(计算机)在“智力”上有了战胜人类的可能，而传统的机器又在体力上傲视人类。那么人类还有什么用处呢？这些“机器”会给我们带来些什么？从工业革命开始，作为反乌托邦思想这个问题就一直存在，人们总是担心机器的不断发展会给人类带来各种灾难。最明显的例证就是机器的大规模使用会使很多人失业，从而造成各种社会问题。随着人工智能、机器学习能力在各方面的不断提升，这一问题又一次被提了出来。但是自从开始于十八世纪中叶、发源于英格兰中部地区的工业革命(The Industrial Revolution)以来，我们看到的并不全是一幅“悲惨世界”的图景。相反地，呈现于世界的是人口不断增长，人们的生活条件不断被改善的境况。诚然，在这期间确实也出现过很多丑恶现象，这些现象被反映到各种艺术作品中，例如英国作家狄更斯的《艰难时世》《雾都孤儿》，法国画家米勒的《拾穗者》，美国电影艺术家卓别林的《摩登时代》等都反映了与技术进步有关的社会问题。然而，如果我们仔细阅读这些作品并扪心自问的话就会发现，这些问题并不是由于技术进步产生的，与之相反，这些问题完全是由人类自身所产生的。毕竟机器不能指挥人，狄更斯笔下的葛莱恩和庞得贝才是悲剧的根源，悲剧的根源并不是一堆机器，机器本身是无辜的。因此谈到社会问题时，并不应该把它同技术的发展联系起来，只不过是他们恰巧处于同一个时期而已。

机器学习的发展可能会更加促进人的全面发展，这正如有了工业机器人，不但人的双手仍然有用，而且双手得以从粗笨的工作中解放出来去做更精巧的工作。机器学习的发展很有可能会使人从机械、繁杂的脑力劳动中解放出来，从事更加有创造性的工作。这不禁让人想起了近 70 年前控制论创始人诺伯特·维纳(Norbert Wiener)写的那本书——《人有人的用处：控制论与社会》(*The human use of human beings: cybernetics and society*)。维纳认为：一个系统或体系需要保持足够的开放才能够延缓其衰变，系统需要不断地与外界交换信息和能量才能保持其活力，以抵御自身逐渐衰败和解体的趋势。面对当今机器学习所带来的一些变化，人类不应该拒绝改变自己，而应当充满信心地去迎接这些变化，以期达到对于自身的不断提高。人类毕竟不能总是停留在“钻燧取火”的石器时代，也不能徘徊于遭受各种愚昧和疾病折磨的中世纪，我们应该面向未来，这也是人类作为这个星球智慧生物的一个特征。

1.4 机器学习的发展前景

很多学科都会对自身的发展进行展望，对未来的情况做出预测。这些预测和展望一般来说都是充满了乐观主义的，令人热血沸腾。然而，对于经过科学预测方法训练的人来说，预测的结果往往只是一种概然性的结论，不会是必然性的事件。也就是说，预测的结果说明未来呈现出这种结果的概率会很大，而并不一定必然发生(要是预测必然发生的话，可能会让人怀疑是某种伪科学在作怪)。回顾世纪之交，对于21世纪科学发展的预测有很多：21世纪是××的世纪……(这个××可以是生物学、控制论、信息技术等)。但从现今的发展来看，这些预测基本上都失实了。

对于机器学习发展的展望，我们应该持有谨慎的乐观态度。在将来的一段时间，机器学习可能会有比较大的发展，但同时也面临一些挑战。机器学习所面临的任务还有很多，而不仅仅是传统意义上的拟合、分类。机器学习要想不断提升自身水平，首先需要支撑机器学习算法的性能优良的硬件设备。在人机(AlphaGo)围棋大战两个月后，谷歌的硬件工程师就公布了张量处理单元(TPU，Tensor Processing Unit)已经应用于深度学习的情况。有的技术人员声称“TPU处理速度比当前GPU和CPU快15到30倍”，也有人对这样的比较提出了质疑，但是不可否认的是机器学习的发展促进了硬件的不断发展和改进，以适应各种复杂的算法，同时也在一定程度上预示着专用集成电路(ASIC，Application Specific Integrated Circuit)的应用将会在机器学习的硬件领域内占据主导地位。集成电路的发展势必会影响半导体材料等各方面的发展，因此随着机器学习的发展，相关的材料学科、微电子学科等将会搭乘机器学习这艘科技巨舰不断发展，两者互相促进，相得益彰。

机器学习依赖于良好的硬件平台，但其真正的精髓还是行之有效的优良算法。在前面的内容中，我们讨论了多机器学习的两大派别，即统计学习与神经网络(仿生智能)。从目前的情况看，虽然两种学习理论还有一定的区别和争鸣，但更多的可能是逐渐合流的趋势。这种趋势可以从深度学习的基本架构反映出来，例如谷歌公司研究科学家Ian Goodfellow等推出的，被誉为业内权威著作、“圣经”的《深度学习》一书中，就对这两种方法给予了同等的重视。同时作为神经网络学派专家的作者也在该书中明确表示神经网络的研究人员“比其他机器学习领域(如核方法或贝叶斯统计)的研究人员更可能地引用大脑作为影响，但是大家不应该认为深度学习在尝试模拟大脑”，“机器学习……借鉴了我们关于人脑、统计学和应用数学的知识”。这两种方法的有效融合可能标志着演绎推理算法和归纳推理算法的交相互融，从哲学方法论角度来讲应该会比单纯使用一种推理方法有更加强大的生命力，在实际的推理过程中会有更为上佳的表现。

此外，机器学习与其他学科的相互结合也会推动各方面的发展。例如，机器学习与网络技术结合，通过机器学习模型进行故障的检测和诊断，可以减轻运维人员的工作强度；机器学习与网络技术结合，可对各种计算模型进行训练等。机器学习与机器人技术结合，可以大大促进类人机器人的发展，也许不仅具有“十万马力、七大神力”，而且智力超常的阿童木真的会在21世纪出现。

当然，在对机器学习的发展持有如此乐观态度的同时，我们也不能缺少人文关怀。因为毕竟所有技术的发展都应该是为“人”这个主体服务的。鉴于此，我们更应该持有尤瓦尔·赫拉利(Yuval Noah Harari)所著《今日简史》中所说的“谦逊：地球不是绕着你转”的态度，这样也许会给机器学习的未来增添更多的支撑因素。

最后要说的是，正如前文所述，所有的预测和展望不过是一种概然性的判断。对于机器学习的未来，让我们共同拭目以待吧！

第二章 机器学习的数学基础

毫无疑问，机器学习依赖于计算机。这使得很多从事机器学习的人员对于计算机软件、数据结构以及相应的算法和编程语言有着极大的热情，而忽视了对于机器学习一般性理论的学习，甚至于认为“复杂的理论是没有用的，有用的是简单的算法”。然而，事实上很多有用的算法正是基于良好和坚实的理论。可以说，没有坚实的数学理论作为基础，任何机器学习的算法都是无本之木、无源之水——“没有什么比一个好的理论更实用了”(弗拉基米尔.N. 瓦普尼克)。因此，在学习各种机器学习的算法之前，必须对相关的数学基础有所了解。

考虑到本书的读者已经有了大学低年级的数学基础，本章中仅对一些机器学习中比较重要的数学基础进行介绍、探讨和扩展。例如，本章中没有对“高等数学”中的一些知识进行回顾和扩展，不是说这部分知识不重要，而是在机器学习这个范畴内，可能线性代数、矩阵理论以及概率论、统计方面的知识需要的更多些。因此，本章着重对这两个学科的知识进行回顾、介绍和相应的扩展。在此过程中，强调的是理解和应用。

2.1 线性代数与矩阵分析基础

线性代数与矩阵分析是数学的重要分支，对于从初等数学走向高等数学乃至现代数学有着非常重要的意义，在机器学习领域也是不可或缺的数学工具。本章将对几个在机器学习中常用和重要的知识点进行讨论，这些知识点可能在大学低年级的学科体系中有所体现，但在此有必要再次进行讨论或引申。而对于一些基本的知识点，例如向量、矩阵运算等就不再重复介绍了，如果读者对这些知识觉得不甚了解可以参看相关的教材或文献资料。

2.1.1 线性空间基础

线性空间也称为向量空间，是线性代数和矩阵理论的基本概念之一。很多数学问题，当然也包括在机器学习中的问题都是基于此展开的。一般来讲，线性空间可以用公理化的定义给出：

设 F 是一个数域。一个 F 上的线性空间是一个集合 V 的如下两个运算。

1) 加法运算

加法运算是指，集合 V 中的任意两个元素 $\boldsymbol{\alpha}$ 和 $\boldsymbol{\beta}$(一定要注意这两个元素是向量)按照

某一法则对应于 V 内有唯一确定的一个元素 $\boldsymbol{\gamma}$，称为 $\boldsymbol{\alpha}$ 与 $\boldsymbol{\beta}$ 的和。该运算记作“+”。

2）数乘运算(也称为标量乘法)

数乘运算是指，在 F 与 V 的元素间定义了一种运算，对 V 中任意元素 $\boldsymbol{\alpha}$ 和 F 中任意元素 $\boldsymbol{k}$，都按某一法则对应 V 内唯一确定的一个元素 $k\boldsymbol{\alpha}$，称为 $\boldsymbol{k}$ 与 $\boldsymbol{\alpha}$ 的积。

两种运算应满足以下八条规则：

① 向量的加法交换律。加法交换律即 $\boldsymbol{\alpha}+\boldsymbol{\beta}=\boldsymbol{\beta}+\boldsymbol{\alpha}$，对任意 $\boldsymbol{\alpha}$，$\boldsymbol{\beta}\in V$。

② 向量的加法结合律。加法结合律即 $\boldsymbol{\alpha}+(\boldsymbol{\beta}+\boldsymbol{\gamma})=(\boldsymbol{\alpha}+\boldsymbol{\beta})+\boldsymbol{\gamma}$，对任意 $\boldsymbol{\alpha}$，$\boldsymbol{\beta}$，$\boldsymbol{\gamma}\in V$。

③ 向量加法的单位元。也就是在集合 V 中有一个叫零向量(加法单位元)的元素“0”，对一切 $\boldsymbol{\alpha}\in V$ 有

$$\boldsymbol{\alpha}+0=\boldsymbol{\alpha}$$

④ 向量加法的逆元素。也就是在集合 V 中有一个逆元素(加法逆元素)，对一切 $\boldsymbol{\alpha}\in V$，都存在 $\boldsymbol{\beta}\in V$，使得

$$\boldsymbol{\alpha}+\boldsymbol{\beta}=0$$

$\boldsymbol{\beta}$ 称为 $\boldsymbol{\alpha}$ 的负元素，记为 $-\boldsymbol{\alpha}$。

⑤ 数乘(标量乘法)的单位元。也就是在集合 V 中有一个叫单位向量(标量乘法单位元)的元素“1”，对一切 $\boldsymbol{\alpha}\in V$ 有

$$1\boldsymbol{\alpha}=\boldsymbol{\alpha}$$

⑥ 数乘(标量乘法)对于向量加法的分配律。也就是对于任意的数 $k\in F$，向量 $\boldsymbol{\alpha}$，$\boldsymbol{\beta}\in V$，有

$$k(\boldsymbol{\alpha}+\boldsymbol{\beta})=k\boldsymbol{\alpha}+k\boldsymbol{\beta}$$

⑦ 数乘(标量乘法)对于数的乘法结合律。也就是对于任意的数 k，$m\in F$，向量 $\boldsymbol{\alpha}\in V$，有

$$(km)\boldsymbol{\alpha}=k(m\boldsymbol{\alpha})$$

⑧ 数乘(标量乘法)对于数加的分配律。也就是对于对任意的数 k，$m\in F$，向量 $\boldsymbol{\alpha}\in V$，有

$$(k+m)\boldsymbol{\alpha}=k\boldsymbol{\alpha}+m\boldsymbol{\alpha}$$

要理解线性空间，首先应该理解“空间”的意义，其次应该理解“线性”的意义，两者结合起来才能很好地理解线性空间的意义。所谓的“空间”应该是由向量组成的，而不能由标量组成。因此，组成线性空间的所有元素必须是向量，这也是其称为向量空间的来历。上面提到的“F 是一个数域”这句话本身包含了很多信息，涉及代数结构的问题，有兴趣的读者可以参看“抽象代数”的相关文献。在此我们不作详细讨论，只需要把它看成是一系列数按照某些运算法则组成的集合就可以了。“线性”的意义当然可以用上面的运算规则来作严密的规定，但是要理解可能还需要一定的知识。例如，电路理论中的“叠加原理”其实就是对

于“线性”的一个描述；过原点的一条直线也可以是对于“线性”的理解(这并不包含形如：$y=kx+b$，$b\neq 0$ 的情况)；也可以回顾线性代数中向量、矩阵的各种运算法则来印证和理解“线性”的意义。

下面讨论有关线性空间的一些相关术语和定义。

子空间。若 W 为线性空间 V 的一个非空子集，而 W 在 V 上定义的加法及标量乘法下是封闭的，且零向量 $0\in W$，就称 W 为 V 的线性子空间。

在这个定义中，应该着重理解“封闭”的意思。所谓“封闭”就是指计算所得的结果仍然在这个集合中。因此上面的定义可以理解为：对于线性空间中的一个集合，如果其中的所有元素进行加法和乘法运算的话，其结果一定还在这个集合内。(这里可以考虑一下，为什么没有提到“除法”？)

线性空间的基。若在线性空间 V 中有 n 个向量：$\boldsymbol{\alpha}_1$，$\boldsymbol{\alpha}_2$，……，$\boldsymbol{\alpha}_n$线性无关，而且在线性空间 V 中的任一向量 $\boldsymbol{\alpha}$ 线性表达，则向量：$\boldsymbol{\alpha}_1$，$\boldsymbol{\alpha}_2$，……，$\boldsymbol{\alpha}_n$线性空间 V 的一组基。

基首先是线性无关的，对于二维空间来说，两条线不平行就是线性无关；其次，任一向量都能用基线性表达，也就是说只要有了基，就可以表达出该线性空间的所有向量。这里应该提到向量正交的问题。一组向量正交(不包括零向量)，则其线性无关，如果线性空间中的向量可以用这组正交向量表达的话，那就是正交基了。这样，就可以用“坐标轴”的概念来理解正交基。

线性空间的维度(或维数)。如果一个有限维线性空间 V 中所有基拥有相同基数，称为该空间的维度(或维数)。有限维是一个非常重要的限定。在机器学习中通常都是研究有限维的问题。当然也存在无限维的问题，只不过那就属于另外的数学研究范畴了。

总的来讲，线性空间及其相关的概念比较抽象。很多读者会对于线性空间和机器学习之间的关系，以及这些对于机器学习有什么具体作用产生疑问。其实正如前面瓦普尼克所言，机器学习的很多算法都是在线性空间这个大范畴展开的。虽然这些概念并不涉及具体的计算，但其基本思想无不贯穿于整个机器学习的领域。我们将会在此后的学习中逐渐体会到这一点。

需要指出的是，关于线性空间的知识内容远不止于上述这些。由于本书并不是一本数学教材，所以先列出了这些我们认为比较重要的内容。本书的后续内容涉及线性空间的其他知识，将会在使用的时候及时补充。

2.1.2 范数

“范数”这个名词会让人很快联想到“模范”一词。那不妨把它拆开，看一下“模”是在说什么？在高中学习过的复数运算中涉及过“模”的运算，那种运算实际上就是求复数向量到原点的“距离”。到此，我们就可以对“范数”做一下猜想了，是不是也有某种“距离”的意义？

实际上“范数”就是一种带有“距离”含义的概念。这里距离用了引号，说明这种“距离”是一种广义的距离，而不单是指日常生活中的那种距离。下面给出关于范数的定义。

如果 V 是数域 F 的线性空间，定义一种运算 $\|\cdot\|: V\to R$，这种运算满足：

(1) 正定性：$\|x\|\geqslant 0$，且 $\|x\|=0\Leftrightarrow x=0$；

(2) 正齐次性：$\|cx\|=\|c\|\|x\|$；

(3) 次可加性(三角不等式)：$\|x+y\|\leqslant\|x\|+\|y\|$。

那么，$\|\cdot\|$ 称为 V 上的一个范数。

范数的种类多种多样，只要满足以上三个条件，就可以称其为范数。

与线性空间相联系，如果在线性空间上定义了范数，则称之为赋范线性空间。相当于赋予了某种“距离”定义的某个线性空间。

以上所说的是向量的范数定义。对于矩阵来讲，也有范数的定义。一般来讲矩阵范数除了正定性、齐次性和次可加性(三角不等式)之外，还规定其必须满足相容性：

$$\|XY\|\leqslant\|X\|\|Y\|$$

因此，矩阵范数通常也称为相容范数。在此，我们又看到了加法和乘法的规则，仍然没有对“除法”纳入定义体系，一如线性空间的定义。

下面给出几个常用的范数的定义。先以向量范数为例，即 p-范数。这里的“p”可以大致地看作“次方”的意思。

在 n 维实数空间 R^n 中，有向量：$\boldsymbol{x}=[x_1, x_2, \cdots, x_n]^{\mathrm{T}}$，则

$$\|\boldsymbol{x}\|_p=(|x_1|^p+|x_2|^p+\cdots+|x_n|^p)^{\frac{1}{p}} \tag{2.1}$$

称为向量的 p-范数。其中 $|\cdot|$ 为绝对值运算。

如前所述，“p”可以大致地看作“次方”或者“幂”的意思，可以是任意的有理数。但一般常用的范数有 1-范数、2-范数和无穷范数，也就是当 p 取 1，2，∞ 的时候。具体的定义形式如下：

1-范数：

$$\|\boldsymbol{x}\|_1=|x_1|+|x_2|+\cdots+|x_n| \tag{2.2}$$

2-范数：

$$\begin{aligned}\|\boldsymbol{x}\|_2&=(|x_1|^2+|x_2|^2+\cdots+|x_n|^2)^{\frac{1}{2}}\\&=\sqrt[2]{|x_1|^2+|x_2|^2+\cdots+|x_n|^2}\end{aligned} \tag{2.3}$$

∞-范数：

$$\|\boldsymbol{x}\|_\infty=\max(|x_1|+|x_2|+\cdots+|x_n|) \tag{2.4}$$

其中 2-范数就是通常意义下的距离，也叫欧氏范数。

在低维空间中，可以将范数形象地表达出来。图 2.1 所示就是二维空间中几个 p-范数

的情况(在单位情况下)。从图中可以看出：1 -范数是菱形，2 -范数是圆，$p<1$ 的时候会是一个“凹”曲边菱形，而当 $p>1$ 时就形成了一个“凸”的情况，那么可以推广想象一下当 $p\to\infty$ 时的情况。

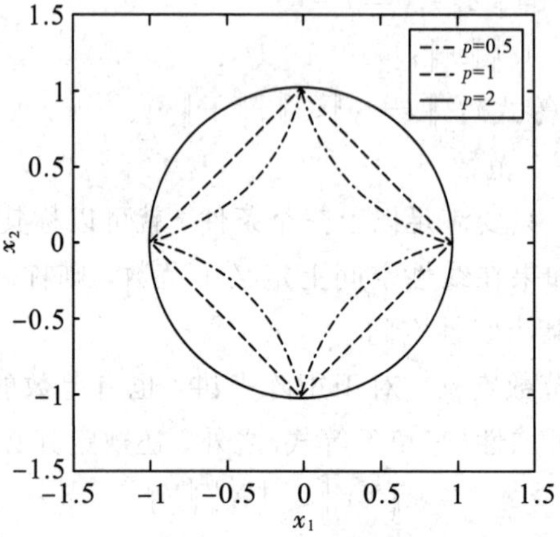

图 2.1　几种范数示意

在矩阵范数中，给出 Frobenius 范数的定义。对于矩阵 **A**，其 Frobenius 范数定义为

$$\|\boldsymbol{A}\|_F=\sqrt{\sum_{i,j}A_{i,j}^2}=\sqrt{\sum_{i=1}^{m}\sum_{j=1}^{n}|a_{i,j}|^2} \tag{2.5}$$

即矩阵 **A** 各项元素的绝对值平方的总和。这一定义与向量的 2 -范数非常类似。

那么，在机器学习中“范数”有什么具体的作用呢？前面提到，范数有“距离”的意义。在聚类和分类中，就可以通过使用范数衡量数据之间的“远”“近”来进行区分。在线性空间中，范数是等价的。因此，具体的运算中可以经过等价简化运算。

2.1.3　矩阵运算及其分解

矩阵的一般运算及分解在线性代数中有过介绍，这里不再重复。本书介绍几种通常在线性代数中较少涉及的运算和分解，这些对于机器学习理论是比较重要的。

1. 迹运算

方阵 **A** 的迹运算定义如下：

$$\mathrm{Tr}(\boldsymbol{A})=\sum_{i}A_{i,i} \tag{2.6}$$

即方阵 **A** 的对角线元素之和。Tr 是英文 Trace 的缩写。方阵的迹在计算中有很多用处，例如，对于同一线性变换，虽然在不同的基下其表现形式不同，但是这些矩阵的迹是相同的。这就让人联想到矩阵特征值也有这样的特性，因此可以很快地得到迹的一条性质：方阵的迹与其特征值之和相等。

接下来不加证明地给出迹的几条性质，这些性质的证明在很多文献中都能找到。

性质 1：方阵的迹与其特征值之和相等。

性质 2：$\mathrm{Tr}(\boldsymbol{A})=\mathrm{Tr}(\boldsymbol{A}^{\mathrm{T}})$。

性质 3：$\mathrm{Tr}(\boldsymbol{AB})=\mathrm{Tr}(\boldsymbol{BA})$。推广(可作为迭代形式)：

$$\mathrm{Tr}\left(\prod_{i=1}^{n}\boldsymbol{A}^{(i)}\right)=\mathrm{Tr}\left(\boldsymbol{A}^{(n)}\prod_{i=1}^{n-1}\boldsymbol{A}^{(i)}\right) \tag{2.7}$$

性质 4：与 Frobenius 范数的关系：

$$\|\boldsymbol{A}\|_F=\sqrt{\mathrm{Tr}(\boldsymbol{AA}^{\mathrm{T}})} \tag{2.8}$$

性质 5：分配律：

$$\mathrm{Tr}(m\boldsymbol{A}+n\boldsymbol{B})=m\mathrm{Tr}(\boldsymbol{A})+n\mathrm{Tr}(\boldsymbol{B}) \tag{2.9}$$

2. 矩阵的伪逆运算

线性代数中规定只有非奇异方阵具有逆，但经常会遇到非方阵的情况也需要计算其“逆”。于是将其推广至一种广义形式，称之为矩阵的伪逆。例如，在如下的线性方程运算中：

$$\boldsymbol{A}x=y$$

如果 $\boldsymbol{A}$ 是非方阵，则没有唯一解，可以用最小二乘等方法来进行处理。此处，我们介绍矩阵的伪逆，也称为 Moore - Penrose 逆。

若矩阵 $\boldsymbol{G}$ 满足以下条件：

(1) $\boldsymbol{AGA}=\boldsymbol{A}$；　　(2) $\boldsymbol{GAG}=\boldsymbol{G}$；

(3) $(\overline{\boldsymbol{AG}})'=\boldsymbol{AG}$；　　(4) $(\overline{\boldsymbol{GA}})'=\boldsymbol{GA}$

则称 $\boldsymbol{G}$ 为矩阵 $\boldsymbol{A}$ 的 Moore - Penrose 逆，用 $\boldsymbol{A}^{+}$ 表示。也可以用以下形式给出：

$$\boldsymbol{A}^{+}=\boldsymbol{A}=\lim_{\alpha\to 0}(\boldsymbol{A}^{*}\boldsymbol{A}+\alpha\boldsymbol{I})^{-1}\boldsymbol{A}^{*} \tag{2.10}$$

这里要注意的是，$\boldsymbol{A}^{*}$ 在实数矩阵的范畴内可以理解为矩阵 $\boldsymbol{A}$ 的转置 $\boldsymbol{A}^{\mathrm{T}}$，而在复矩阵的范畴内则是共轭转置。当然，这样的定义对于实际的计算来讲是非常繁复的，没有太大的意义。在实际的工作中，可以使用相关的软件比如 Matlab 来进行计算；对于小规模的矩阵，当然也可以手工计算，这就涉及矩阵的奇异值分解。

3. 矩阵的奇异值分解

提到矩阵的奇异值分解，就有必要回顾一下在线性代数中经常提到的特征值分解，并对其意义作适当的推广。特征值分解是这样的：

对于一个 $n\times n$ 阶的方阵 $\boldsymbol{A}$，有 n 个非零的线性无关向量$[v_1, v_2, \cdots, v_n]$，有

$$\boldsymbol{A}\boldsymbol{v}=\lambda_i\boldsymbol{v} \tag{2.11}$$

则称 $\boldsymbol{v}$ 为矩阵 $\boldsymbol{A}$ 的特征向量，而 λ_i 称为 $\boldsymbol{v}$ 所对应的特征值。对于此 $n\times n$ 阶的方阵 $\boldsymbol{A}$，可以分解为以下形式：

$$\boldsymbol{A}=\boldsymbol{Q}\boldsymbol{\Lambda}\boldsymbol{Q}^{-1} \tag{2.12}$$

其中 $\boldsymbol{Q}$ 是 $n\times n$ 方阵，由 $\boldsymbol{A}$ 的特征向量组成；$\boldsymbol{\Lambda}$ 为对角矩阵，其对角线上的元素为特征向量所对应的特征值。

当 $\boldsymbol{Q}$ 为正交阵时，上式也可写作

$$\boldsymbol{A}=\boldsymbol{Q}\boldsymbol{\Lambda}\boldsymbol{Q}^{\mathrm{T}} \tag{2.13}$$

由此可以看到，进行特征值分解首先得是方阵，不是方阵则特征分解无从谈起。另外，还需要理解特征分解的意义。由于矩阵 $\boldsymbol{Q}$ 是由线性无关的特征向量所组成的一个方阵，那就说明原来的矩阵 $\boldsymbol{A}$ 在这些方向上将表现出其本质的“特征”。也就是说，不管怎样对矩阵进行非奇异的线性变换，矩阵本质特征就在这个向量所示的方向上。那么其大小是多少呢？变化的“大小”或“剧烈程度”由特征值的大小来决定：特征值大的，特征向量在这个方向上将会被拉长；特征值小的，相对应的特征向量将会被压缩。可想而知，如果所有的特征值都是“1”的话，组合起来就会是一个“圆”了。特征向量一般情况下是正交的，也可以不正交，但一定是线性无关的！图 2.2 可以比较形象地表示这种情况。这只是 2 维的情况，3 维情况更复杂些，而高维的情况就不能用图形表达了，可以适当推广想象。

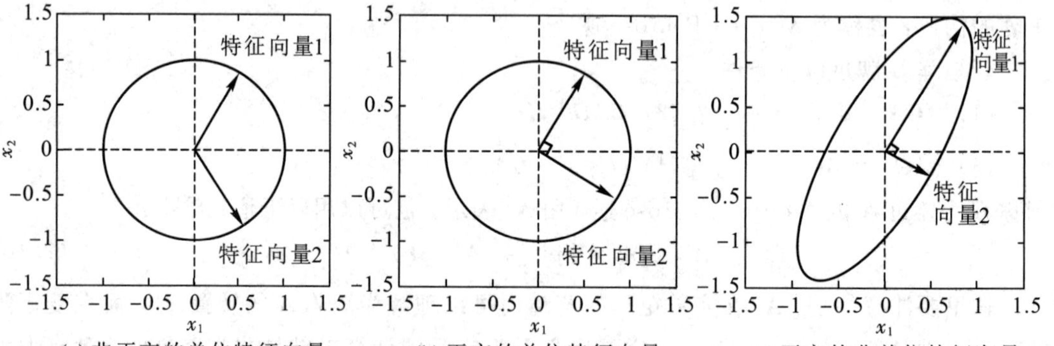

(a) 非正交的单位特征向量　(b) 正交的单位特征向量　(c) 正交的非单位特征向量

图 2.2　二维特征向量的几种情况

方阵的特征值分解在数字图像处理等方面有着重要的意义和应用。

方阵可以进行特征值分解，那么非方阵能不能也这样分解呢？答案当然是不行的。但在实际的工程技术实践中又会遇到大量的非方阵，这样，奇异值分解就应运而生了。非方阵 $\boldsymbol{A}$ 本身不能进行特征值分解，但是 $\boldsymbol{A}\boldsymbol{A}^{\mathrm{T}}$ 这样的矩阵总是一个方阵了。奇异值分解就从这里开始。

参照特征值分解的情况，对于一个 $m\times n(m\neq n)$阶的非方阵 $\boldsymbol{A}$，有

$$\boldsymbol{AV}=\boldsymbol{U\Sigma} \tag{2.14}$$

如 $\boldsymbol{V}$ 为非奇异阵，则有

$$\boldsymbol{A}=\boldsymbol{U\Sigma V}^{-1} \tag{2.15}$$

式中，$\boldsymbol{A}$ 为 $m\times n$ 矩阵；$\boldsymbol{U}$ 为 $m\times m$ 矩阵；$\boldsymbol{\Sigma}$ 为 $m\times n$ 矩阵，一般不是方阵；$\boldsymbol{V}$ 为 $n\times n$ 矩阵。

与方阵特征值分解类似，矩阵 $\boldsymbol{U}$、$\boldsymbol{V}$ 均为正交阵，则有

$$\boldsymbol{A}=\boldsymbol{U\Sigma V}^{\mathrm{T}} \tag{2.16}$$

矩阵 $\boldsymbol{\Sigma}$ 为含有对角元的矩阵，其对角元素即为矩阵 $\boldsymbol{A}$ 的奇异值。矩阵 $\boldsymbol{U}$ 的列向量为矩阵 $\boldsymbol{A}$ 的左奇异向量，矩阵 $\boldsymbol{V}$ 的列向量为矩阵 $\boldsymbol{A}$ 的右奇异向量。

下面结合方阵特征值分解的情况给出非方阵奇异值分解的手工算法，同时也可以得出方阵的特征值与其奇异值之间的一些关系。

设 $\boldsymbol{A}$ 为 $m\times n(m\neq n)$矩阵，因此存在零空间。结合 $\boldsymbol{AA}^{\mathrm{T}}$是一个方阵及奇异值定义，有

$$\begin{aligned}\boldsymbol{AA}^{\mathrm{T}}&=(\boldsymbol{U\Sigma V}^{\mathrm{T}})(\boldsymbol{U\Sigma V}^{\mathrm{T}})^{\mathrm{T}}\\&=(\boldsymbol{U\Sigma V}^{\mathrm{T}})(\boldsymbol{V\Sigma}^{\mathrm{T}}\boldsymbol{U}^{\mathrm{T}})\end{aligned} \tag{2.17}$$

根据结合律，有

$$\boldsymbol{AA}^{\mathrm{T}}=\boldsymbol{U\Sigma}(\boldsymbol{V}^{\mathrm{T}}\boldsymbol{V})\boldsymbol{\Sigma}^{\mathrm{T}}\boldsymbol{U}^{\mathrm{T}}$$

而矩阵 $\boldsymbol{U}$、$\boldsymbol{V}$ 均为正交阵，有

$$\boldsymbol{AA}^{\mathrm{T}}=\boldsymbol{U\Sigma I\Sigma}^{\mathrm{T}}\boldsymbol{U}^{\mathrm{T}}$$

$$\boldsymbol{AA}^{\mathrm{T}}=\boldsymbol{U}(\boldsymbol{\Sigma\Sigma}^{\mathrm{T}})\boldsymbol{U}^{\mathrm{T}}=\boldsymbol{U}\begin{bmatrix}\sigma_1^2&&\\&\ddots&\\&&\sigma_m^2\end{bmatrix}\boldsymbol{U}^{\mathrm{T}} \tag{2.18}$$

从式(2.18)看出，对于方阵 $\boldsymbol{A}$ 及 $\boldsymbol{AA}^{\mathrm{T}}$(对称阵就是 $\boldsymbol{A}^2$)来讲，其奇异值 σ_i 与特征值 λ_i 的关系为

$$\sigma_i=\sqrt{\lambda_i} \tag{2.19}$$

所有的矩阵都有奇异值分解，但特征值分解仅仅是对于方阵而言的。

从前面的内容可以看到，矩阵的奇异值分解对于求矩阵的伪逆有关键作用。另外，在机器学习中，数据降维及主成分分析也是不可或缺的方法。

2.2 概率与统计基础

机器学习是利用计算机对大规模数据进行处理和分析。涉及数据就不能没有概率论和数理统计的基础。本节对机器学习中常用的概率论和数理统计的一些知识进行回顾和扩展。

2.2.1 概率分布

谈到概率分布就不得不提及概率论的两个基本学派。其一就是经典学派，也叫古典学派。古典学派的基本理论就是概率论中的所谓“古典概型”。这是一种概率的模型。这个模型的基本思想是：随机试验所有可能的结果是有限的，而且每个基本结果发生的概率是相同的。于是就可以得出某个随机事件 A 发生的概率为

$$P(A)=\frac{m}{n} \tag{2.20}$$

式中，n 为样本空间中所有的事件总数，m 为事件 A 包含的所有基本事件数。

这种情况在很多日常的生活中很容易找到，也易于理解。例如在抛硬币的随机试验中，硬币正、反面出现的概率大小；掷骰子随机试验中每一面(数字“1～6”)出现的概率大小等。但是很明显，这样的概率模型是存在一定问题的。这样的例子有时候很容易让学习者出现错觉，那就是“随机事件的发生其实是等概率的”。

对于抛硬币、掷骰子这种均匀分布的随机试验来讲，各种结果发生的概率毫无疑问是相等的。然而在很多随机试验中其概率模型的结构并不是这样的，即使是只有两种试验结果的概率空间也不一样。以考试结果为例，如果以“通过”、“不通过”作为试验结果，考试者一般也不会是均匀分布的。试想，一个平时学习一贯很好的同学和另外一个平时学习一直比较差的同学，参加同一种考试，他们通过的概率应该不会是相等的。此外，对于同一个同学来讲，努力程度的不同也会直接关系到其通过考试的概率大小。这样一来，古典概型就很难描述一些非等概率随机事件和连续随机事件的发生。

此外，在安全评估、天气预报等领域，事件的发生也通常给出其概率的大小。而这并不是基于大量事件发生的频率，用古典概型的方法所得出的。

那么，表示更复杂随机事件的概率就需要克服这种理论的缺陷。这就涉及概率分布的问题。

概率分布一般用来描述某个随机变量或一组随机变量在随机试验中某个特定结果发生的概率(可能性)的大小。

概率分布又有离散型和连续型两种。常见的概率分布中可能离散型的概率分布多一些，而连续型的概率分布就比较抽象了。对于离散型的概率分布通常给出概率分布；而对于连续型概率分布，会有概率分布函数和概率密度函数。

随机变量 x 的概率分布函数与概率密度函数通常可以写为概率积分公式的形式：

$$F(x)=\int_{-\infty}^{x} p(x)\mathrm{d}x \tag{2.21}$$

式中，$F(x)$为概率分布函数，$p(x)$为概率密度函数。

从式(2.21)中可以看出，概率密度函数 $p(x)$实际上并没有给出当前状态的概率，而是一种“密度”的形式。当前状态的概率应该是 $p(x)\mathrm{d}x$ 这个“小矩形”的面积。

对于单个的随机变量有概率密度分布，对于多个随机变量则有联合概率分布(联合概率密度函数)，可表示两种情况能够同时发生的概率。

1. 离散型随机变量的概率分布

对于离散型随机变量，概率分布模型有 0－1 分布、二项式分布和泊松分布等。

1) 0－1 分布

在日常生活中，非此即彼的随机事件就属于 0－1 分布。0－1 分布的分布函数为

$$P(X=k)=p^k(1-p)^{(1-k)} \tag{2.22}$$

其中 $k=0$，1。p 为 $k=1$ 时的概率($0<p<1$)。这里很容易和平均分布相混淆。当 $p=0.5$ 时，就是平均分布了。这种分布比较简单，不需要使用图像来表示。

2) 二项式分布

二项式分布是对于 0－1 分布的一种扩展，重复 n 次的伯努利试验(Bernoulli Experiment)即呈现二项式分布。其分布函数为

$$P(X=k)=C_n^k p^k(1-p)^{(n-k)} \tag{2.23}$$

所谓的伯努利试验也称 n 次独立重复试验，是指是在同样的条件下重复地、相互独立地进行的一种随机试验。在这种随机试验中，每次的试验结果不会与其他的试验结果相互影响，事件之间是相互独立的。式(2.21)中，n 为试验的总次数，p 为每次试验正例出现的概率。二项式分布说明了进行 n 次重复的伯努利试验出现事件“0”(或者“1”，取决于哪个是正例)k 次的概率。其概率分布图如图 2.3 所示。

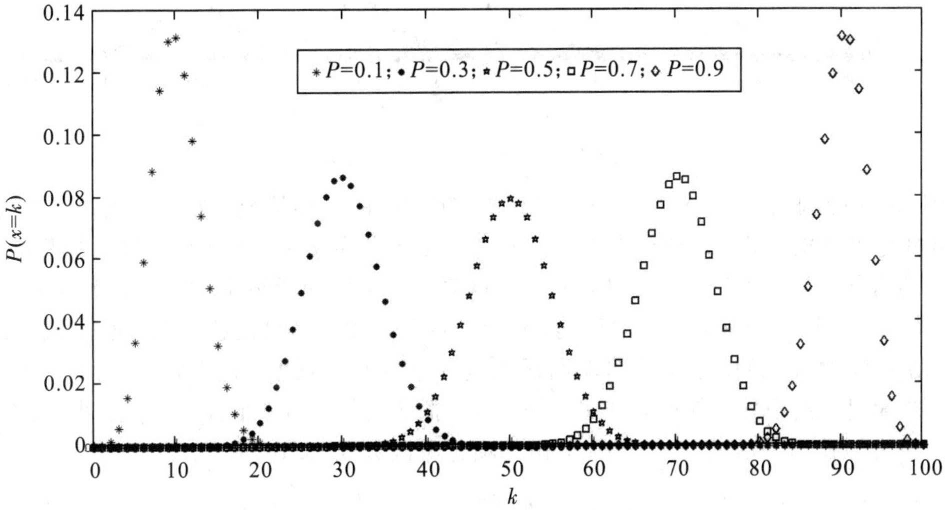

图 2.3　二项式分布的几种情况

图 2.3 中给出了 $n=100$；$p=0.1$，0.3，0.5，0.7，0.9 的几种情况，可以直观地看到概率的离散分布情况。

3）泊松分布

如果一种随机事件以固定的速度独立地出现，则这个事件在单位时间（或空间）内出现的次数就可以认为是服从泊松分布的。泊松分布适合于描述在单位时间（或空间）内随机事件发生的次数。例如，某个银行工作人员一天接待的顾客数，某汽车站点的等车人数，某地一年内发生的自然灾害数等。其分布函数为

$$P(X=k)=\frac{\lambda^k}{k!}e^{-\lambda},\ k=0,1,\cdots \tag{2.24}$$

式中，λ 指在一段时间内随机事件发生的期望值（可以理解为均值）；k 指在该段时间内所发生的次数。其概率分布图如图 2.4 所示。

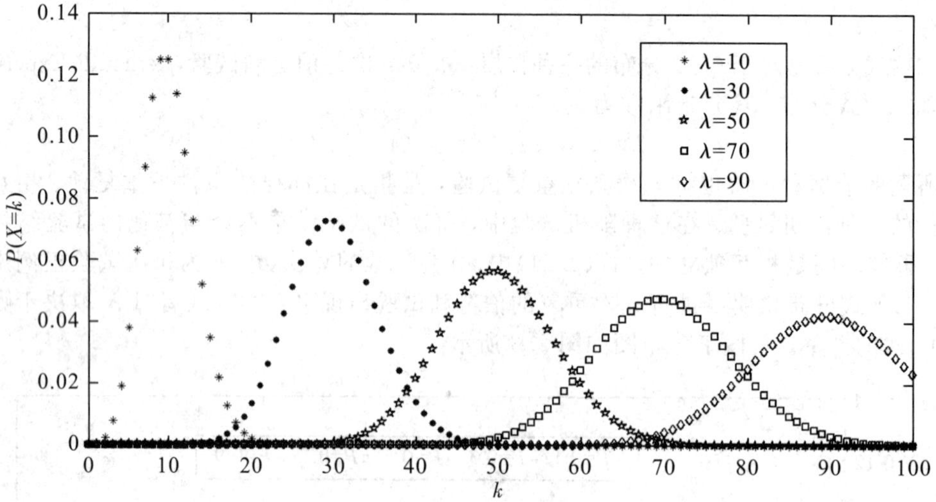

图 2.4 泊松分布的几种情况

图 2.4 中给出了 $n=100$；$\lambda=10, 30, 50, 70, 90$ 的几种情况。如果对比图 2.3 就会发现，同样是 100 次试验，泊松分布 $\lambda=10$ 时与二项式分布 $p=0.1$ 时非常相似，那么，这两者会不会有什么联系？其实这两者是有一定联系的。可以使用极限的观点来说明这两者的关系。将[0, 1]区间分为 n 个有限区间，在每个区间内发生事件的概率与其长度成正比；然后，开始不断增大 n 的取值，或者不断压缩这 n 个区间的长度，使在每个有限区间内只能发生一次事件，泊松分布就退化成了二项分布。简单地说，当 n 很大，而 p 很小时，二项分布就可以近似认为是泊松分布。例如，由二项分布函数式(2.18)有

$$P(X=k)=C_n^k p^k(1-p)^{(n-k)}=\frac{n!}{k!(n-k)!}p^k(1-p)^{(n-k)}$$

$$=\frac{n(n-1)\cdots(n-k+1)}{k!}p^k(1-p)^{(n-k)}$$

如上所述，n 很大，而 p 很小时对其取极限，有

$$\lim_{\substack{n\to\infty\\p\to 0}}\frac{n(n-1)\cdots(n-k+1)}{k!}p^k(1-p)^{(n-k)}=\lim_{\substack{n\to\infty\\p\to 0}}\frac{n^k}{k!}p^k(1-p)^{(n-k)}$$

$$=\lim_{\substack{n\to\infty\\p\to 0}}\frac{(np)^k}{k!}(1-p)^{(n-k)}$$

令 $\lambda=np$，并运用基本极限

$$\lim_{x\to\infty}\left(1+\frac{1}{x}\right)^x=\mathrm{e}$$

即可得到式(2.24)。由此也看到 $p=\lambda/n$。从而给出了图 2.4 所示泊松分布在 $n=100$、$\lambda=10$ 时，与图 2.3 所示二项式分布 $p=0.1$ 时非常相似的原因。

4) Dirac 分布与经验分布

所谓的 Dirac 分布，是以 $\delta(\cdot)$函数为分布函数的一种分布。众所周知，理想的 $\delta(\cdot)$函数是一个在原点处趋于无限，而在其他各处取 0，且其积分为 1 的抽象函数，即

$$\delta(x)=\begin{cases}0, & x\neq 0\\ \int_{-\infty}^{\infty}\delta(x)\mathrm{d}x=1, & \text{其他}\end{cases}\tag{2.25}$$

之所以选择这样的函数作为分布函数，是想模拟在原点以外的概率密度几乎为“0”，即在该点处的概率最大的概率分布情况。

如果将多个 Dirac 分布的幅值均匀减小，分置在不同的点上，并使其和为“1”，类似于均匀采样函数，就形成了经验分布。其概率密度函数为

$$P(x)=\frac{1}{n}\sum_{i=1}^{n}\delta(x-x_i)\tag{2.26}$$

相当于将单个的 Dirac 分布分置在了 n 个点上。由于 $\delta(\cdot)$函数较难表示，故给出经验函数的分布函数如图 2.5 所示。图中的 Dirac 分布是均匀分置的，也可以非均匀分置。经验分布在机器学习中用来指明采样来源，而且在极大似然估计中有着重要的意义。

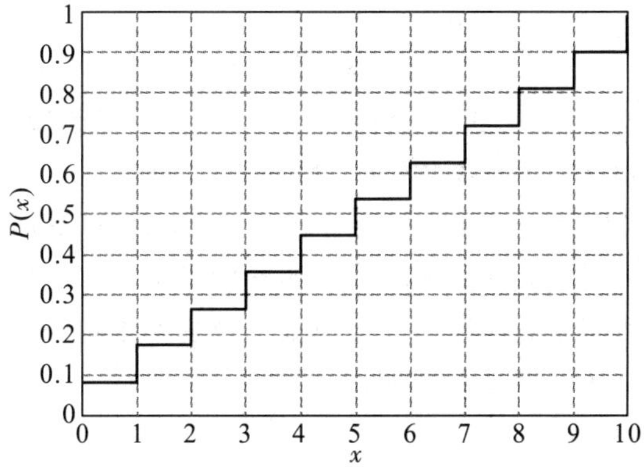

图 2.5　经验分布函数

2. 连续型随机变量的概率分布

上面给出了几种离散型的概率分布情况，除此之外还有很多离散型分布，但由于本书中涉及较少，因此就不一一介绍了。接下来介绍几种在机器学习中常用的连续型概率分布。

1）正态分布

正态分布是一种常见的连续型分布。之所以说它常见，是因为很多日常生活中的随机事件都服从正态分布。例如，学生的成绩分布、智力水平以及身高等。正态分布还有很多名字，如高斯分布、常态分布、钟形曲线等。其概率密度函数为

$$f(x)=\frac{1}{\sqrt{2\pi}\sigma}\exp\left(-\frac{(x-\mu)^2}{2\sigma^2}\right) \tag{2.27}$$

式中，x 为随机变量；μ 为期望；σ 为标准差。正态分布的概率密度函数如图 2.6 所示。

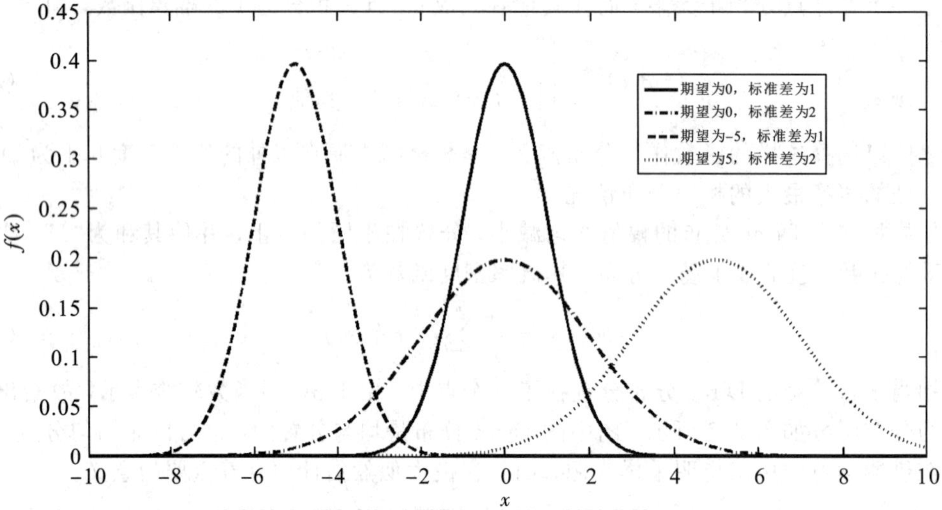

图 2.6　正态分布的几种情况

图 2.6 中给出了期望为 0、−5、5，标准差为 1、2 的几种情况。从图中可以看出，μ 反映了整个曲线的位置，也称为位置参数；σ 反映了曲线的形状变化，也称为尺度参数。正态分布概率密度函数具有如下特点：集中性、对称性、由中心(期望)向两侧均匀下降。正态分布只是一种理想状态下的分布，在实际的统计实践中很多因素影响着结果。从图形的形状来看，正态分布的概率密度函数曲线具有径向基函数的基本特性，这种函数形式在神经网络和很多机器学习算法中有着重要的作用。

2）指数分布

指数分布是描述泊松过程中的事件之间的时间的概率分布，与泊松分布有一定的关

系。一般来讲，泊松分布是指某单位时间内独立事件发生次数的概率分布情况，而指数分布则是指独立事件时间间隔的概率分布情况。其概率密度函数为

$$f(x)=\begin{cases}\lambda e^{-\lambda x}, & x>0\\ 0, & x\leqslant 0\end{cases} \tag{2.28}$$

式中，λ 表示平均每个单位时间发生该随机事件的次数，指数函数的分布参数，同时也是指数分布期望的倒数。指数分布的概率密度函数如图 2.7 所示。

图 2.7 中给出了 $\lambda=0.2$、0.5、1 三种情况。指数函数具有无记忆性。很多电子产品的寿命一般服从指数分布，在可靠性研究中会经常使用。

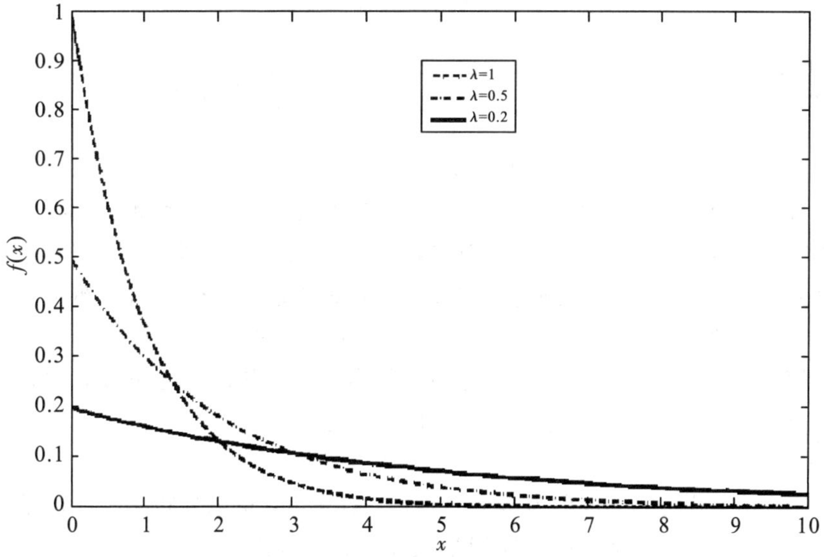

图 2.7　指数分布的几种情况

3）拉普拉斯分布

拉普拉斯分布是与指数分布密切相关的一种分布。它描述了两个相互独立的、概率分布相同的(独立同分布)指数随机变量之间的差别。这种情况也是一种随机时间的布朗运动。其概率密度函数为

$$f(x)=\frac{1}{2\lambda}\exp\left(-\frac{|x-\mu|}{\lambda}\right) \tag{2.29}$$

式中，μ 反映了整个曲线的位置，为位置参数；λ 为尺度参数。从式(2.29)可以看出，拉普拉斯分布与正态分布很相似，因此将这两种分布的概率密度函数绘于图 2.8，便于进行分析比较。

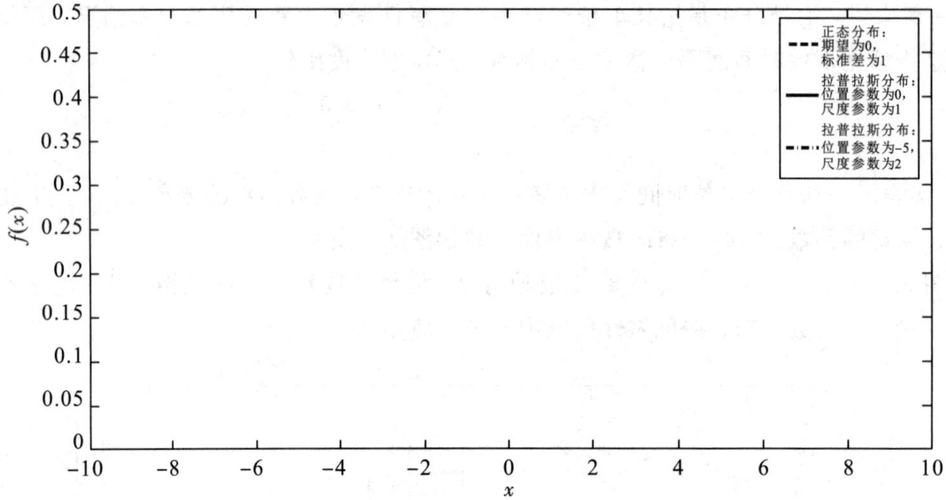

图 2.8　两种拉普拉斯分布与正态分布的比较

图 2.8 中给出了尺度参数分别为 0、−5，尺度参数为 1、2 的两种拉普拉斯分布和期望为 0，标准差为 1 的正态分布的概率密度函数情况。从图中可以看出，由于拉普拉斯分布的概率密度用相对于平均值的差的绝对值来表示，因此拉普拉斯分布的尾部比正态分布更为缓和。此外，对比拉普拉斯分布和指数分布，可以看出拉普拉斯分布是两个“对称”的指数分布“背靠背”拼在一起的，因此也将其称为双指数分布。从图中也可以看出，拉普拉斯分布的峰值有明显的尖点，在整个定义区间上并不是处处可导的。

4）t 分布

t 分布是一种抽样分布，也称为学生分布。一般来讲，正态分布是统计量足够大时候的一种理想情形。当统计量较小的时候，可以使用 t 分布来近似正态分布。因此，t 分布经常用来进行小样本的估计分析和假设检验。其概率分布密度函数为

$$f(x)=\frac{\Gamma\left(\frac{n+1}{2}\right)}{\sqrt{n\pi}\,\Gamma\left(\frac{n}{2}\right)}\left(1+\frac{x^2}{n}\right)^{-\frac{n+1}{2}} \tag{2.30}$$

式中，参数 n 为其自由度。t 分布可以用于两组独立计量资料的假设检验。在实际的工作中，总体的方差未知，但是可以利用标准差来作为对于总体的估计值，利用变换 $(x-\mu)/\sigma$ 将统计量转换为标准正态变量，这样就可以将原来的非标准正态分布变成标准正态分布，然后用于对总体的均值进行估计。图 2.9 给出了 t 分布与正态分布的情况。

从图中可以看出，t 分布曲线形态与其自由度 n 的大小有关。自由度越小，t 分布的曲线越平缓，曲线两侧的尾部抬升较高；而自由度越大，t 分布的曲线就越接近于标准正态分布曲线。可以推知，当 t 分布的自由度趋近于无穷时，t 分布就趋于标准正态分布。

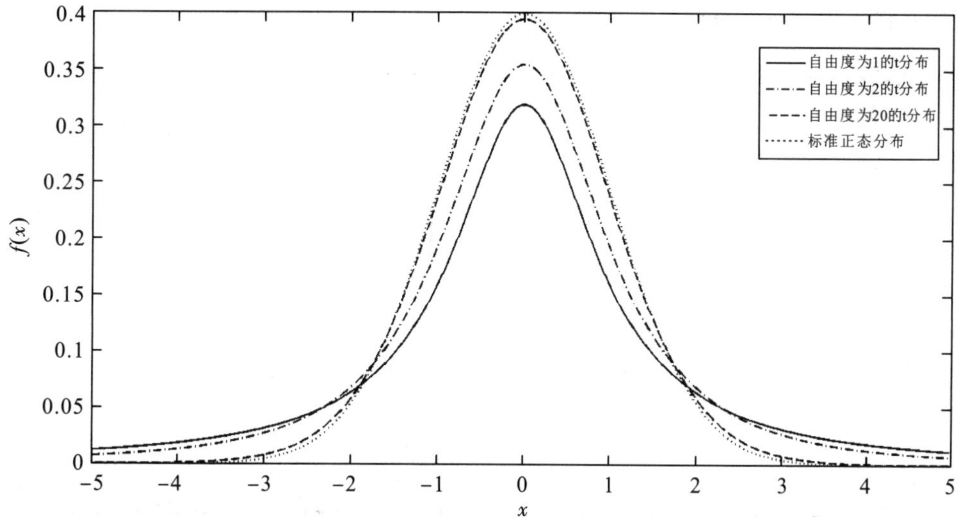

图 2.9　几种 t 分布的情况及其与标准正态分布的比较

5）χ^2 分布

χ^2分布也是一种抽样分布。χ^2统计量可以用来检验类别变量之间的独立性或确定其关联性。如果有 n 个相互独立的随机变量 ξ_1，ξ_2，…，ξ_n 都服从标准正态分布(即独立同分布)，则其平方和为

$$Q=\sum_{i=1}^{n}\xi_i^2 \tag{2.31}$$

所构成的随机变量服从$\chi^2(n)$分布，其中 n 称为其自由度。当使用数理统计理论进行建模时，往往存在期望和实际情况不相吻合的情况，即存在偏差。对于这些偏差，可以使用χ^2分布对结果进行分析，排除不合理的结果。χ^2分布的概率密度函数为

$$f(x)=\begin{cases}\dfrac{1}{2^{\frac{n}{2}}\Gamma\left(\dfrac{n}{2}\right)}x^{\frac{n}{2}-1}\mathrm{e}^{-\frac{x}{2}}, & x>0\\ 0, & \text{其他}\end{cases} \tag{2.32}$$

图 2.10 给出了χ^2分布与正态分布的情况。

从图中可以看出，χ^2分布并不对称，呈现出正偏态(右偏态)的情况。随着自由度不断增大，趋向越来越平缓，逐渐呈现出向正方向对称的趋势，并趋向正态分布。χ^2分布与拟合优度检验密切相关，是用来衡量统计样本的实际观测值与理论推断值之间的偏离程度的。实际观测值与理论推断值之间的偏离程度决定卡方数值的大小。卡方数值越大，说明两者越不符合；卡方数值越小，则两者的偏差越小，趋于吻合，若两个值完全相等，卡方数值为

0，说明与理论值完全符合。

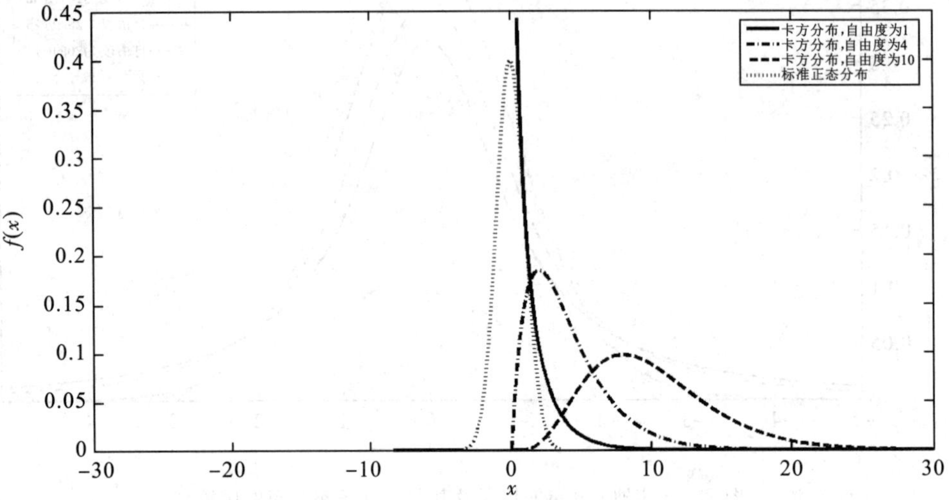

图 2.10 几种χ^2分布的情况及其与标准正态分布的比较

联系式(2.31)给出的统计量形式，同时考虑对于拟合优度的检验标准，很容易使人联想到最小二乘。利用χ^2分布进行拟合优度的检验是否在一定程度上体现了最小二乘的思想？这一点是很值得思考和研究的。

6）F 分布

在统计学里，F 分布与 t 分布、χ^2分布组成了三大抽样分布。F 分布的统计量是由两个服从χ^2分布的随机变量之比构成的。即，若有 $X \sim \chi^2(n)$，$Y \sim \chi^2(m)$，而且 X 和 Y 相互独立，则统计量为

$$F = \frac{X/n}{Y/m} \tag{2.33}$$

服从自由度为(n, m)的 F 分布。F 分布具有两个自由度，分别称为第一、第二自由度。其概率密度函数为

$$f(x) = \frac{\Gamma\left(\frac{n+m}{2}\right)}{\Gamma\left(\frac{n}{2}\right)\Gamma\left(\frac{m}{2}\right)}\left(\frac{n}{m}\right)\left(\frac{n}{m}x\right)^{\frac{n}{2}-1}\left(1+\frac{n}{m}\right)^{-\frac{n+m}{2}}, \quad x > 0 \tag{2.34}$$

图 2.11 给出了 F 分布与正态分布的情况。

从图 2.11 中可以看出，F 分布也呈现出了正偏态(右偏态)的情况。与χ^2分布类似，其随着自由度的不断增大也有趋向正态分布的趋势。F 分布与假设检验密切相关，在两个正态分布样本的均值和方差都未知的情况下，求两个总体的方差比值即是 F 检验。

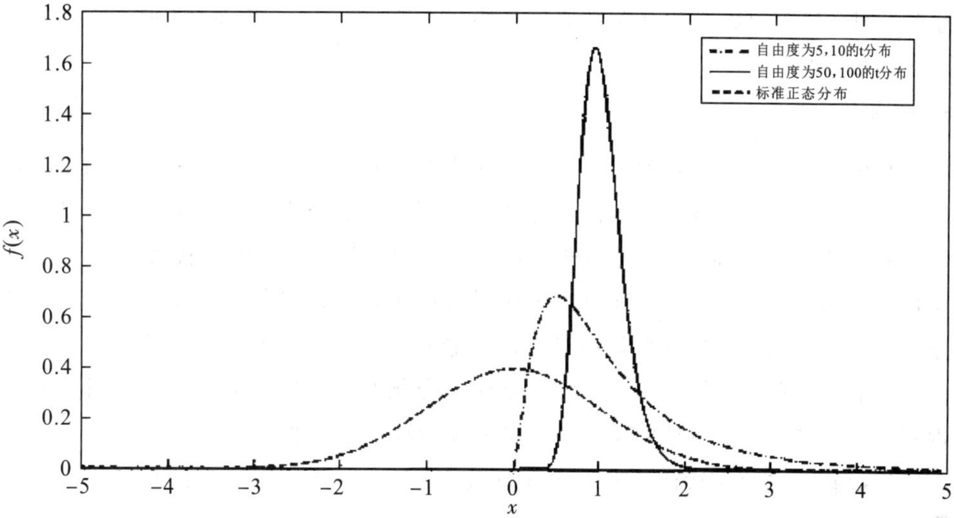

图 2.11　两种 F 分布的情况及其与标准正态分布的比较

联系对于χ^2分布的思考。F 分布是两个χ^2统计量的比值，从数学形式上可以看出是对这两个χ^2统计量的比较。在数学上，对于两个量的比较除了进行比值考查外，还可以相减。那么引入比值比较与相减比较又有何不同，也是值得考虑的问题。

前已述及，t 分布、χ^2分布以及 F 分布号称三大抽样分布。所谓的抽样分布也称统计量分布，是指样本估计量的分布。在实际工作中，我们没有办法对总体进行逐一考察，只能对在总体中抽样的样本进行研究，因此抽样分布对于样本的考核就显得非常重要了。在机器学习中，主要使用计算机进行数据处理。抽样的数量可能会比传统的统计方法大很多，但仍然是一种抽样，因此在机器学习中同样不能忽略对于抽样情况的考核。

2.2.2　数字特征

概率分布和概率密度函数给出了随机变量的分布情况，可以较为全面地反映随机变量。但是，从以上的分析可以看出，很多概率分布和概率密度函数比较繁杂，不利于进行简便快速分析。那么就需要一种简便、明了，同时又能准确反映随机变量某种特性的方法来对其进行分析。这就是随机变量的数字特征。众所周知，随机变量总体的情况很难获知，因此，数字特征一般是指样本的数字特征。随机变量的数字特征有很多种，这里只选择机器学习中常用的几种进行回顾和介绍。

对于单个的随机变量来讲，数字特征一般有两大类。一类是反映随机变量样本值的位置特征的，如中位数、均值、k 阶原点矩等；另一类是反映随机变量样本值离散特征的，如方差、极差、样本 k 阶中心距等。对于多个随机变量来讲，除了以上反映其自身的统计特性的数字特征外，还有反映其相互关系的数字特征，例如协方差、相关系数等。下面简要介绍这些样本的数字特征。

1. 中位数

中位数也称中值，是将观测值进行由高到低排序后，找出正中间的一个数值，这个值即为中位数。中位数可将观测的数值集合划分为相等的上下两部分。中位数是以其在观测值中所处的位置来进行确定的，用以表征所观测数值全体某一特性的代表值。

中位数与均值不同，均值是通过对全体观测值进行平均计算得到的，它会因所观测各个数据的变化而变化。而中位数是通过对观测数据进行排序得到的，它不受极大、极小极端数值的影响。在所观测的数据中，部分数据的变化对中位数没有影响。观测数据中的个别数据有较大的变动时，通常使用中位数来描述数据的集中趋势。

与中位数相关的数字特征还有上四分位数、下四分位数。它们分别是指将所观察的数据进行排序后分为四等份，处于25%和75%位置上的值。

中位数、上四分位数、下四分位数与极大值、极小值构成了所观测数据的5个特征值。在统计学中通常使用箱体图(也称箱线图、盒须图)来表示，如图2.12所示。箱体图既可以反映数据的位置特征，也可以反映观测数据的分布特征。将几组数据绘制在同一张箱体图中，可以很形象地看出其特性的差异。从图2.12可以看出，右侧的数据分布较左侧数据分布集中，而且整体水平也偏上。此外，对于不同概率分布的偏重和尾重也能很清晰地反映出来。图2.13给出了几种典型分布的箱体图。

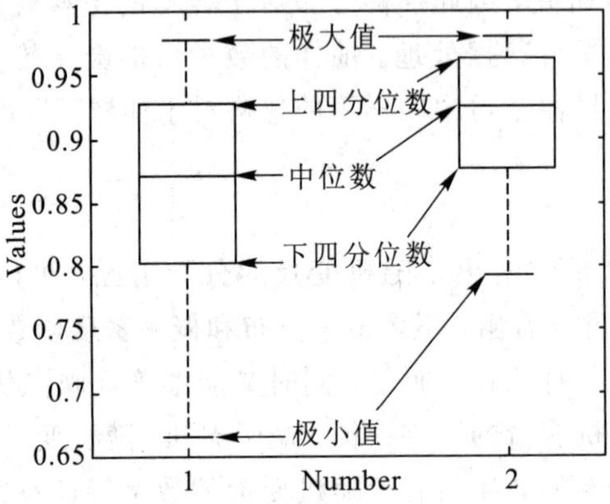

图 2.12 两组数据的箱体图

需要说明的是，在图2.13中，这几种典型分布的数据是由Matlab软件生成的，因此野值比较少。另外，随着自由度的不同，其箱体图也会发生一些变化。

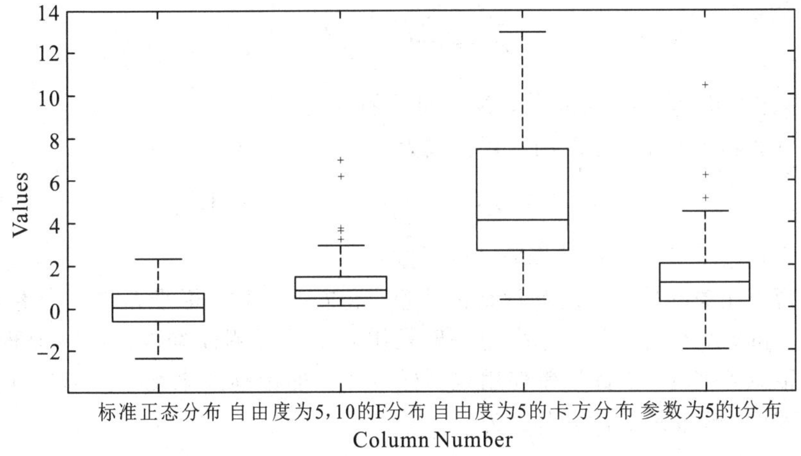

图 2.13　几种典型分布的箱体图

2. 众数

众数是在一组观察数据中出现次数最多的数值，主要应用在数据规模较大的观测和研究中。同中位数一样，众数不受极端数据的影响。在正态分布中，众数即为其概率密度函数的峰值。

3. 均值

均值(也即数学期望)是最常用的统计量之一，用以各观测值相对集中较多的中心位置。它反映了总体的一般水平或分布的集中趋势。具有简明、直观的特点。由于在计算过程中均值使用了全部观测数据，在观测数据分布偏态(不对称)的情况下，均值很容易受到极端数据的影响，不能客观地反映数据的情况。在这种情况下就应该使用中位数或众数来大致描述观测数据的特性。在观测数据比较对称的情况下(即数据的分布关于均值基本呈现出对称的分布)，对于同一组数据使用均值、中位数和众数来描述观测数据并没有太大的不同。这也是正态分布之所以称为“正态”的原因。

离散型随机变量的均值公式比较直观。连续型随机变量的均值(数学期望)通常以下式给出：

$$\mu(x)=E(x)=\int_{-\infty}^{\infty}xf(x)\mathrm{d}x \tag{2.35}$$

式中，$E(x)$称为随机变量的数学期望，$f(x)$为连续型随机变量的概率密度函数。

在动态的随机过程中，均值也相应地扩展为均值(期望)函数。

4. 方差

方差是衡量数据的离散程度的统计量。通常用来描述总体数据与和其均值(即数学期望)之间的偏离程度。在总体数据相同的情况下，方差越大，说明数据的波动越大，数据整体的情况越不稳定。

对于离散型数据，方差的计算公式为

$$\sigma^2 = \frac{\sum (x-\mu)^2}{N} \tag{2.36}$$

式中，σ^2为总体方差；μ为总体均值；N为总体的数量。

对于连续型随机变量，方差的计算公式为

$$D(x) = \sigma^2 = \int_{-\infty}^{\infty} (x-\mu)^2 f(x)\mathrm{d}x \tag{2.37}$$

式中，$f(x)$为连续型随机变量的概率密度函数。

与方差密切相关的另一个统计量是标准差。和方差一样，标准差也是衡量离散趋势的重要指标。但和方差不同的是，标准差一般是用来衡量观测样本数据的离散程度的指标。数据总体是很难得到的，因此通常使用观测样本数据的标准差来衡量其离散程度，而这又会涉及估计理论。标准差的计算公式为

$$s^2 = \frac{\sum_{i=1}^{N} (x_i - \bar{x})^2}{N-1} \tag{2.38}$$

式中，s^2为观测数据样本的标准差；$\bar{x}$为观测数据样本的均值；N为观测数据样本的数量。

5. 统计矩

统计矩是统计学中的最为一般和广泛的数字特征，一般用来衡量数据样本对于所选定中心的分散情况。统计矩通常分为原点矩和中心矩两种。顾名思义，原点矩用来衡量数据对于原点的分散情况，而中心矩则是衡量对于所选定“中心”(例如均值)的分散情况。此外，统计矩还和一定的阶次有关。

原点矩的定义为：随机变量ξ的k次幂的数学期望称为ξ的k阶原点矩，即

$$\mu_k = \int_{-\infty}^{\infty} x^k f(x)\mathrm{d}x \tag{2.39}$$

式中，μ_k为随机变量ξ的k阶原点矩；$f(x)$为随机变量ξ的概率密度函数。结合式(2.35)可以看出，随机变量的数学期望就是其一阶原点矩。通常来讲，原点矩随着阶次的提高实际意义并不大。二阶及以上的矩通常使用中心矩来体现关于其数据分布形状的信息。

中心矩的定义为：随机变量ξ离差(即与数学期望的偏差)的k次幂的数学期望称为ξ的k阶中心矩，即

$$v_k = \int_{-\infty}^{\infty} (x-\mu)^k f(x)\mathrm{d}x \tag{2.40}$$

结合式(2.37)可以看出，随机变量的数学期望就是其二阶中心矩。

将k阶次提高为3即为三阶中心距，用来描述随机变量数据关于其期望的对称程度，称为偏度。如果数据的分布尾部在左侧较长向左偏移，则具有负偏度；而数据的分布尾部在右侧较长向右偏移，则具有正偏度。例如图2.10中的卡方分布就具有正偏度。

k阶次为4时为四阶中心距，可以用来描述随机变量概率密度函数的尾部形状的厚度。

四阶中心矩与方差的比值称为峰度，即

$$K(x)=\frac{\int_{-\infty}^{\infty}(x-\mu)^4 f(x)\mathrm{d}x}{\sigma^2} \tag{2.41}$$

正态分布的峰度为3，而峰度超过3的峰度称为超额峰度。如果某个随机变量概率密度函数具有正的超额峰度，则此分布具有厚尾性。这意味着来自此随机样本的数据会有更多的极端值。

以上所述是单个统计量的统计矩。除此之外，还有多个统计量数字特征，在统计矩中就是混合矩。

混合矩的定义为：若ξ、η为随机变量，且$E(|\xi^k\eta^l|)$有界(k、l为自然数)，则数学期望$E(\xi^k\eta^l)$称为其$k+l$阶混合原点矩。而

$$E[(\xi-E(\xi))^k(\eta-E(\eta))^l]$$

称为随机变量ξ和η的$k+l$阶混合中心矩。显然，$k=l=1$时，即为其协方差：

$$\mathrm{Cov}(\xi,\eta)=E[(\xi-E(\xi))(\eta-E(\eta))] \tag{2.42}$$

除了数学上的意义以外，统计矩在不同的工程实践中还被赋予了很多其他意义。例如在力学中，如果将概率密度函数看作是物理中的力，则一阶矩为力矩；如果将概率密度函数看作是质量，二阶矩就是转动惯量。

2.2.3 估计理论基础

估计理论是一个比较宽泛的概念，涵盖很多领域。从估计的对象来说，可以分为参数估计和状态估计。状态估计是控制领域中很重要的一个分支，但在这里主要讨论参数估计的内容。之所以称其为参数估计，就是要求出特定的未知参数，而未知参数又具有某种随机性质，因此称之为“估计”。从估计的形式上来分，有点估计和区间估计；从估计量构造方面来分，有矩估计、最小二乘估计、似然估计等。

1. 点估计

点估计是指用一定的数据统计量来对某个感兴趣的特定未知参数进行估计。因为对这个未知参数的估计值通常是“单个”的，而不是在一定的区间范围，所以称之为点估计。区间估计则是给出一定的置信水平，然后根据统计量来估计真值可能出现的区间范围。在机器学习中，点估计的应用相对来讲更多一些，因此此处主要讨论点估计的一些问题。点估计还可以推广至函数估计：将某个特定的函数看作是函数集中的一个“点”，然后根据一定的性能指标得出满足要求的函数“估计值”。在点估计中，为了区别真值与估计值，通常使用符号“^”来表示估计值。例如用“$\hat{\theta}$”表示参数θ的估计值，用“$\hat{f}(x)$”表示函数集中$f(x)$的估计函数。

点估计值的优良与否通常使用无偏性、相合性、有效性来进行评价。一般来讲，无偏性主要用于小样本数据估计量的评价；而相合性、有效性主要用于大样本数据估计量的评价。

无偏性的意义是统计估计量对于参数的真实取值，不要有“偏差”，因此称为“无偏”估计。但是在实际的统计工作中不出现偏差是不可能的。因此，希望在多次试验中所得到的均值能够与参数的真值相吻合。也就是小样本估计量的数值能够在其真值附近，没有系统误差，记为

$$E(\hat{\theta}) = \theta \tag{2.43}$$

其数学证明可以参看相关的统计学文献。但有时无偏估计也并不一定总是存在，有时无偏估计虽然存在，但不尽合理。这时就需要其他数字特征来进行评价和衡量了，例如方差，以期构成最小方差的无偏估计等。

当样本的数据量相当大时，估计值逼近被估计参数真值的精度就会相当高。这时可以根据其收敛的意义不同分为弱相合估计、强相合估计、r 阶相合估计。由于这些涉及比较高深的数学知识，而且在机器学习中用到的场合比较少，因此就不再赘述了。

2. 矩估计

矩估计是指一种特定的估计方法。它是利用数据样本的统计矩来估计特定的参数的。其基本思想是：如果要对总体中的 k 个参数进行估计的话，可以使用 k 阶统计矩来对这些参数进行估计，从而得出其估计值。例如，可以使用式(2.39)的一阶原点矩来估计期望，用式(2.40)的二阶中心矩来估计方差。矩估计的原理简单、使用方便，很多情况下可以不用考虑分布情况，在实际中有着广泛的应用。应该指出的是，矩估计对于小样本数据的估计效果较差，在很大程度上依赖于样本的数量。

3. 最小二乘估计

最小二乘估计既是一种参数估计方法，也可以归结为矩阵广义逆和优化方法。最小二乘法是将所采集的样本数据与真值数据间的偏差平方和最小作为优化目标，然后进行参数估计的方法。对于线性方程组：

$$\sum_{j=1}^{n} x_{ij}\beta_j = Y_i\,, \quad (i = 1,\ 2,\ 3,\ \cdots,\ m) \tag{2.44}$$

式中，β_i 为未知变量，即待估计参数；n 为待估计参数的数量；m 为方程数量；X_i、Y_i 均为方程的系数。在 $m>n$ 的情况下，也就是方程的数量大于未知数的数量(即超定方程组，初等数学中无解)时，可以求出其最小二乘解，而此未知数的解也就是其最小二乘估计。

为了让该方程组有解，可以引入残差平方和函数 S(即均方误差)：

$$S = \sum_{i=1}^{m}\left(\sum_{j=1}^{n} x_{ij}\beta_j - Y_i\right)^2 \tag{2.45}$$

并使之最小化。即

$$\hat{\beta} = \text{argmin}(S(\beta)) \tag{2.46}$$

此时，$\hat{\beta}$ 即为参数的最小二乘估计。

以上是从解方程组的角度对最小二乘估计作出的解释。还可以从矩阵广义逆的角度给出最小二乘的解释。将式(2.44)的方程写成矩阵和向量的形式，即有

$$\boldsymbol{X\beta} = \boldsymbol{Y} \tag{2.47}$$

式中，$\boldsymbol{X}$ 为 $m\times n$ 阶矩阵，$\boldsymbol{\beta}$ 为 n 阶列向量，$\boldsymbol{Y}$ 为 m 阶列向量，即

$$\boldsymbol{X} = \begin{bmatrix} x_{11} & x_{12} & \cdots & x_{1n} \\ x_{21} & x_{22} & \cdots & x_{2n} \\ \vdots & \vdots & \ddots & \vdots \\ x_{m1} & x_{m2} & \cdots & x_{mn} \end{bmatrix}, \quad \boldsymbol{\beta} = \begin{bmatrix} \beta_1 \\ \beta_2 \\ \vdots \\ \beta_n \end{bmatrix}, \quad \boldsymbol{Y} = \begin{bmatrix} Y_1 \\ Y_2 \\ \vdots \\ Y_n \end{bmatrix}$$

显然，$\boldsymbol{X}$ 不满秩。在式(2.47)两边同时左乘 $\boldsymbol{X}^{\mathrm{T}}$，有

$$\boldsymbol{X}^{\mathrm{T}}\boldsymbol{X\beta} = \boldsymbol{X}^{\mathrm{T}}\boldsymbol{Y} \tag{2.48}$$

此时，$\boldsymbol{X}^{\mathrm{T}}\boldsymbol{X}$ 为方阵，而且可以证明其是满秩的。则有

$$\hat{\boldsymbol{\beta}} = (\boldsymbol{X}^{\mathrm{T}}\boldsymbol{X})^{-1}\boldsymbol{X}^{\mathrm{T}}\boldsymbol{Y} \tag{2.49}$$

式(2.49)即为参数向量 $\boldsymbol{\beta}$ 的最小二乘估计。

从投影理论方面来看，最小二乘估计还具有正交性。以三维情况为例，如图 2.14 所示，对于平面 S，它是由 $\boldsymbol{a}_1$、$\boldsymbol{a}_2$ 两个基向量张成的。$\boldsymbol{b}$ 是与平面 S 相斜交的向量，$\boldsymbol{P}$ 是向量 $\boldsymbol{b}$ 在平面 S 上的投影，$\boldsymbol{e}$ 为向量 $\boldsymbol{b}$ 与其投影 $\boldsymbol{P}$ 的偏差。

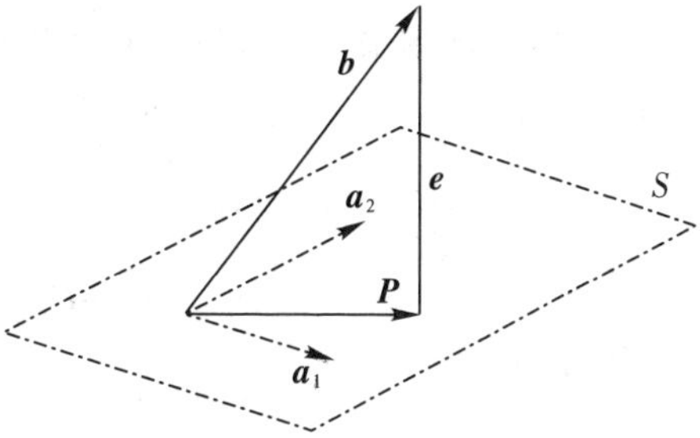

图 2.14　最小二乘估计的正交性

从图中可以看出，向量 $\boldsymbol{b}$ 的投影实质上是 S 平面内 $\boldsymbol{a}_1$、$\boldsymbol{a}_2$ 两个基向量的线性组合，即

$$\boldsymbol{P} = \hat{\beta}_1\boldsymbol{a}_1 + \hat{\beta}_2\boldsymbol{a}_2 = \boldsymbol{A}\hat{\boldsymbol{\beta}} \tag{2.50}$$

式中，$\boldsymbol{A}$ 为 $\boldsymbol{a}_1$、$\boldsymbol{a}_2$ 两个基向量组成的向量；$\boldsymbol{\beta}$ 为系数向量。于是有

$$\boldsymbol{e} = \boldsymbol{b} - \boldsymbol{P} = \boldsymbol{b} - \boldsymbol{A}\hat{\boldsymbol{\beta}} \tag{2.51}$$

从图中可以看出，偏差 $\boldsymbol{e}$ 和 $\boldsymbol{a}_1$、$\boldsymbol{a}_2$ 两个基向量是正交的。因此，其内积为零，即

$$\boldsymbol{A}^{\mathrm{T}}(\boldsymbol{b}-\boldsymbol{A}\hat{\boldsymbol{\beta}})=0 \tag{2.52}$$

将上式展开即有

$$\boldsymbol{A}^{\mathrm{T}}\boldsymbol{A}\hat{\boldsymbol{\beta}}=\boldsymbol{A}^{\mathrm{T}}\boldsymbol{b} \tag{2.53}$$

两边同乘 $\boldsymbol{A}^{\mathrm{T}}\boldsymbol{A}$ 即得式(2.49)的结果。

在基本的最小二乘法基础上进行一定程度的修正，还可以得出很多衍生形式。例如加权最小二乘，递推最小二乘等。而且，最小二乘的思想还可以推广至非线性的范畴，在回归、拟合及建模等方面都有非常重要的应用。

4. 极大似然估计

极大似然估计的基本思想是：假设在某随机试验中有多个结果：A、B、C……而在一次随机试验中，结果 A 发生了，那么就可以认为整个试验的条件更倾向于结果 A 的发生，也就是说在整个试验中能够出现结果 A 的概率 $P(A)$ 最大，称为”极大”、“似然”估计。由此可以看出，在极大似然估计的过程中应该首先知道可能出现哪些结果，然后进行随机试验，最终将出现的结果与可能出现的结果进行比对和分析，根据“极大”、“似然”的思想得出结论。这种思想变换成数学的思想就是首先应该知道某随机试验的结果分布情况(分布函数或概率密度函数)，然后求出出现概率最大的那种试验结果(这里应该可以联想到使用导数求极值的方法)，就是极大似然估计。由此，可以得到极大似然估计比较学术化的表达式。

若随机试验的总体 X 是离散型，其概率分布为

$$P\{X=x\}=p(x;\theta) \tag{2.54}$$

式中，θ 是概率分布函数 $p(\cdot)$的参数且其未知，需要对其进行估计。从样本的总体中提取数量为 n 的数据集 $X=\{x_1, x_2, \cdots, x_n\}$，则其联合分布函数为

$$\prod_{i=1}^{n} p(x_i, \theta) \tag{2.55}$$

此式称为似然函数。记作：$L(\theta)=L(x_1, x_2, \cdots, x_n; \theta)$，取英文 Likelihood 的首字母。该函数中 θ 为自变量，极大似然估计即求

$$\begin{aligned}\hat{\theta}_{\mathrm{ML}} &= \arg\max_{\theta}\{L(x_1, x_2, \cdots, x_n, \theta)\} \\ &= \arg\max_{\theta}\prod_{i=1}^{n} p(x_i, \theta)\end{aligned} \tag{2.56}$$

当随机试验总体 X 为连续型时，可将概率分布函数 $p(\cdot)$替换为其概率密度函数 $f(x;\theta)$，则式(2.55)的似然函数变为

$$L(\theta)=L(x_1, x_2, \cdots, x_n, \theta)=\prod_{i=1}^{n} f(x_i, \theta) \tag{2.57}$$

对于连续型的情况求极大似然估计时，有

$$
\begin{aligned}
\hat{\theta}_{\mathrm{ML}} &= \arg\max_{\theta}\{L(x_1, x_2, \cdots, x_n, \theta)\} \\
&= \arg\max_{\theta}\left\{\prod_{i=1}^{n} f(x_i, \theta)\right\} \\
&= \arg\max_{\theta}\left\{\frac{\partial\left(\prod_{i=1}^{n} f(x_i, \theta)\right)}{\partial\theta}\right\}
\end{aligned} \tag{2.58}
$$

此时，由连乘形式并考虑到其单调性，可使用对数函数 $\ln L(x_i; \theta)$来替代似然函数，则可有

$$
\begin{aligned}
\hat{\theta}_{\mathrm{ML}} &= \arg\max_{\theta}\left\{\frac{\partial\left(\prod_{i=1}^{n} f(x_i, \theta)\right)}{\partial\theta}\right\} \\
&= \arg\max_{\theta}\left\{\frac{\partial\left(\sum_{i=1}^{n} \ln f(x_i, \theta)\right)}{\partial\theta}\right\}
\end{aligned} \tag{2.59}
$$

这是极大似然估计的另一种形式。极大似然估计还可以进一步扩展至条件概率，利用其基本思想进行预测，这是有监督学习的基础之一。

极大似然估计的基本思想比较直观、容易理解，样本量的增大会提高其估计的精度，在机器学习等方面有着广泛的应用；但同时，极大似然估计需要事先获取分布函数(概率密度函数)，而且极大似然估计得到的方差是有偏估计。

2.2.4　贝叶斯理论基础

贝叶斯统计理论是以英国牧师/统计学家托马斯·贝叶斯(Thomas Bayes)命名的理论，它的基本思想不同于经典统计学理论。18、19 世纪，贝叶斯统计理论很少有人问津，到了 20 世纪中叶，随着统计决策学科的发展，人们才渐渐认识到贝叶斯理论的重要性。在 20 世纪末，随着计算机技术的发展，贝叶斯统计思想所衍生出的新技术在很多领域得以应用，显示了其强大的活力，成为现代统计学的重要分支。当前，在机器学习领域贝叶斯统计思想有着很重要的作用，同时也有比较广泛的应用。因此，有必要简要介绍一下这种“新”的统计理论。

在 2.2.1 小节曾介绍过统计学中的古典学派，其基本思想是“频度”方法。在进行参数估计时，将需要估计的参数看作是一个“固定不变”的未知常数，然后根据所获得的数据去估计这个未知的参数。而贝叶斯统计理论却与此不同，贝叶斯理论并不把需要估计的参数看作是“固定不变”的，而将被估计的参数也看作是一种随机变量。这样一来，即使是原先有“确定”参数的分布也变成了一种不确定参数的分布了。那么这个“不确定”的参数应该怎样进行估计呢?

贝叶斯统计思想认为，这个“不确定”的参数应该是服从某种概率分布的，因此，如果

我们获得其概率分布函数(概率分布密度)就可以根据适当的方法估计出这个参数，于是整个参数估计的任务就完成了。但是，新的问题又来了，既然这个“不确定”的参数应该是服从某种概率分布的，那么它到底应该服从什么样的分布呢？如果没有分布函数的话，对这个参数进行估计就困难了。

贝叶斯统计是这样做的：首先可以利用一定的历史数据或者研究人员的学养、知识和经验，来确定被估计参数的“大致”的概率分布函数，因为这种分布函数是根据历史和经验确定的，没有经过实际的检验，所以称之为被估计参数的“先验分布”；然后开始做试验，根据新采集、获取的数据对先验分布进行不断地修正、更新，最终得到最符合实际情况的分布函数，因为这种分布函数是经过试验才得到的，因此将其称为被估计参数的“后验分布”。一旦后验分布得到了，所有的问题就迎刃而解了。当然，这又引出了新问题——什么是“最符合实际情况的分布函数”，标准是什么？这涉及优化理论方面的知识。

与古典的统计思想相比，贝叶斯统计思想更像是一种“理论联系实际”思想在统计学中的应用；而单纯使用实验进行估计的古典统计思想，则更倾向于是一种纯经验主义的行为。从哲学观点上看，贝叶斯统计思想比古典统计学的思想更具有先进性。

对贝叶斯统计理论进行简要的描述后，应该给出其数学表达。这还要从经典统计理论的条件概率公式谈起。

对于两个随机事件 A、B，则在事件 A 发生的条件下，B 发生的条件概率为

$$P(B \mid A)=\frac{P(AB)}{P(A)} \tag{2.60}$$

式中，$P(B|A)$即为在事件 A 已经发生的条件下，事件 B 发生的条件概率，$P(A)$为事件 A 发生的概率，而 $P(AB)$是事件 A 和事件 B 同时发生的概率，即时事件 A 交事件 B 的概率。将此式进行变换，得到

$$P(AB)=P(A)P(B \mid A) \tag{2.61}$$

即得到乘法公式。将此乘法公式进行推广，设在随机事件 A 中有 j 个随机事件，则可以得到更为一般的乘法公式：

$$P(A_1 A_2 \cdots A_j)=P(A_1)P(A_2 \mid A_1)P(A_3 \mid A_1 A_2)\cdots P(A_j \mid A_1 A_2 \cdots A_{j-1}) \tag{2.62}$$

如果$\bigcup_{i=1}^{n} A_i=\Omega$，且$A_1$，$A_2$，…，$A_j$互不相容，则对任一事件 B，有

$$P(B)=\sum_{i=1}^{n} P(A_i)P(B \mid A_i) \tag{2.63}$$

此即为全概率公式。将式(2.63)及式(2.61)的衍生形式带入式(2.60)，有

$$P(A_i \mid B)=\frac{P(A_iB)}{P(B)}=\frac{P(A_i)P(B \mid A_i)}{\sum_{i=1}^{n} P(A_i)P(B \mid A_i)} \tag{2.64}$$

这是随机事件逆概率公式，也称为贝叶斯公式。式(2.64)左边可以理解为事件 B 发生后所有可能的事件发生的条件概率，有一种“执果索因”的意义，因此称之为“逆”概率公式。如果将 $P(A_i)$看作先验概率，那么 $P(A_i|B)$就是后验概率。由此可知，贝叶斯公式是计算事件的后验概率的。

下面将贝叶斯统计的思想用公式来表达。首先，假定参数 θ 的先验概率分布为 $p(\theta)$，然后进行随机试验，得到一系列的样本$\{x_1, x_2, \cdots, x_n\}$，根据贝叶斯统计的思想，就是要用这一系列新试验样本对先验分布进行修正，得到参数 θ 的先验分布。因为后验分布是在有了新的实验样本后进行的，因此可以看作是新样本试验发生后参数 θ 的条件概率，可以记为 $p(\theta|x_1, x_2, \cdots, x_n)$。根据式(2.64)可以得到

$$p(\theta \mid x_1, x_2, \cdots, x_n) = \frac{p(\theta)p(x_1, x_2, \cdots, x_n \mid \theta)}{p(x_1, x_2, \cdots, x_n)}$$

也可写作

$$p(\theta \mid X) = \frac{p(\theta)p(X \mid \theta)}{p(X)} \tag{2.65}$$

这就是利用贝叶斯理论进行参数估计的基本公式。接下来就是要使其后验概率分布 $p(\theta|x_1, x_2, \cdots, x_n)$最大化，然后得到其参数 θ 的估计值，即

$$\hat{\theta}_{\text{MAP}} = \underset{\theta}{\text{argmax}}\, p(\theta \mid X) = \underset{\theta}{\text{argmax}} \frac{p(\theta)p(X \mid \theta)}{p(X)} \tag{2.66}$$

式中，角标 MAP 是 Maximum A Posteriori 的首字母。按照极大似然估计的处理方法，有

$$\hat{\theta}_{\text{MAP}} = \underset{\theta}{\text{argmax}}\, p(\theta \mid X) = \underset{\theta}{\text{argmax}}\{\ln[p(\theta)] + \ln[p(X \mid \theta)]\} \tag{2.67}$$

对照式(2.66)和式(2.67)可以发现，分母 $p(X)$没有了，这是因为在进行最大化的运算中 $p(X)$并不显含参数 θ，因此对于最大化运算没有影响，故而可以省去。

贝叶斯统计理论及其思想在线性回归、有监督的机器学习以及支持向量机中都有着重要应用，在本书的后续内容中会经常用到。

2.3 优化理论基础

在机器学习中，常常希望性能能够达到最优，这就涉及优化理论的相关问题。而优化理论的基础是将最优性能的计算转化为求极值的问题。在很多情况下，优化问题不仅仅是求单个的极值，而是求具有最优性能指标的函数，这又涉及求泛函极值、最优控制的基础。在对机器学习的方法进行学习前有必要对这部分基础知识进行简要回顾和介绍。

2.3.1 无约束最优化

无约束最优化通常是指在没有约束条件时的优化问题。所谓的约束条件是指对于某些

变量的限制条件。无约束最优化问题在函数最优化问题上退化为函数求极值的问题。而无约束最优化在求取具有最优性能的函数时，就会涉及泛函型指标以及变分法等问题。例如求最速降线的问题。

所谓的最速降线问题是指在竖直平面内，有一点在仅受重力的作用下，从 $O(0, 0)$下降到指定的 $A(x, y)$点。求从 O 点到 A 点的路径轨迹是什么样的函数时，所用时间最短。

O、A 两点在一条垂直的直线上时，这不是什么问题。但是如果这两点不是处于这种情况，就会有很多可能。如图 2.15 所示。这就是要在无数种过这两点可能的选择中，选出那条时间最短的曲线，并给出其方程。

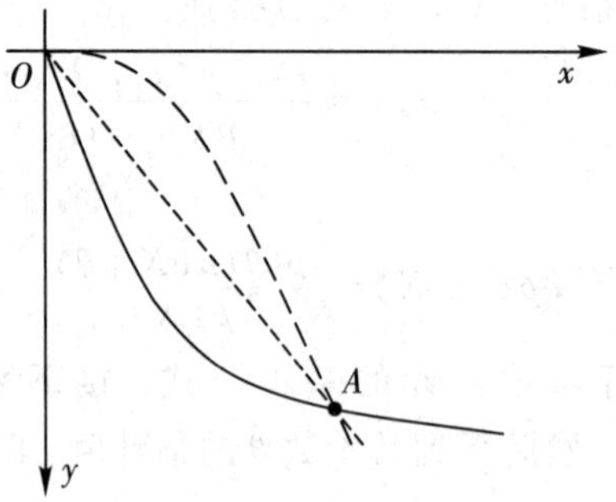

图 2.15 最速降线示意图

从这个问题中可以看到，求极大(极小)值变成了求最快的(时间极小)的函数曲线。原来的极值问题是在点的集合中求出满足条件的点；而最速降线的问题变成了在各种函数曲线的集合中，求出满足条件的函数曲线。原来的极值问题是求函数的极值，而现在的问题变成了求满足条件的函数。这样一来，满足最优化要求的指标应该是函数的“函数”了。因此在最优化问题中称这样的性能指标为性能指标泛函。以此说明满足其要求的“自变量”是函数，而不是简单的数集。最速降线的性能指标泛函可以表示为

$$J(\cdot) = J(y(\cdot)) = \int_0^x \frac{\sqrt{1+\dot{y}^2}}{\sqrt{2gy}} \mathrm{d}x \tag{2.68}$$

问题就变为在曲线集合中，求满足式(2.68)的性能指标泛函 $J(\cdot)$的曲线函数 $y^*(x)$。

除了以积分形式给出的性能指标泛函外，还有其他形式的指标。这样，所有问题就集中在求性能指标泛函的极值上了。求泛函极值的方法有解析方法，例如变分法；也有非解析的数值方法，当前有很多软件提供了这类问题的解法。在弄清楚问题之后，使用这些软件包可以快捷求解。

2.3.2 带有约束条件的最优化

带有约束条件的最优化问题是指在求解最优化问题时，某些变量的变化被赋予了一定

的条件。带有约束条件的最优化问题在函数最优化问题上可以使用拉格朗日乘子法来进行处理，这是求多元函数极值问题的方法。

将函数最优化问题扩展至泛函的最优化问题，仍然可以沿用这种方法。例如：在动态约束：

$$g(\dot{x}, x, t)=0$$

的情况下，求性能指标泛函：

$$J(\cdot)=J(x(t))=\int L[\dot{x}(t), x(t), t]\mathrm{d}t \tag{2.69}$$

的极值曲线，则可以将有约束的泛函极值问题表示为无约束泛函极值问题，即

$$\bar{J}(\cdot)=\bar{J}(x(t))=\int\{L[\dot{x}(t), x(t), t]+\lambda(t)g(\dot{x}, x, t)\}\mathrm{d}t \tag{2.70}$$

式中 $\lambda(t)$ 为拉格朗日乘子。这样，有约束的最优化问题就简化为无约束最优化问题了。

以上是连续情况的最优化问题，与之相应的还有离散情况的最优化问题。离散情况最优化问题将会涉及线性规划、动态规划等方面的内容，在此就不一一介绍了。

机器学习中有很多优化算法，但其基本思想大多都是由此发展和衍生的。这些算法各有特点和优势，在机器学习的过程中的作用往往是举足轻重的。

复习思考题

1. 各种类型的范数为什么是相互等价的？向量的内积运算和向量的范数有什么关系？
2. 矩阵的奇异值有什么具体意义？
3. 古典概率学派的基本思想是什么？概率分布函数及概率密度函数有什么应用意义？
4. 对比几种典型的概率分布，并说明其应用范围。
5. 试说明各种数字特征反映了样本的那些特点、有何作用。
6. 最小二乘估计方法的正交性是怎样体现的？该方法与优化理论有何联系？
7. 贝叶斯统计理论的基本观点是什么？试用日常生活的事例说明贝叶斯理论的应用。

第三章　机器学习基本知识

在对具体的机器学习方法进行学习和讨论之前，应该对机器学习的基本知识有初步了解。这些知识主要是机器学习的任务、模式等方面的内容。很多机器学习领域的著名学者(Ethem Alpaydin 等)认为机器学习的核心任务在于根据样本进行推理。那么，样本能提供给机器什么样的信息，机器应该对这些样本进行怎样的梳理，建立什么样的模型，以及根据这些模型应该遵循哪些原则或模式进行进一步推理等就成为其基本问题。

本章主要对机器学习中的建模和基本的学习模式进行介绍和讨论。建模和推理学习是两个非常广阔的领域，涵盖很多专业和学科的知识。需要指出的是，本章仅对这些方面的知识作概括性的介绍，如果读者感兴趣，乃至要进行深入研究尚需参阅其他专门论述这些问题的文献。

3.1　机器学习的建模问题

机器学习需要根据样本来进行推理，这本身就包含了两方面的工作。一方面是根据数据样本建立一个模型，然后根据这个模型进行推理。根据所采集的样本建立推理模型就是建模问题。在机器学习中所建立的模型都是使用数学语言描述的，即所谓的数学模型。

数学模型有多种分类。从能否用解析式表达的方面来分有两类，一类是可以用数学关系式描述的，例如代数方程、微分方程等，这类模型称为解析型模型；另一类模型是没有明确的数学关系式，使用一种结构或图表方式给出，例如神经网络、图方法等，这类模型称为非解析模型。

从模型是否反映状态随时间变化的方式来分有静态模型和动态模型。静态模型只反映输入输出在当前状态下的变化关系，因此一般使用代数方程(组)来对其进行描述；动态模型不仅反映输入输出当前状态的关系，还反映输入输出历史(或未来)数据之间的关系，常采用微分或差分方程(组)来进行描述。

从输入输出关系上来分，有线性模型和非线性模型。

在解析模型的范畴内，根据解析表达式的不同还分为连续模型和离散模型等。

3.1.1　线性拟合(回归)及建模问题

线性模型是指输入输出之间呈线性关系，可以用线性方程表示的一类数学模型。在很多书中，使用“回归”一词来描述线性模型的建模过程。回归的意思可能是说数据尽管有些变化，但终究会回到所给出的模型上来。但这个词会产生很多歧义，有的学者认为这个词“既没有充分反映这种方法的重要性，也没有反映这种方法的广泛性”(Richard A. Johnson等)，因此，在这里使用了拟合来描述建模的过程，同时也注明所谓的回归和拟合指的是同样的方法。

1. 线性静态模型

前面提到在线性模型中，如果模型的输入输出量与时间没有关系，状态不随时间而改变，这就是静态模型。而如果输入输出量与时间有关，就是动态模型。静态模型使用代数方程(组)来建模，而动态模型则使用微分方程(组)或差分方程(组)来表示。为便于理解，先讨论静态模型。静态的线性模型可以表示为

$$\boldsymbol{Y} = \boldsymbol{X\beta} + \boldsymbol{\varepsilon} \tag{3.1}$$

式中，$\boldsymbol{X}$ 为自变量矩阵(向量)，$\boldsymbol{Y}$ 为因变量向量，$\boldsymbol{\beta}$ 为模型参数向量，$\boldsymbol{\varepsilon}$ 为偏差向量。这几个变量也可以是标量。当 $\boldsymbol{X}$、$\boldsymbol{Y}$ 均为标量时，就是普通的直线拟合(回归)；当 $\boldsymbol{Y}$、$\boldsymbol{\varepsilon}$ 为标量时，称为多元线性回归(前面已经提到过“拟合”和“回归”的关系，这里沿袭传统的称谓)；如果四个量均为向量(矩阵)时，称为多元多重线性回归。线性模型式(3.1)中的参数可以通过2.2.3节中所提到的最小二乘估计方法得到。与第二章式(2.47)不同的是式(3.1)给出了偏差向量 $\boldsymbol{\varepsilon}$。这意味着在进行建模过程中，除了进行参数估计外，还需要对模型本身及估计所得的参数的优劣进行评价。

如果模型是个“好”的模型，那么模型中所有拟合得不好的信息应该在偏差中反映出来，也就是应变量的真值与估计值的偏差，使用估计量表示即为

$$\hat{\boldsymbol{\varepsilon}} = \boldsymbol{Y} - \hat{\boldsymbol{Y}} = \boldsymbol{Y} - \boldsymbol{X}\hat{\boldsymbol{\beta}}$$

由式(2.49)可知

$$\hat{\boldsymbol{\varepsilon}} = \boldsymbol{Y} - \boldsymbol{X}(\boldsymbol{X}^{\mathrm{T}}\boldsymbol{X})^{-1}\boldsymbol{X}^{\mathrm{T}}\boldsymbol{Y} \tag{3.2}$$

$$\hat{\boldsymbol{\varepsilon}} = [\boldsymbol{I} - \boldsymbol{H}]\boldsymbol{Y} \tag{3.3}$$

其中，$\boldsymbol{H}=\boldsymbol{X}(\boldsymbol{X}^{\mathrm{T}}\boldsymbol{X})^{-1}\boldsymbol{X}^{\mathrm{T}}$。从这个式子可以看出，如果拟合非常理想的话，偏差应该等于0，即

$$\boldsymbol{H} = \boldsymbol{X}(\boldsymbol{X}^{\mathrm{T}}\boldsymbol{X})^{-1}\boldsymbol{X}^{\mathrm{T}} = \boldsymbol{I}$$

然而一般情况下很难达到，通常也呈现出随机性。

如果是简单的直线拟合，偏差向量退化为标量。在实际工作中，通常将偏差假定为服从均值为0，方差为 σ^2 的正态分布，即 $N[0, \sigma^2]$。因为这样才能对模型的拟合精度有所保证。但如果是多元多重的线性回归，偏差的均值就是一个向量，而方差也就成为了一个协方差阵：$\sigma^2[\boldsymbol{I}-\boldsymbol{H}]$。这个矩阵在很多情况下还不是一个对角阵，存在不同的方差和相关系

数，也就是相互之间存在着耦合，这就需要对其进行检验。通常使用学生化偏差对其进行检验，即

$$\hat{\varepsilon}_i^* = \frac{\hat{\varepsilon}_i}{\sqrt{s^2(1-h_{ii})}}, \quad i=1, 2, \cdots, n \tag{3.4}$$

式中，s 为偏差的均方误差；h_{ii} 为矩阵 $\boldsymbol{H}$ 的对角线元素，称为杠杆率，用来表示观测值与拟合值的离散程度。上式说明，可以利用均方误差来估计方差。

对于各偏差的独立性的检验则通过相关系数来进行：

$$r = \frac{\sum_{i=2}^{n} \hat{\varepsilon}_i \hat{\varepsilon}_{i-1}}{\sum_{i=1}^{n} \hat{\varepsilon}_i^2} \tag{3.5}$$

从式(3.5)中可以看出，相关系数包含了当前的偏差估计量与前一步偏差估计量的积，说明相关系数与随着时间的推移是有关系的，在某种程度上体现了动态变化的特性。而且，在相关系数计算时两个偏差估计量相隔的步长为1，因此也称为一阶相关系数。

机器学习中常常提到统计推断，就是根据一定的模型进行预测和推断。在对一个线性回归模型的统计特性进行分析并达到预期的效果后，就可以利用这个模型进行推断和预测。也就是说当出现一个新的自变量 $\boldsymbol{X}=[1, x_1, x_2, \cdots, x_n]$后，可以根据模型计算来推断因变量 y 的新值。

对于仅有一个因变量而有多个自变量的多元回归模型，根据 r 个自变量推断得出了因变量，还需要对其推断的情况进行检验。这主要集中在对于其数字特征的评价上。

设自变量的期望向量为：

$$\boldsymbol{\mu}_x = [\mu_{x1}, \mu_{x2}, \cdots, \mu_{xr}]^{\mathrm{T}}$$

其协方差矩阵为 $\boldsymbol{\Sigma}_{xx}$。这时会产生因变量 y，可以理解为根据自变量的推断预测值。在根据拟合的方程得出因变量的 y 值后，需要对其统计特性进行检验。首先得到自变量和因变量的联合均值向量$\boldsymbol{\mu}_{yx}=[\mu_y; \mu_{x1}, \mu_{x2}, \cdots, \mu_{xr}]^{\mathrm{T}}$，以及新的(互)协方差矩阵：

$$\boldsymbol{\Sigma}_{yx} = \begin{bmatrix} \boldsymbol{\sigma}_{yy} & \boldsymbol{\sigma}_{yx} \\ \boldsymbol{\sigma}_{xy} & \boldsymbol{\Sigma}_{xx} \end{bmatrix}$$

其中 $\boldsymbol{\sigma}_{xy}=[\sigma_{yx_1}, \sigma_{yx_2}, \cdots, \sigma_{yx_r}]^{\mathrm{T}}$，$\boldsymbol{\sigma}_{xy}=\boldsymbol{\sigma}_{yx}^{\mathrm{T}}$。

因为模型为线性静态模型，且事先设定各量为正态分布，则模型各个变量服从联合分布：$N(\boldsymbol{\mu}_{yx}, \boldsymbol{\Sigma}_{yx})$。此时可以将因变量 y 的分布看作是在自变量 $\boldsymbol{X}$ 下的条件分布。其均值(期望)为

$$E(y \mid \mu_{x1}, \mu_{x2}, \cdots, \mu_{xr}) = \mu_y + \sigma_{yx}\boldsymbol{\Sigma}_{xx}^{-1}(\boldsymbol{X} - \boldsymbol{\mu}_x) \tag{3.6}$$

方差为

$$\sigma(y \mid \mu_{x1}, \mu_{x2}, \cdots, \mu_{xr}) = \sigma_{yy} - \sigma_{yx}\boldsymbol{\Sigma}_{xx}^{-1}\sigma_{xy} \tag{3.7}$$

以上数字特征的结论可以推广至多个因变量的多元回归模型。此外在多个因变量的情况下，还需要考察各个因变量之间相互影响的情况，这就涉及因变量间的偏相关函数。以两个因变量的情况为例，其表达式如下：

$$\rho_{y_1 y_2 \mid x} = \frac{\sigma_{y_1 y_2 \mid x}}{\sqrt{\sigma_{y_1 y_2 \mid x}}\sqrt{\sigma_{y_2 y_2 \mid x}}} \tag{3.8}$$

在得到这些数字特征及相应的统计量后，还可以对模型的拟合情况进行假设检验，给出其置信区间及置信水平。

以上的统计分析涉及多个随机变量的情况。考虑到其主要是为机器学习服务的，因此这里只给出结果而略去了较为严密的推导。有兴趣的读者可以参看多元统计分析方面的文献。

2. 线性动态模型

线性静态模型描述的是在整个过程中状态和时间没有关系，不随时间发生变化的情况。在很多情况下，一个系统或者过程的状态是随时间发生变化的。当前的因变量状态不仅与当前的自变量状态有关，而且和先前的状态也有关系。这样仅用静态模型就不足以描述系统或过程的变化了，需要运用线性动态模型来进行描述。以单个自变量、单个因变量(SISO，Single Input Single Output)情况为例，线性动态模型的基本形式可以表示为

$$\begin{aligned} y(k) + a_1 y(k-1) + \cdots + a_i y(k-i) = {} & b_0 x(k) + b_1 x(k-1) + \cdots + b_j x(k-j) \\ & + c_0 \varepsilon(k) + c_1 \varepsilon(k-1) + \cdots + c_l \varepsilon(k-l) \end{aligned} \tag{3.9}$$

式中，$y(k)$为输出的因变量，$x(k)$为输入的自变量，$\varepsilon(k)$为偏差量；i、j、l分别为各量的阶次，表示落后于当前状态的步数；a_i、b_j、c_l为模型的参数。这种和时间有关系的，以序列形式表达的线性动态模型也称为线性时间序列模型。

3. 模型参数估计(最小二乘法)

1）最小二乘法

对于动态模型的参数估计可以参考线性静态模型，将各阶次的变量看作自变量和因变量，然后使用最小二乘法及衍生类型就可以得到其参数，为了与静态模型相区别，这里使用新的符号来进行标记。

$$\hat{\boldsymbol{\theta}} = (\boldsymbol{\Psi}^{\mathrm{T}}\boldsymbol{\Psi})^{-1}\boldsymbol{\Psi}^{\mathrm{T}} y \tag{3.10}$$

式中，

$$\boldsymbol{\Psi}=\left[\begin{array}{ccc|ccc} -y(i) & \cdots & -y(1) & x(j) & \cdots & x(1) \\ -y(i+1) & \cdots & -y(2) & x(j+2) & \cdots & x(2) \\ \vdots & \ddots & \vdots & \vdots & \ddots & \vdots \\ -y(i+N-1) & \cdots & -y(N) & x(j+N) & \cdots & x(N) \end{array}\right]$$

N 为观测的次数。

在之前的静态建模过程中，对偏差量的统计特性进行了分析。动态建模和拟合过程中，同样需要对偏差的统计特性进行分析。静态建模拟合中，将偏差设定为服从正态分布的随机变量；在动态过程中偏差量的随机性与时间变化有关系，因此就不仅仅是简单的正态分布了，而是一个与时间有关系的函数。原先的随机变量就成为了随机过程或随机的时间序列，原先的各种数字特征和统计量也相应地变为了各种数字特征的函数。例如均值(期望)变为了均值(期望)函数，方差变为了方差函数等。

均值(期望)函数定义为

$$\bar{x}=E[x(k)]=\lim_{N\to\infty}\frac{1}{N}\sum_{k=1}^{N}x(k) \tag{3.11}$$

方差函数为

$$\sigma^2=E[(x(k)-\bar{x})^2]=\lim_{N\to\infty}\frac{1}{N}\sum_{k=1}^{N}(x(k)-\bar{x})^2 \tag{3.12}$$

自相关函数为

$$R_{xx}(\tau)=E[x(k)x(k-\tau)]=\lim_{N\to\infty}\frac{1}{N}\sum_{k=1}^{N}x(k)x(k-\tau) \tag{3.13}$$

自相关函数表达了随时间变化的随机时间序列，在其自身不同时间点的互相关程度。也就是说，它表达了 $x(k)$ 这个时间序列在两个采样时间点之间的相关程度。这个相似程度与两个时间点之间的间隔有一定的关系，是两个时间点的时间差的函数。

与自相关函数有关的，还有自协方差函数：

$$C_{xx}(\tau)=E[(x(k)-\bar{x})(x(k-\tau)-\bar{x})]=E[x(k)x(k-\tau)]-\bar{x}^2 \tag{3.14}$$

以上是单个随机时间序列的数字特征函数。如果有两个随机时间序列的话(例如输入输出两个序列)，还可以对这两个序列的情况进行比较，于是就有了互相关函数：

$$R_{xy}(\tau)=E[x(k)y(k-\tau)]=\lim_{N\to\infty}\frac{1}{N}\sum_{k=1}^{N}x(k)y(k-\tau) \tag{3.15}$$

式中，$x(k)$、$y(k)$ 分别为两个随机的时间序列。互相关函数表示了这两个时间序列之间的相关程度。它说明了 $x(k)$、$y(k)$ 在两个不同时刻 k 和 $k-\tau$ 的取值之间的相关程度。

同时也有互协方差函数：

$$C_{xy}(\tau)=E[(x(k)-\bar{x})(y(k-\tau)-\bar{y})]=E[(x(k)y(k-\tau)]-\bar{x}\,\bar{y} \tag{3.16}$$

随机的时间序列是一种离散随机事件的情况，除此之外，还有连续情况的随机过程，考虑到在机器学习和计算时离散情况比较常见，因此这里只给出了离散情况的表达式。

在静态建模中，正态分布的随机变量是一种很重要和很常用的分布。在最小二乘拟合时，常常将偏差量的分布情况设定为正态分布。在动态建模过程中可以将其进行适当的扩展，便成为一种与时间有关系的随机过程或随机时间序列。这种过程称为白噪声过程，相应的离散情况称为白噪声序列。白噪声序列有以下特点：

$$\bar{x} = E[x(k)] = 0\ ,\quad \sigma^2 = E[(x(k) - \bar{x})^2] = \text{const}$$

也就是说白噪声序列的均值函数为 0，方差函数是常数。之所以将这种序列称为“白噪声”，只是一种形象的说法，因为这种序列在各个频率上的能量密度相同，就像物理学上的白光一样，故而得名。

式(3.9)是一种包含了随机偏差量、输入、输出的完整形式模型。如果模型没有包含输入变量，仅有输出变量和随机偏差，就成为

$$y(k) + a_1 y(k-1) + \cdots + a_i y(k-i) = c_0 \varepsilon(k) \tag{3.17}$$

这时，当前的输出 $y(k)$ 依赖于其自身在过去时刻 $y(k)$，$y(k-1)$，…，$y(k-i)$ 的值及随机偏差，因此将其称为自回归过程(AR：Auto - regressive)。

另外一种情况是

$$y(k) = c_0 \varepsilon(k) + c_1 \varepsilon(k-1) + \cdots + c_l \varepsilon(k-l) \tag{3.18}$$

这种情况包含随机的偏差量序列 $\varepsilon(k)$，$\varepsilon(k-1)$，…，$\varepsilon(k-l)$ 和输出变量 $y(k)$。式中，输出变量 $y(k)$ 可以看作是偏差量序列的加权和、加权平均，而且还随着时间在不断推移，所以称为滑动平均(MA：Moving Average)过程。如果将式(3.17)和式(3.18)两个过程合并，则称为自回归滑动平均(ARMA)过程。式(3.9)所给出的模型输出还受到输入变量的影响，称为受控的自回归滑动平均(CARMA)过程。

2) 极大似然估计法

模型的参数可以由最小二乘估计方法得到，还可以通过极大似然估计的方法得到。

首先构造似然函数。基本思想同最小二乘估计一样：使所估计的模型参数偏差方差最小，在此基础上求得参数值。由偏差量为白噪声序列，可以将偏差量的概率密度函数作为似然函数：

$$L = P(Y \mid \theta, \sigma^2) = (2\pi\sigma^2)^{-\frac{N}{2}} \exp\left\{-\frac{1}{2\sigma^2}\boldsymbol{\varepsilon}^{\mathrm{T}}\boldsymbol{\varepsilon}\right\} \tag{3.19}$$

将其改写为负对数似然函数，有

$$-\ln L = \frac{N}{2}\ln 2\pi - N\ln\sigma + \frac{1}{2\sigma^2}(\boldsymbol{\varepsilon}^{\mathrm{T}}\boldsymbol{\varepsilon}) \tag{3.20}$$

由似然函数达到极值：

$$\frac{\partial \ln L}{\partial \sigma^2} = 0$$

可得偏差方差的估计为

$$\hat{\sigma}^2 = \frac{1}{N}\boldsymbol{\varepsilon}^{\mathrm{T}}\boldsymbol{\varepsilon} = \frac{1}{N}\sum \varepsilon(k)^2 \tag{3.21}$$

由此可见，极大似然估计与最小二乘估计的结果是相同的。参数的具体求解主要采用迭代方法进行，将式(3.21)作为性能指标函数 J 并适当舍去与求极值无关的数字量，来对式(3.9)的参数进行估计，有

$$\frac{\partial J}{\partial \hat{\boldsymbol{\theta}}} = \sum \varepsilon(k)\frac{\partial \varepsilon(k)}{\partial \hat{\boldsymbol{\theta}}} \tag{3.22}$$

由于参数 $\boldsymbol{\theta}$ 包含 a_i、b_j、c_l 三类模型的参数，因此这是一个参数向量方程。在此基础上对参数向量 $\boldsymbol{\theta}$ 求二阶偏导数：

$$\frac{\partial^2 J}{\partial \hat{\boldsymbol{\theta}}\,\partial \hat{\boldsymbol{\theta}}^{\mathrm{T}}} = \sum \frac{\partial \varepsilon(k)}{\partial \hat{\boldsymbol{\theta}}}\frac{\partial \varepsilon(k)}{\partial \hat{\boldsymbol{\theta}}^{\mathrm{T}}} + \sum \varepsilon(k)\frac{\partial^2 \varepsilon(k)}{\partial \hat{\boldsymbol{\theta}}\,\partial \hat{\boldsymbol{\theta}}^{\mathrm{T}}} \tag{3.23}$$

就可以利用迭代公式求出估计值：

$$\hat{\boldsymbol{\theta}}(k+1) = \hat{\boldsymbol{\theta}}(k) - \left(\frac{\partial^2 J}{\partial \hat{\boldsymbol{\theta}}\,\partial \hat{\boldsymbol{\theta}}^{\mathrm{T}}}\right)^{-1}\frac{\partial J}{\partial \hat{\boldsymbol{\theta}}}\bigg|_{\hat{\boldsymbol{\theta}}(k)} \tag{3.24}$$

这是利用梯度进行递推估计的一种算法，称为 Newton - Raphson 法。除此之外，还可以利用极大似然估计的思想进行递推计算。

在动态模型的建模过程中，模型阶次的确定也是一个问题，在这方面有很多经典和行之有效的方法，读者可以参阅时间序列建模方面的文献。

由于动态模型和时间的推移有关，因此在得出动态模型后可以进行预测推断，得出在下一步或者更长时间范围内的预测值。如果对根据模型得出的预测值的精度还不满意，可以结合新的测试数据进行分析，这就涉及状态估计的问题，卡尔曼(Kalman filter)滤波就是解决该问题的方法之一。这部分内容在机器学习中应用较少，此处就不作过多的讨论了。

3.1.2 非线性拟合(回归)及建模问题

线性模型是人们对外界变化过程的直观感受的一种反映。线性模型机理简单，在小范围和精度要求不太高的场合应用广泛。但是在实际应用中，相当多的过程并不是线性变化的，而是呈现出各种非线性的形态。可以说，相对非线性来讲，线性变化的过程只占很小的一部分，绝大多数的情况是非线性的。在机器学习实践中，要解决的问题也是非线性情况居多。对于这种情况，如果还使用线性模型的话，势必会造成模型与实际情况严重不符，也就是常说的模型失配，从而导致推断和预测失败。鉴于此，在线性建模的基础上对非线性建模的情况进行研究，将线性建模推广到应用更为广阔的非线性领域是非常必要的。

非线性的变化要比线性变化丰富得多，因此模型也有多种形式，而不仅仅是像线性过程一样用线性方程(包括静态的线性代数方程、动态的线性微分/差分方程)就可以表达了。

非线性模型可以分为两大类：一类是解析模型，一类是非解析模型。所谓的解析模型是指系统本身或其变化的过程可以使用数学公式来进行表达的模型；而非解析模型并不使用数学公式来进行表达。非解析模型可能是一种结构，例如神经网络；也可能是一种规则，例如模糊推理、遗传算法等。非解析模型的范围比较广，本书中将另辟章节进行讨论。本章仅对解析模型进行介绍和分析。

与讨论线性模型相对应，在讨论非线性建模时也先来讨论非线性静态模型。

1. 非线性静态模型

与前面提到的线性静态模型一样，如果非线性模型的输入输出量与时间没有关系，其状态不随时间而改变，就是非线性静态模型。

根据高等数学的相关知识可以得知，如果函数 $f(x)$在某一点 $x=x_0$处具有任意阶导数，则函数 $f(x)$可以展开成幂级数：

$$\begin{aligned} f(x) &= \sum_{n=0}^{\infty} \frac{f^{(n)}(x_0)}{n!}(x-x_0)^n \\ &= f(x_0)+f'(x_0)(x-x_0)+\frac{f''(x_0)}{2!}(x-x_0)^2+\cdots+\frac{f^{(n)}(x-x_0)}{n!}(x-x_0)^n+\cdots \end{aligned} \tag{3.25}$$

称为 $f(x)$在点 x_0处的泰勒级数(Taylor series)。若令 $x_0=0$，则上式变为

$$f(x) = \sum_{n=0}^{\infty} \frac{f^{(n)}(0)}{n!}x^n \tag{3.26}$$

称为麦克劳林级数(Maclaurin series)。

由此可以看出，存在一定阶次的非线性函数可以在一定的近似条件下展开成泰勒级数或麦克劳林级数，也就是可以用幂级数表达。这样就可以用多项式来对非线性函数进行近似表达，即

$$f(x) = a_0+a_1x+a_2x^2+\cdots+a_nx^n \tag{3.27}$$

在式(3.27)中，令 $x^2=x_2$，$x^3=x_3$，…，$x^n=x_n$，就将高次等式变为线性多项式。非线性拟合建模变为多元线性拟合(回归)，非线性建模问题简化为线性建模的拟合问题，使用最小二乘方法进行分析和拟合就可以实现对多项式参数的拟合，从而得出近似的非线性模型。这种方法在有些文献中看作是非线性最小二乘法，但实际上核心还是线性最小二乘法，只不过拟合的结果是一个用非线性函数表示的模型罢了。

进行非线性建模可能存在两个问题：其一是需要预先知道要拟合的非线性模型有足够高阶次的导数；其二是模型精度与模型复杂性的问题。

关于第一个问题，以上只针对有足够高阶次导数的非线性模型进行讨论，至于不可导甚至不连续的情况将在以后进行展开讨论。第二个问题，非线性过程的多项式模型精度的

提高是依赖于其次数的，高精度要求有比较高的幂次，而幂次提高又为拟合和应用带来了问题。在实际工作中常常需要对这两方面进行折中考虑。一般来讲，如果精度要求不高的话，使用具有二阶导数的二次非线性模型就可以了，如果还有更高的精度要求，可以适当提高阶次，但一般不超过五次幂。而一旦具有五次幂的多项式非线性模型还不能满足要求的话，就应该考虑转向使用非解析模型来进行建模了。

2. 非线性动态模型

非线性动态模型也是与时间变化有关系的一种模型。与线性的动态模型一样，这种模型的状态是随时间发生变化的，而且是非线性变化。虽然非线性变化比较复杂，但大体上可以分为两种情况：一种是在整个过程中都连续可导的非线性特性，例如季节性的非线性动态变化过程；而另一种则是在过程中分段连续可导，例如带有摩擦、死区等特性的非线性过程。这里主要讨论在整个过程中都连续可导的非线性特性过程的建模及相关问题，对于分段连续可导的情况，可以参照连续可导的情况进行分段处理。

1）Volterra 级数模型

对于连续可导情况的非线性过程，建模的思路既参考了非线性静态建模的方法——泰勒级数展开；又参考了线性动态过程建模的方法——时间序列模型。这种模型称为 Volterra 级数，是由意大利数学家 Vito Volterra 在 1887 年提出的。20 世纪 20 年代，控制论鼻祖诺伯特·维纳将这种方法应用于解析泛函的积分，继而使用该方法对雷达非线性接收机中的电路噪声效应进行了分析。

对于连续时间非线性定常系统，Volterra 级数的形式为

$$\begin{cases} y(t)=y_0+\sum_{n=1}^{\infty} y_n(t) \\ y_n(t)=\int_{-\infty}^{+\infty}\cdots\int_{-\infty}^{+\infty} h_n(\tau_1,\cdots,\tau_n)\prod_{i=1}^{n} u(t-\tau_i)\,d\tau_1\cdots d\tau_n \end{cases} \tag{3.28}$$

式中，$u(t)$和 $y(t)$分别是系统或过程输入和输出，函数$h_1(\tau)$、$h_2(\tau_1,\tau_2)$、$h_n(\tau_1,\cdots,\tau_n)$称为 Volterra 核函数。从式中可以看出，Volterra 是线性系统的推广，可以看出，当系统的二阶以上 Volterra 核函数为零时，非线性系统就退化为线性系统。

对于离散时间非线性定常系统，Volterra 级数的形式为

$$\begin{aligned} y(k) &= y_0+\sum_{n=1}^{\infty}\sum_{\tau_1=0}^{\infty}\cdots\sum_{\tau_n=0}^{\infty} h_n(\tau_1,\cdots,\tau_n)u(k-\tau_1)\cdots u(k-\tau_n) \\ &= y_0+\sum_{\tau_1=0}^{k} h_1(\tau_1)u(k-\tau_1)+\sum_{\tau_1=0}^{k}\sum_{\tau_2=0}^{k} h_2(\tau_1,\tau_2)u(k-\tau_1)u(k-\tau_2) \\ &\quad+\sum_{\tau_1=0}^{k}\sum_{\tau_2=0}^{k}\sum_{\tau_3=0}^{k} h_3(\tau_1,\tau_2,\tau_3)u(k-\tau_1)u(k-\tau_2)u(k-\tau_3)+\cdots \end{aligned} \tag{3.29}$$

从以上可以看出，Volterra 级数的模型是一种非参数的模型。在建模过程中不能通过确定某类参数的值来进行建模，而是要确定各个 Volterra 核函数。确定 Volterra 核函数的方法有很多，这些方法大多涉及比较多的数学知识，而且实现起来比较繁杂。在实际的工作中，通常希望将其转化为参数模型来进行处理。例如，可以设 Volterra 核函数为多维 Dirac 函数，即

$$h_n(\tau_1, \cdots, \tau_n) = a_n\delta(\tau_1)\delta(\tau_2)\cdots\delta(\tau_n) \tag{3.30}$$

式中，$\delta(\cdot)$为 Dirac 函数。将其代入式(3.28)，则其第二式变为

$$y_n(t) = \int_{-\infty}^{+\infty}\cdots\int_{-\infty}^{+\infty} a_n\delta(\tau_1)\delta(\tau_2)\cdots\delta(\tau_n)\prod_{i=1}^{n} u(t-\tau_i)\,\mathrm{d}\tau_1\cdots\mathrm{d}\tau_n \tag{3.31}$$

相应的离散情况的 Volterra 级数变为

$$\begin{aligned} y_n(k) = {} & C_0 + B_1(z^{-1})u(k-d) + \sum_{i_1=0}^{n} B_{2i_1}(z^{-1})u(k-d)u(k-d-i_1) + \cdots \\ & + \sum_{i_1=0}^{n}\sum_{i_2=i_1}^{n}\cdots\sum_{i_{p-1}=i_{p-2}}^{n} B_{pi_1i_2\ldots i_{p-1}}(z^{-1})u(k-d)\prod_{j=1}^{p-1}u(k-d-i_j) + \cdots \end{aligned} \tag{3.32}$$

式中，所有关于一步推移因子 z^{-1} 的函数均为线性函数，因此形如式(3.32)的建模问题又变为了模型的参数估计问题，可以使用最小二乘法进行参数估计。这个式子令人想起了线性 AR 模型的结构，的确这两种模型在形式上有某种相似，所以也称为 AR - Volterra 级数。

可以看出，Volterra 级数模型实质上也是一种时间序列模型，只不过其具有了非线性特性。与这种模型结构类似的模型还有以下两种。

2）Hammerstein 模型

Hammerstein 模型的形式为

$$\begin{aligned} y_n(k) = {} & C_0 + B_1(z^{-1})u(k-d) + B_1(z^{-1})u^2(k-d) + \cdots \\ & + B_n(z^{-1})u^n(k-d) \end{aligned} \tag{3.33}$$

这种模型将非线性模型分为一个静态的非线性模型与一个动态线性模型之和。

静态的非线性模型：

$$x(k) = a_0 + a_1u(k) + a_2u^2(k) + \cdots + a_nu^n(k) \tag{3.34}$$

动态的线性模型：

$$y(k) = B^*(z^{-1})z^{-d}x(k) \tag{3.35}$$

式(3.35)中有

$$B^*(z^{-1}) = b_1^*z^{-1} + b_2^*z^{-1} + \cdots b_m^*z^{-m} \tag{3.36}$$

模型中的参数同样可以用最小二乘法来进行估计。

3）Wiener 模型

Wiener 模型的形式为

$$A_1(z^{-1})y(k)+A_2(z^{-1})y^2(k)+\cdots+A_m(z^{-1})y^m(k)=C_0+B(z^{-1})u(k-d) \quad (3.37)$$

这也是一种静态的非线性模型与一个动态线性模型相加的形式，只不过是输出端进行叠加。

静态的非线性模型：

$$y(k)=r_0+r_1x(k)+r_2x^2(k)+\cdots+r_nx^n(k) \quad (3.38)$$

动态的线性模型：

$$A(z^{-1})x(k)=B(z^{-1})z^{-d}u(k) \quad (3.39)$$

也可以将其表示为类似幂级数的形式，即

$$y(k)=r_0+r_1\frac{B(z^{-1})z^{-d}}{A(z^{-1})}u(k)+r_2\left(\frac{B(z^{-1})z^{-d}}{A(z^{-1})}\right)^2u^2(k)+\cdots \quad (3.40)$$

这样的模型形式综合了线性和非线性、静态和动态模型的优势，既具有一定的工程实践意义，也便于进行参数估计，在实际的工程实践中具有比较广泛的应用。

建模问题是一个非常广泛而重要的问题，不仅仅出现在机器学习的范畴中，而是已经发展为了一个独立的学科。机器学习中会用到很多数学建模的方法，本章仅仅对于解析型模型的建模方法进行讨论，而且主要围绕参数估计进行。考虑到理解解析型模型的非参数估计方法可能需要比较深入和广博的数学知识，因此没有在本章进行讨论，有兴趣的读者可以参阅相关的文献。

此外，还有很多非解析型模型的建模方法，例如神经网络、专家系统等，可能在更大程度上体现了“智能”和“学习”的特点。随着本书内容的不断展开和深入，将会渐次对其进行介绍和讨论。

3.2 机器学习模式概述

在之前的章节中，主要对于机器学习所需要的基本数学基础和某些任务进行了讨论和准备。接下来就需要对机器学习的基本模式进行简要介绍了。具体而详细的讨论将在此后的各个章节中展开。

机器学习，通俗地讲就是要让机器(通常是指计算机)具有像人一样的学习和思考的能力，可以在某方面像人一样、甚至比普通人更为出色地完成任务。在让机器进行学习之前，我们可以先来看一下人是如何进行学习的。粗略地讲，人的学习不外乎两方面，一方面是在老师或家长的督促下进行学习；而另一方面则是对自己感兴趣的东西进行自学。这就形成了学习的模式：一种是有监督的学习模式，而另一种则是无监督的学习模式。这两种情况可以适当地移植到机器学习的范畴中来，形成机器学习的两大学习模式：有监督学习模式和无监督学习模式。

3.2.1 有监督学习模式

谈到有监督的学习模式，可以先来比照一下人类在老师或家长的督促下是怎样学习的。老师和家长一般都会给出一个行为的模式或知识的“标准”答案，然后让我们去练习，在经过一定时间的练习后，再进行检查或考试：凡是符合行为模式或者“标准”答案的，进行奖励；不符合的则进行校正，最终获得一个比较满意的结果。长此以往，我们也就将此作为自己身体力行的标准，遇到以前没有遇到过的事情或问题也能参照老师或家长们的“谆谆教导”“照猫画虎”地处理问题了——于是，学习过程结束。

机器学习中的有监督学习模式也类似于人类的这种学习过程。在机器学习过程中，人类就是机器的“老师或家长”，所有的问题都是有现成答案的。我们需要教会机器对这些问题进行“思考和处理”。用比较专业的术语来讲，机器学习就是从整个数据集中获取经验，而在整个数据集中都有一个确定的标签或目标。有监督的学习模式就是通过对给定的一组输入数据集 x 和一组输出数据集 y 进行训练，获取经验，最终找到输入和输出之间的关联(或建立输入和输出之间的模型)。在整个学习过程中，需要由“教师”提供目标，在其监督下对数据进行分析和理解。

那么，哪些具体的学习类型是有监督的呢？例如前面提到过的回归(拟合)、分类、机器翻译、图像识别等，这些工作或任务都有一个明确的标准，需要通过“教师”来对学习的成效进行评判，因此属于有监督的学习模式。下面将对有监督学习的算法作简单介绍，详尽的算法分析将在此后的章节中展开讨论。

在有监督学习模式中，回归(拟合)与分类(图像识别、机器翻译等可列入此)是很重要的两个方面。关于回归(拟合)的情况，前面已经作了不少讨论。现在来讨论分类。

1. 基于线性方程的分类方法

分类是指将某一数据输入机器，机器应该给出该数据的归属，即该数据应该属于哪一类。很明显，对于数据的归属问题，我们事先应该知道，然后再“监督”机器进行学习，最终使机器能够根据一定的规则对输入的数据进行分类。分类有简单的二元(重)和多重分类。二元(重)分类是一种“非此即彼”的简单分类，而多重分类则要复杂些。图像识别、机器翻译等则是在多重分类的基础上更为复杂的有监督学习模式。

最简单的分类就是输入的数据“一分为二”，即分为两类数据，如图 3.1 所示。图中的两类数据形象地用两种集合图形表示了出来。机器学习的任务就是要将这两种用不同形状表示的数据分开。这个问题可以表示为取值为+1 或－1 的二值的函数分类问题，即值域为 $y\in\{+1, -1\}$ 的函数。图 3.1 是一种比较简单的情况。只需要建立一个坐标系，然后求出一条直线的方程：$y=f(x)=kx+b$，根据所输入的数据对于这条线的位置情况就可以进行分类判别了。即

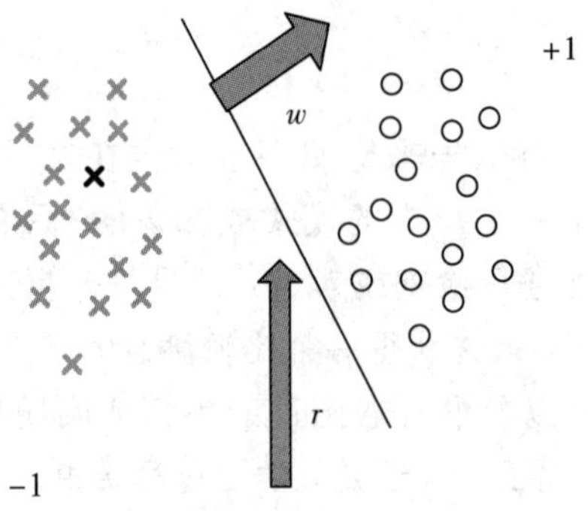

图 3.1 二重线性分类

$$\hat{y}=\operatorname{sign}(f(x))=\begin{cases}+1, & f(x)>0\\ 0, & f(x)=0\\ -1, & f(x)<0\end{cases} \tag{3.41}$$

这种情况通常称为线性可分，对于维数高于 2 的情况可以比照二维空间的情况进行。

不论是二维空间还是多维空间，都需要充分考虑分类概率情况及错误分类所引起的代价，这部分内容将会在第 5 章的线性分类算法部分进行比较详细的论述。

然而在很多情况下，数据并不是线性可分的。也就是说并不能使用一条“直线”来对数据进行判别和分类。例如针对图 3.2(a)所示的情形，很多学者提出了不同的解决方法。其中有一种方法的思想是将低维数据向高维映射，在低维空间不能够线性分类的数据可能在高维空间线性可分，从而完成了线性分类的任务。图 3.2 给出了这种方法映射变化的情况。

这种方法称为“支持向量机”(SVM，Supporting Vector Machine)。在两类数据“边缘”上的数据向量“支持”整个数据集进行线性分类，所以这些向量就成为了“支持向量”。

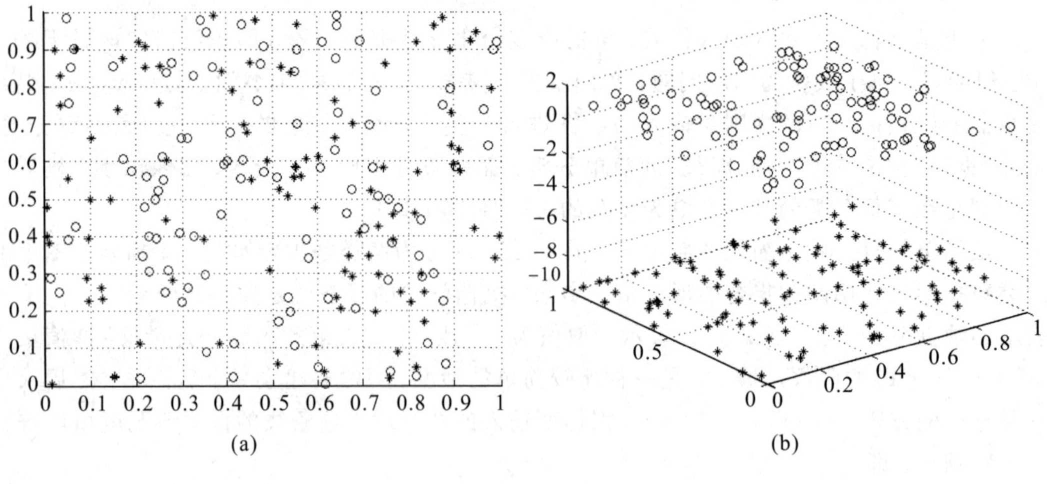

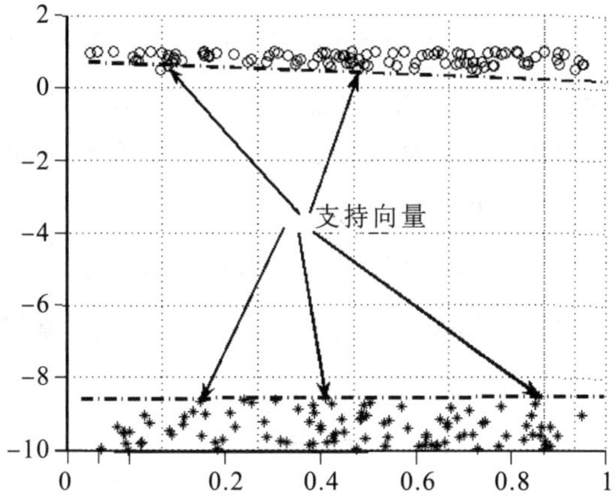

(c)

图 3.2　低维线性不可分向高维映射从而变为线性可分的情况

从以上的分析可以看出，在支持向量机的分类工作中，最重要的是要找到可以向高维映射、在高维空间中线性可分的映射函数。这个函数称为核函数。构造核函数需要一定的技巧，而且也没有现成的、规范化的方法可以遵循。关于支持向量机的分类问题也将会在第 5 章进行详细讨论。

以上所述都是针对两重分类的。对于多重分类，也就是说有多个类别需要进行划分时，可以分步进行。首先进行两重分类，然后再渐次细分，最终达到多重分类的要求。

可以看出，上述的分类方法都是基于建立一个线性方程(低维或高维)进行的。除了这种使用线性方程进行分类的方法以外，还有一些其他的分类方法。

2. 基于概率的有监督学习分类方法

概率分类方法的基本思想源于贝叶斯概率的思想：对于输入数据 x，考察将其归为某类 y 的后验概率是否达到最大。也就是说要考察数据 x 归为 y 类的概率有多大。如果将数据 x 归为 y 类的概率比较小，说明数据 x 在很大程度上并不属于 y 类。数学表达式为

$$\hat{y} = \arg \max_{y=1,2,\cdots,n} p(y \mid x) \tag{3.42}$$

式中，n 为类别数目。在这种分类过程中，所有分类结果的概率和应该等于 1，因此其分类结果的概率是相互制约的。以线性分类情况为例，对于多种类别，$y=1, 2, \cdots, n$，其后验概率为 $p(y|x)$，各项类别的对应参数为 $\boldsymbol{\theta}=(\theta_1, \theta_2, \cdots, \theta_n)^{\mathrm{T}}$，则其分类模型为

$$q(y \mid x; \boldsymbol{\theta}) = \sum_{i=1}^{m} \theta_i \phi_i(x) \tag{3.43}$$

式中，$\phi_i(x)$为分类函数，可以是线性的，也可以是非线性的。利用最小二乘的思想，使其分类的后验的平方误差概率最小，即

$$\min J(\boldsymbol{\theta})=\int(q(y \mid x;\ \boldsymbol{\theta})-p(y \mid x))^2 p(x)\mathrm{d}x \tag{3.44}$$

由于这种分类算法用到了最小二乘法的思想，因此也称为最小二乘概率分类方法。

除此之外，还可以利用极大似然估计的思想，构建分类模型的似然函数或对数似然函数，并对其进行最大化，得到分类结果。即

$$\max_{\boldsymbol{\theta}}\prod q(y_i \mid x_i;\ \boldsymbol{\theta}) \quad 或 \quad \max_{\boldsymbol{\theta}}\sum \ln q(y_i \mid x_i;\ \boldsymbol{\theta})$$

从线性到非线性的映射函数有很多种，其中有一种函数有着比较广泛的应用，这就是 Sigmoid 函数，其表达式为

$$y=\frac{1}{1+\mathrm{e}^{-ax}} \tag{3.45}$$

这种函数的图像比较平滑，比线性的“非此即彼”的判别更符合实际情况，因此在实际的分类中有着更为广泛的应用。图 3.3 给出了 Sigmoid 函数与“0，1”分类函数的区别。从图中可以看出 Sigmoid 函数与“0，1”分类函数相比更为“和缓”，而且其程度可以通过调节参数 a 的值实现。将线性分类的函数代入 Sigmoid 函数中，有

$$\begin{aligned} y=S(x)&=\frac{1}{1+\mathrm{e}^{-a(\theta_i x_i+b_i)}} \\ &=\frac{1}{1+\mathrm{e}^{\boldsymbol{W}^{\mathrm{T}}\boldsymbol{x}+\boldsymbol{B}}} \end{aligned} \tag{3.46}$$

将式(3.46)两边取对数得

$$\ln\frac{S(x)}{1-S(x)}=\boldsymbol{W}^{\mathrm{T}}\boldsymbol{x}+\boldsymbol{B} \tag{3.47}$$

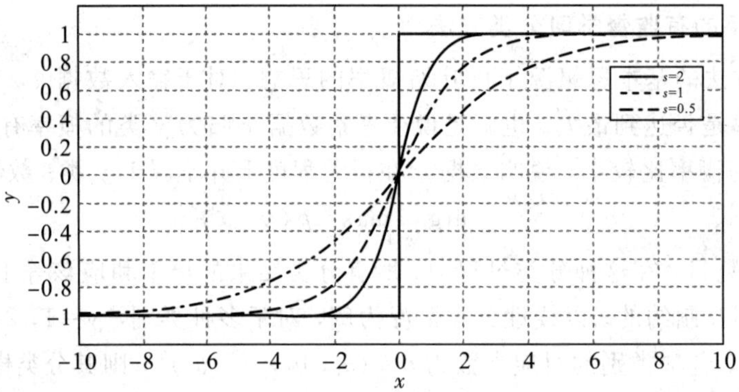

图 3.3 Sigmoid 函数与线性分类函数的对比

这种形式反映了正例 $S(x)$和反例 $1-S(x)$之间可能性（概率）的比例关系。从形式上来看，也是一种类似于线性回归的情况，只不过是对数的线性回归，称为 longistic 回归。当

然，虽然名为“回归”实为分类，而且是根据概率分布情况的一种分类。在此基础上，可引入极大似然估计的思想，构建性能指标函数来进行分类，即

$$J(\cdot)=\min_{\boldsymbol{\theta}}\sum_{i=1}^{n}\ln\left\{1+\exp\left(-y_i\sum_{j=1}^{k}(\theta_i x_i+b_i)\right)\right\} \tag{3.48}$$

3. 基于决策树的分类方法

决策树是逐渐进行多次分类的一个决策过程，在分类过程中使用线性分类的超平面对数据进行逐次递归划分，在逐渐划分的过程中形成了树状结构，因此称为决策树。在分类决策过程中用到了“信息熵”的概念和方法。信息熵是信息论中的一个概念，用来表征信息的混乱程度。如果信息是混合均匀分布的话，熵就会越高；而信息越单一化，则熵就变低。

分类是要将原来杂乱无章的数据集变为一个个具有单一特征的数据集，这本身就是将熵逐渐降低的一个过程。信息熵的定义为

$$h(x_i)=-\operatorname{lb}p(x_i) \tag{3.49}$$

式中，x_i 表示第 i 个类别，$p(x_i)$表示分为第 i 个类别的概率。之所以要选择以 2 为底的对数，在信息论中主要考虑了 0、1 的二元信息；在分类中则主要是从二元分类的角度考虑的，而且也与 0－1 分布的概率判别相吻合。当然选用常用对数、自然对数都是可以的，它们之间可以进行数学上的相互变换。对于多重分类，设有 n 重类别，则有

$$H(x)=-\sum_{i=1}^{n}p(x_i)\operatorname{lb}p(x_i) \tag{3.50}$$

在有了这些理论准备后，就可以构造分类决策树了。在构造决策树时，基本原则是随着树的深度增加，使其在树的各个节点上的熵能够逐渐降低，而且希望降低的速度越快越好，反映在图形上就是决策树的高度比较“矮”。分类决策树的基本结构如图 3.4 所示。

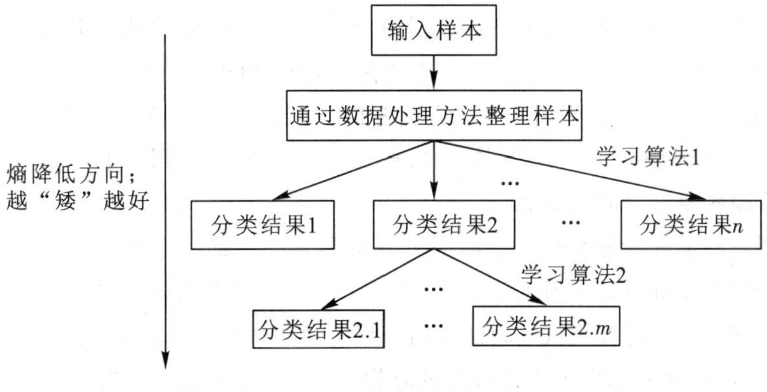

图 3.4　决策树分类示意图

除了以上所述的几种有监督学习模式外，还有稀疏学习、随机场模型学习等算法。总

的来讲，它们的共同特点就是对于学习的结果是事先预知的。而构建各种学习算法的目的就是要让机器“学会”对已知数据的处理。在此基础上，如果有此前尚未“见过”的数据输入机器时，机器可以根据已经得到的模型及规则对新数据进行合理的处理。这也是要求有监督的学习算法应该具有一定的泛化能力。

3.2.2 无监督学习模式

与有监督的学习模式相比照，无监督的学习模式更像是一种人类“自学”的过程：事先没有现成提供的标准模式，需要自己摸索。然后通过不断地实践学习，“在学中干，在干中学”，最终摸索出一套符合实际情况的规则和算法，从而完成学习的过程。

机器学习的无监督学习模式是要对一个输入数据集$\{x_i\}_{i=1}^n$进行学习和训练，考察这个数据集上的有特征的结构和性质，得到一般的应用规则。在无监督过程中由于没有给定的“标准”答案，需要机器在学习过程中不断地“学习、比较和思考”给定数据集中数据的特征，得到对数据处理的规律。例如，与有监督学习中的分类算法相对应，聚类就是一种无监督的学习模式。在聚类算法中，事先对于数据的类别归属并不清楚，需要对其进行判断，归纳出各类别的特征，才能对数据的类别进行判别。在因子分析或主成分分析中，也并不清楚哪些数据特征是占比重大的特征，需要对数据进行分析才能得到。

一般来讲，无监督学习模式的主要任务有因子分析/主成分分析、聚类、数据降维以及异常值检测等。

1. 因子分析/主成分分析

因子分析是指对数据集里面的数据进行分析，从中找到几组变量，而这几组变量可以在最大程度上描述整个数据集的整体。通俗地讲，就是要在整个数据集里面对变量所体现出的各种特征进行分析，然后考察这些特征在反映整个数据集面貌上各占多大比例。因子分析最初是由英国心理学家斯皮尔曼(C. E. Spearman)和皮尔逊(K. Pearson)在进行智力测定的时候提出的。他们发现某些课程成绩好的学生往往在另外一些课程的成绩也不错，从而想概括一个共性因子来对学生的智力水平进行评价。这样既可以减少考察变量的数目，还可以检验各变量之间的关系。

一般来讲，因子分析分为探索性的因子分析和验证性的因子分析。探索性的因子分析不带有主观色彩，在进行分析时对于因子和各考察项之间不预设各种“关系”，完全由数据呈现，是名副其实的无监督模式。验证性因子分析对因子和各考察项之间的关系有一个“先验”预设，在一定程度上体现了假设检验的思想。在因子分析时，首先从数据集 X 中得到相关矩阵及各方差：

$$\sigma_1^2,\ \sigma_2^2,\ \cdots,\ \sigma_p^2$$

然后进行正交旋转(在一些特殊情况时也考虑进行非正交旋转)，对因子的重要程度(即因子得分)进行排序：

$$g_1^2 > g_2^2 > \cdots > \sigma_p^2$$

从而得出哪些因子具有代表性，或对于数据集的影响较大。

主成分分析则是指：要在这多个反映数据集特征的变量里选出占主要成分的那些变量。这些所谓的“主成分”需要尽可能多地反映整个数据集的特征。使用主成分分析可以对数据的维度进行归约，也就是对数据集进行降维。主成分分析同样是通过一定的坐标变换将原来数据集中的数据转化为互不相关的变量，将原方差阵变为对角阵，从中选取几个“主要”的分量。而其他的分量则由这几个主要变量线性组合表示。

通过因子分析/主成分分析可以将数据里的特征提取出来，便于实现对数据的解释同时也能实现对数据量的压缩。而这些因子也好、主成分也罢，都是事先所不知道的，因此这种学习模式属于无监督学习的范畴。这部分内容将在第六章展开详细讨论。

2. 聚类

聚类可以说是分类的“逆运算”。分类是已知几种类别，然后将数据集中的数据根据各种类别的特征“对号入座”地进行安排分类。而聚类则是针对数据集中的数据进行考察，比较数据之间的特征，将相同特征的数据归为一类。粗略一看，聚类貌似也是在进行分类，但是实质上与分类是不同的。这是因为在分类算法中，各种类别的特征是已知的，对于数据集中的数据只需要作判别即可；而聚类则事先并不知道有几种类别，也不知道各种类别有什么特征。需要对数据进行“摸索”，比较其特点，然后再进行类别的划分。因此，聚类属于无监督的学习模式。

聚类分析的方法比较多，从基本的系统聚类、动态聚类、模糊聚类、谱聚类到聚类预测，林林总总。在这多种方法中，其根本性的原则就是要寻找数据间的相似程度，将相似程度接近的数据聚为一类。那么相似程度怎样进行度量呢？一个很自然的想法就是衡量数据间的“距离”，“距离”接近的归属于一类。正如第二章所述，范数就是一种抽象的“距离”，因此在聚类算法中对于范数的应用比较多。除了对于距离的衡量以外，还可以对数据的相似性和关联性进行比较。相似性比较可以引入相关系数，然后检验其χ^2统计量对其相似性给出评价。

对于特征比较繁杂的数据，可以考虑分层聚类方法。分层聚类的方法是首先将特征最接近的数据归并为一类，这时数据的维数有所降低；然后再将第一次归类后的数据进行归并；如此反复进行，逐渐将近似的数据聚为一类。与分类决策树对比，如果分类决策树的数据熵是递减的，则分层聚类的数据熵是一个逆过程。这样的特性也可以从聚类的连接树图中看出来，如图 3.5 所示。

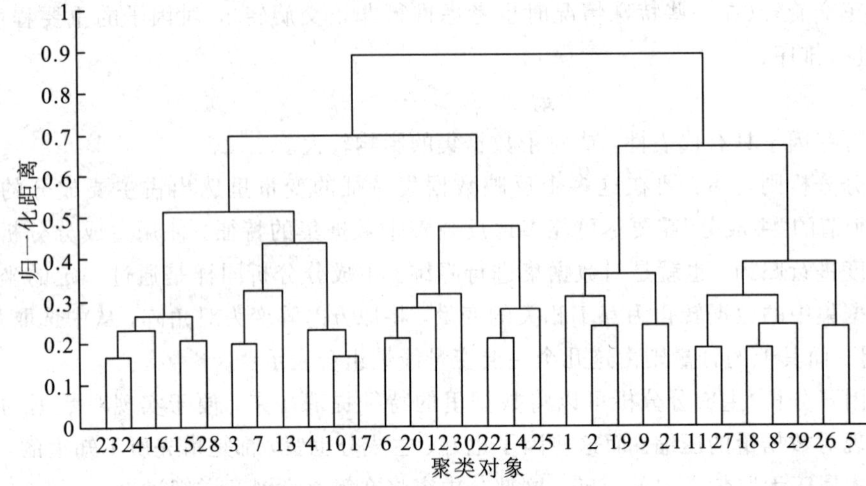

图 3.5　聚类对象之间的连接树图

除了朴素的距离和分层聚类以外，K 均值(K - means)聚类也是一种很有特点而且广泛应用的聚类方法。K 均值聚类是 J. B MacQueen 提出的，其基本的思想是首先把最接近的数据选取为各个“先验”的聚类“中心”，这样的中心假设有 K 个：

$$\{y_i \mid y_i \in (1, 2, \cdots, k)\}_{i=1}^{k} \tag{3.51}$$

而将剩下的数据与聚类的“中心”比较，考察与其接近或分散的情况：

$$\sum_{i: y_i = y} \| x_i - \mu_y \|^2 \tag{3.52}$$

式中，μ_y 为各聚类的“中心”。将距离接近的数据进行聚类。将新数据纳入该类后，重新计算新的聚类中心。然后进行迭代，达到最优解后聚类结束。图 3.6 给出了 K 均值聚类的过程。

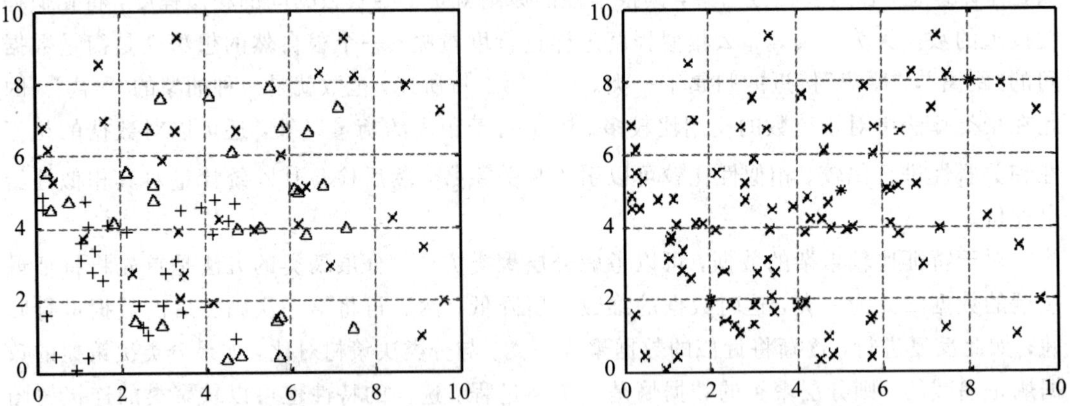

(a) 原始数据　　　　(b) 初始均值点

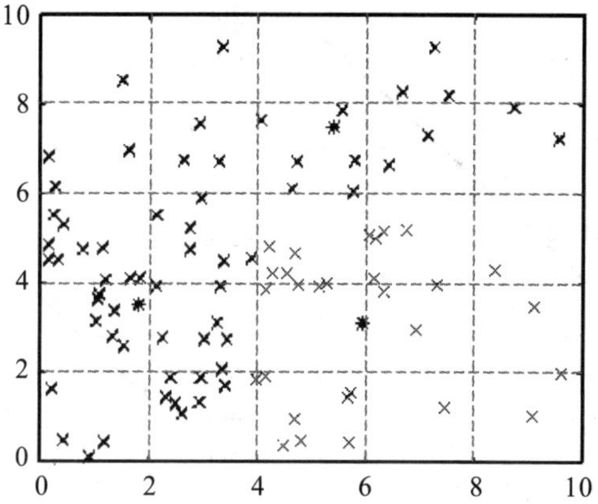

(c) K均值聚类结果

图 3.6 K 均值聚类的过程

图 3.6(a)为初始输入数据，图 3.6(b)为初始进行聚类时设定的聚类中心，图 3.6(c)为最终的聚类结果；“＊”为均值聚类中心。从图中可以看到，进行聚类时，先人为设定聚类中心，通过不断地迭代，均值聚类中心也在不断调整，最后得到聚类的结果。在 K 均值聚类的基础上，对“距离”的定义进行修改，引入核函数，还可以将线性的 K 均值聚类推广至非线性聚类的问题。

K 均值聚类方法也存在一些问题。首先聚类的数目 K 是事先人为给定的，那么到底应该是几个聚类中心呢？客观性的标准并没有给出，而且也并不是严格的“无监督”。其次，聚类中心的选取比较随意，对迭代的过程和结果会有比较大的影响。第三，由于要进行迭代，因此算法的复杂度也是一个问题。

在聚类完成之后，还需要对聚类的结果给出评价，例如聚类的敏感性/鲁棒性、对于“错误”聚类的处理等。一般来说，比较稳妥的聚类分析是要选用不同的方法对数据进行聚类分析。然后考察其结果，如果几种聚类分析的结果相近，则可以认为聚类是正确的，否则需要再进行深入分析。当然聚类结果“相近”也是有一定的指标要求的。这部分内容将会在本书的后续章节进行比较详细的讨论。

3. 异常值检测

异常值检测也是无监督学习的一类重要问题。所谓的异常值在很多场合也称为“野值”，是指在一系列数据中严重偏离数据变化规律的一类数据值。异常值的出现会使整个数据集的学习过程受到影响。图 3.7 给出了由十个数据所组成的数据集进行线性拟合的情况。从图中看出，图 3.7(b)中有异常值存在，使得拟合的直线结果发生了变化。这是静态拟合(回归)时的情况。在动态拟合的情况下，异常值的存在可能还会对整个系统的鲁棒性产生影响。

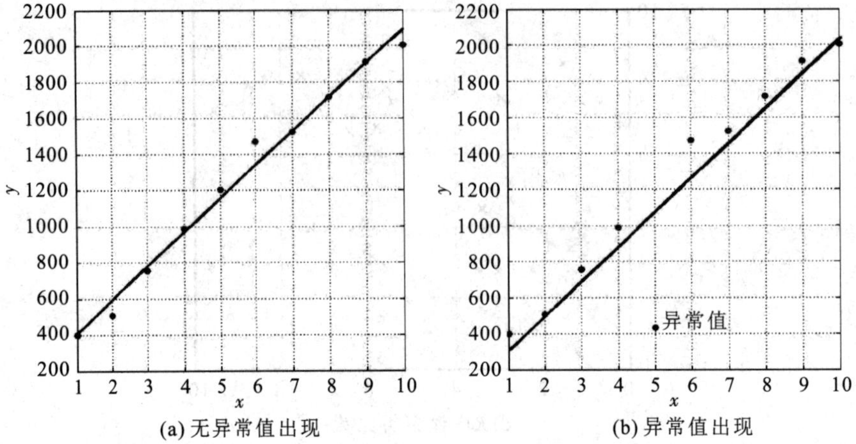

图 3.7 异常值对线性拟合影响的情况

一般来讲，异常值不会自带标签或特征，只是混同在数据集中，因此如何识别、判定异常值就是一个无监督的学习问题。对于异常值的检测，可以用第二章所述的方法绘制箱体图，然后观察其统计量来实现；也可以采用在概率论和数理统计中常用的 3σ 准则进行判别。但这些都是一种粗略的估算方法，对于动态数据的情形处理起来就比较困难了。在机器学习中，一般还是使用“距离”比较来进行判别。

定义“可达距离”(Reachable Distance)：

$$D_R^{(k)} = \max(\|x - x^k\|, \|x - x_0\|) \tag{3.53}$$

式中，x^k 为数据集中的样本 $\{x_i\}_{i=1}^n$ 中距离 x 的第 k 距离样本。所谓的第 k 距离是指距离 x 第 k 远的点的距离，如图 3.8 所示。由于有 k 个点在此“圆”的范围内，可以得到其局部可达密度：

$$\rho_L = \left(\frac{1}{k}\sum_{i=1}^{k} D_R^{(k)}(x^i, x_0)\right)^{-1} \tag{3.54}$$

则局部的异常因子可定义为

$$\mathrm{LOF}_k = \frac{\sum_{i=1}^{k} \rho_L(x^i)}{k\rho_L} \tag{3.55}$$

可以看出，当该值的密度比较高而周围的密度低的时候，该值就会被认为是异常值。

除了对距离进行衡量以外，还可以考察其概率密度的情况，利用概率密度之比来进行异常值的判别。

正如人类的学习过程一样，有监督学习和无监督学习这两种学习模式并没有严格的区分。在无监督学习模式的聚类中，也需要有人为的介入，如指定聚类为几个类别等。而且，不管在哪种

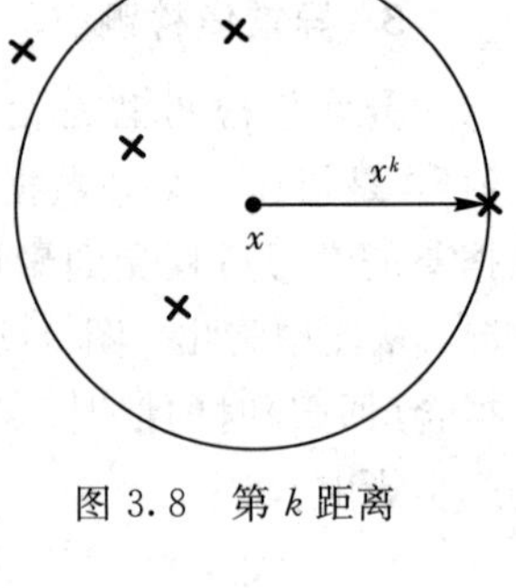

图 3.8 第 k 距离

学习模式下，都需要对数据进行训练，从而得到有效的模型。

此外，介于这两者之间还存在半监督学习模式。半监督学习模式是指在对数据集进行训练时，为了能够更有效地进行机器学习，首先要对数据进行预处理：即首先进行带有标签和结果的有监督学习，然后再进行无监督的学习。这种学习模式主要用于大规模数据集的处理，对一部分数据量比较少的有标签数据进行学习，然后再进入无监督学习模式。

例如，在生成式学习方法中，首先对联合分布 $P(x, C)$进行建模，在获得了先验知识后得出条件概率 $P(x|C)$；然后利用其模型的参数计算出无标签数据集的后验概率；在此基础上使用得出的后验概率对模型参数进行更新；如此循环迭代，直至最终得到满意的结果。这种学习模式在某种程度上带有贝叶斯概率估计的思想，对先验知识有一定的要求。又如，在有监督学习的非线性分类算法中，支持向量机(SVM)需要找到一个分类超平面，且需保持最大分类间隔。在半监督学习时，首先在数据集中使用有标记的样本训练出一个支持向量机，利用这个支持向量机对未标记样本进行训练，然后使用局部搜索策略来进行迭代，从而使所有的样本都有了标记；在此基础上将所有的样本进行重新训练，得到整个数据集的支持向量机。其算法流程如图 3.9 所示。

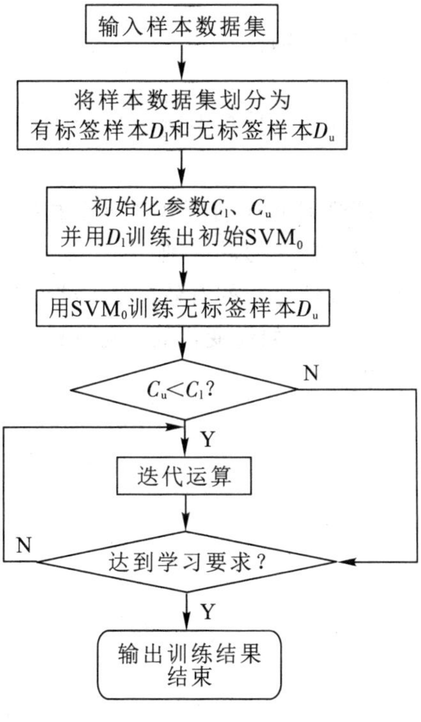

图 3.9 半监督学习的 SVM 算法流程

半监督学习模式几乎涵盖了从分类、回归到聚类、降维等所有的学习任务，是一种比较灵活的学习模式。

机器学习是从数据中进行有用信息提取和加工的过程，在很大程度上与人类的学习模式类似，特别是在收集数据然后进行加工分析这个过程上，很类似于归纳推理或归纳学习的过程。因此很多学者在学习的模式上提出了仿人智能的观点，甚至于认为神经网络的学习算法是完全模拟人的神经系统进行工作的。还有些学者在自然语言处理、语义分析方面做了很多工作，试图将机器学习与心理学特别是计量心理学联系起来。这部分学者对于机器学习充满了乐观的情绪，认为在不久的将来会对人类的学习过程完全掌握。然而也有一部分学者对此并不看好，他们认为人类的学习过程远没有搞清楚，至少没有像前面所述部分学者所说的那样搞清楚，机器学习在各方面还有很长的路要走。这些争论目前还在学术界广泛和热烈地进行着。但是，不管这两方面的学者对于机器学习的模式持怎样的观点，这些都是有益的探索，都将有助于人们对于机器学习的认识，都会不断推动机器学习向更高层次迈进。

复习思考题

1. 线性模型与非线性模型有何区别?
2. 动态模型与静态模型有何区别?
3. 最小二乘拟合方法在非线性建模过程中适用吗?如适用，请举例说明；如不适用请说明理由。
4. 试说明 Volterra 级数与线性时间序列模型之间的关系。
5. 试举例说明监督学习与非监督学习的区别。
6. 支持向量机是一种进行非线性分类的有效方法，试说明其基本思想及算法流程。
7. K -均值聚类中，其聚类中心是如何变化的?说明其优势及局限性。
8. 半监督学习模式的基本思想是什么?

第四章　神经网络学习算法

神经网络作为一种机器学习算法出现得并不晚，20 世纪 40 年代 Warren McCulloch 与 Walte Pitts 就开始了相关的研究工作。在此后的几十年里，神经网络算法的发展经历了很多波折——曾经一度引起轰动效应，也受到过来自很多方面甚至是包括哲学方法论的质疑。但不论怎样，神经网络作为一种在很多工程领域都行之有效的机器学习方法，在机器学习领域始终占有非常重要的位置。

4.1　神经网络概述

1. 神经元的结构与工作方式

神经网络算法属于人工智能中的连接主义学派。连接主义又称为仿生学派，认为机器学习应该考察人类神经的工作模式，模仿人脑的工作方式进行学习。因此，神经网络主要着眼于对人类神经元的理解和研究。目前，虽然对于人类众多神经元的精微细致结构还未彻底弄清楚，但是一般的典型神经元结构已经比较明晰了，其基本的连接结构示意图如图 4.1 所示。

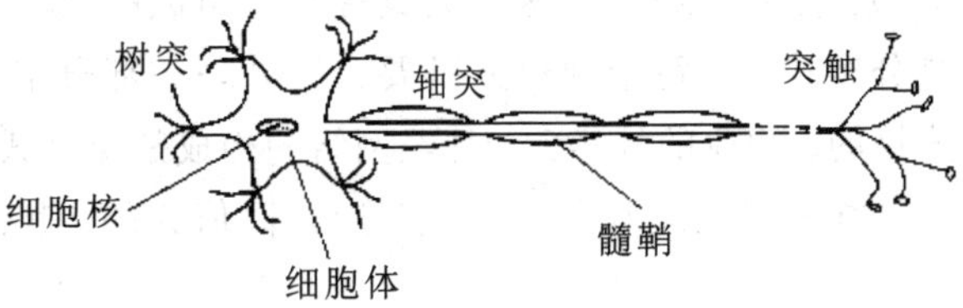

图 4.1　典型神经元结构示意图

神经元由细胞体和突起两部分组成。细胞体由细胞核、细胞质以及细胞膜构成。细胞膜主要包覆在细胞周围，与细胞外部相隔离。由于人体中有电解质，因此细胞内外有一定的电位差；细胞质是含水大约 80%的半透明物质。细胞核是整个细胞最重要的部分，是细胞的控制中心。

突起部分包括树突、轴突和突触。树突是神经元延伸到外部的纤维状结构。这些纤维状结构在离神经元细胞体较近的根部比较粗壮，然后逐渐分叉、变细，像树枝一样散布开来，所以称为树突。树突的作用是接受来自其他神经元的刺激(输入信号)，然后将刺激传送到细胞体中。轴突是神经元伸出的一条较长的突起，长度甚至可达1米左右，其粗细一般是均匀的。轴突主要用来传送神经元的刺激，也称为神经纤维。突触是神经元之间相互连接的部位，同时传递神经元的刺激。髓鞘则是包在轴突外部的膜，用来保护轴突，同时也起一定的“屏蔽”作用。

神经元对于外界刺激的响应是阈值型的非线性函数。外部的刺激是以电信号的形式作用于神经元的，如果电位的值没有超过一定的阈值(−55 mV)，细胞就处在不兴奋的状态，称为静息状态。当外部的刺激使神经元的电位超过阈值，神经元就开始兴奋。神经元兴奋后又恢复到静息状态时，会有一定时间的不应期，也就是在一段时间内，即使神经元受到了新的刺激也不会产生兴奋。在度过不应期之后，当新的刺激来到并突破阈值时，神经元才会再度响应。从此可以看出，神经元的响应是非线性的过程，而且与刺激的强度和频度是有关系的。

刺激在被神经元响应后经过轴突传送到其他神经元，在经过突触与其他神经元接触后进入其他神经元的树突，相当于电子线路中的输入/输出接口。整个过程与信息传递的过程非常类似。

单个神经元与成百上千个神经元的轴突相互连接，可以接收到很多树突发来的信息，在接收到这些信息后神经元就对其进行融合和加工。这种融合和加工的方式比较复杂，但是有一点是肯定的，就是这种融合加工过程是非线性的。当很多个神经元按照这样的方式连接起来后，就可以处理一些外部对神经元的刺激(输入信号)了。

受到以上所述的神经元工作方式的启发，连接主义的机器学习专家们得出了一套关于神经网络工作的特点，那就是：神经网络是由大量神经元组成的，单个神经元工作的意义不大；信息处理方式是分布式的，每个神经元既要自行处理一部分信息，同时也要协同工作，将信息送给与之连接的、相应的神经元；神经网络的构成是层级式的，每一层的任务完成后进行下一步的传递；神经元响应刺激(输入信号)是阈值式的，其内部对于信息的处理也是非线性的。

2. 活化函数

在得出这些特点后就可以构建人工的单个神经元，然后将这些人工的神经元按照一定的规则凝结起来就构成了人工的神经网络。人工神经元的基本结构如图4.2所示。

单个人工神经元可以理解为一个多输入单输出的结构，每个输入都有不同的权值，用w_1，w_2，…，w_n表示，相当于真实神经元的树突；加权后的输入被统一集中起来进行信息的融合，在单个人工神经元里用简单求和来表示各种加权后输入信息的集中和融合；在进行信息融合后与一个阈值进行比较用来模仿真实神经元的阈值相应特性；此后再进行信息的处理，信息处理通常由一个非线性函数来进行，这个非线性函数称为活化函数，代表了神经元被激活的意义。在有些文献中，活化函数也被称为激活函数、变换函数、转移函数等。在某些文献里将活化函数称为传递函数，这是不可取的。因为容易和其他相近学科的专有名词混淆，例如控制理论里所说的传递函数和活化函数的意义就有很大区别。

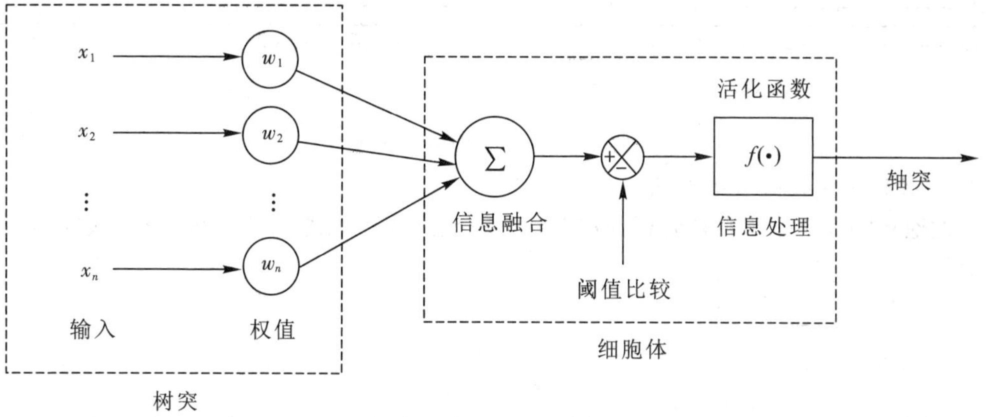

图 4.2　单个人工神经元的基本结构

可以用以下公式来描述单个神经元的输入输出关系：

$$y = f\left(\sum_{i=1}^{n} w_i x_i - \theta\right) \tag{4.1}$$

式中，x_i 为多个输入数据源，w_i 为与各个输入相对应的权值，θ 为该神经元的阈值，$f(\cdot)$ 为非线性的活化函数，y 为神经元的输出。

非线性的活化函数可以自行确定，但一般神经网络的活化函数包含以下几种：

1）开关特性的活化函数

开关特性是一种典型的非线性函数，其数学表达为

$$y = f(x) = \begin{cases} 1, & x \geqslant 0 \\ 0, & x < 0 \end{cases} \tag{4.2}$$

这是单极性的开关特性活化函数，与之相应，还有双极性的开关特性活化函数，即

$$y = f(x) = \begin{cases} 1, & x \geqslant 0 \\ -1, & x < 0 \end{cases} \tag{4.3}$$

图 4.3 给出了开关特性的活化函数的图像。图 4.3(a)为单极性开关特性活化函数的图像，图 4.3(b)为双极性开关特性活化函数的图像。

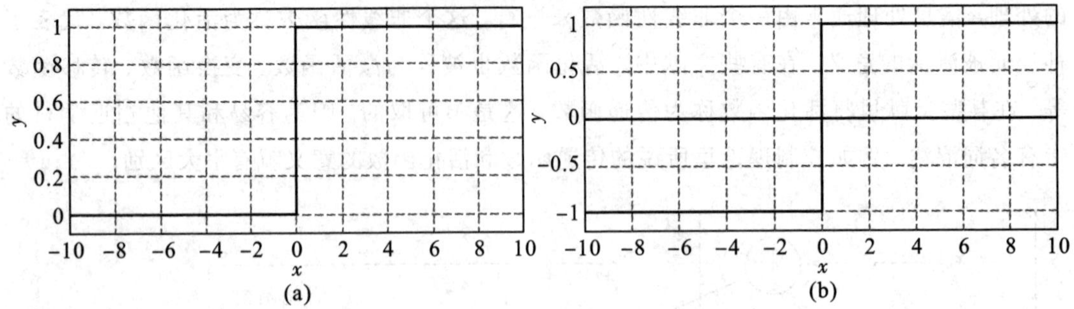

图 4.3 开关特性的活化函数

2）线性饱和特性的活化函数

线性饱和特性活化函数是先行函数在到达一定之值后就进入了饱和区的函数，其数学表达为

$$y = f(x) = \begin{cases} C, & x > 1 \\ kx, & -1 \leqslant x \leqslant 1 \\ -C, & x < -1 \end{cases} \tag{4.4}$$

式中，k 为线性区的直线斜率，C、$-C$ 为进入饱和区后的饱和值。线性饱和特性活化函数的图像如图 4.4 所示。

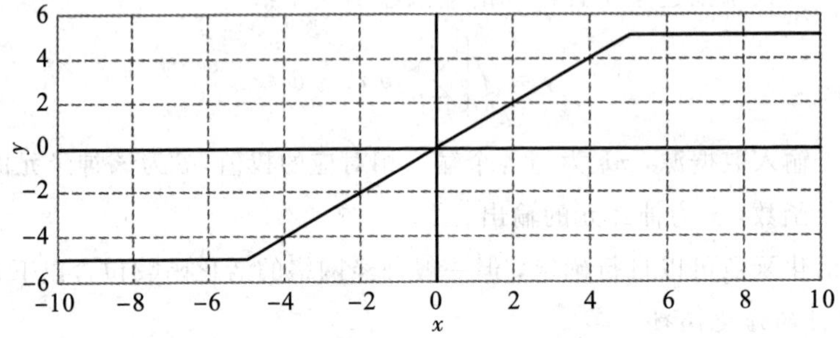

图 4.4 线性饱和特性活化函数

3）Sigmoid 型的活化函数

Sigmoid 函数是一个在生物学中常用的曲线，用来描述生长过程，因此也称为生长曲线。其外形类似于反正切函数，但表达形式不同。同开关特性活化函数一样，Sigmoid 型的活化函数也有单极性、双极性之分。单极性的 Sigmoid 型活化函数为

$$y = f(x) = \frac{1}{1 + e^{-ax}} \tag{4.5}$$

式中，a 为其参数，影响着其形状。

双极性的 Sigmoid 型活化函数为

$$y = f(x) = \frac{1 - e^{-ax}}{1 + e^{-ax}} \tag{4.6}$$

Sigmoid 型活化函数的图像如图 4.5 所示。图 4.5(a)为单极性 Sigmoid 型活化函数的图像，图(b)为双极性 Sigmoid 型活化函数的图像。

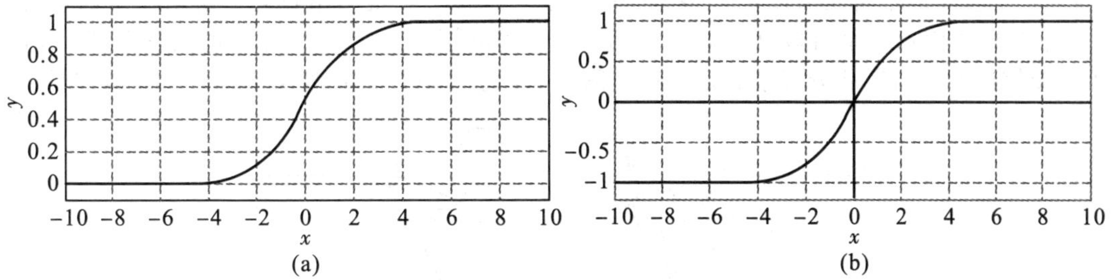

图 4.5　Sigmoid 型活化函数

4）钟形活化函数

钟形活化函数是指这类函数的图像如同一只倒置的钟，凡是符合这种特点的函数都可以称之为钟形函数。例如正态分布的概率密度曲线就是一种钟形函数。逆二次径向基函数也属于钟形函数，即

$$y = f(x) = \frac{1}{(x^2 + a^2)^{\frac{1}{2}}} \tag{4.7}$$

式中，a 为其参数。钟形活化函数的图像如图 4.6 所示。由于钟形函数关于中心对称，因此也称为径向基函数，在 4.4 节径向基神经网络中将会进行较为详细的讨论。

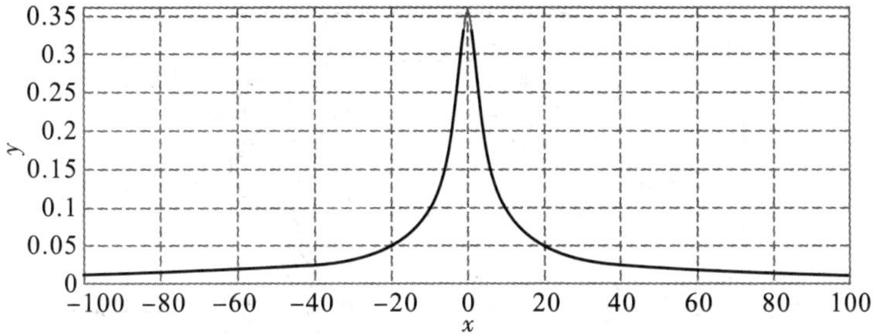

图 4.6　钟形函数——逆二次径向基函数图像

此外，还有概率型的活化函数，即将某种概率分布函数作为活化函数，输出的是其取值的概率。

活化函数的选取较为灵活，不同的活化函数会给神经网络带来不同的效果。以上列举的是较为经典和常用的活化函数，在实际工作中应该按照神经网络的运行情况来对活化函数进行选取。

3. 神经网络的拓扑结构

从信息传递的流向来分，神经网络分为前馈型网络和反馈型网络两种形式。前馈型网络是指信息的流向是从输入端向输出端逐层传递，信息流向是单向型的，如图 4.7 所示。这种网络的拓扑形式是层级型的，除了输入部分的层级(输入层)和输出部分的层级(输出层)外，在这两层之间还可以包含很多层级。输入、输出层是网络输入、信息输出的，网络输入、输出的信息都是可以观察和检测到的。中间的层级是前馈型神经网络内部进行运算和处理信息的，不容易被观察到，因此也称为隐含层或隐层。隐含层可以有一层或多层。

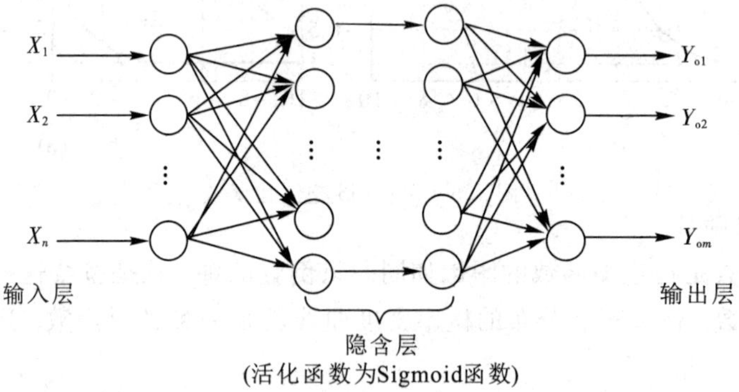

图 4.7　前馈型神经网络示意图

反馈型神经网络是将各输出神经元与输入神经元构成反馈回路、形成闭环结构的一种网络。信息的流向不再是单纯的一个方向。最简单的反馈型神经网络结构如图 4.8 所示。

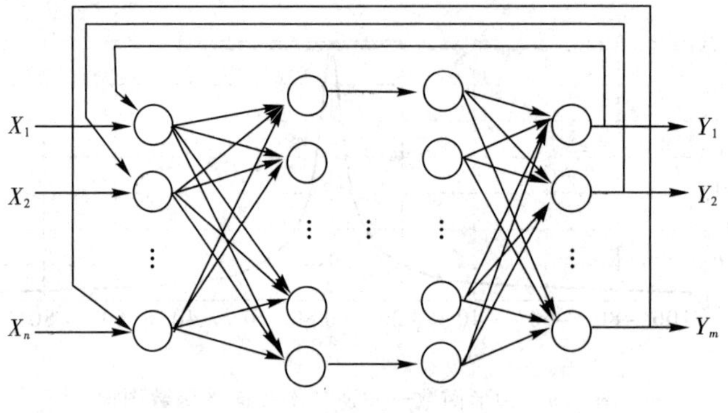

图 4.8　简单反馈型神经网络示意图

之所以称其为简单反馈型神经网络，是指一个输出神经元仅仅为一个输入神经元提供反馈。如果一个输出神经元可以为全部的输入神经元提供反馈，就构成了全互联型反馈神经网络。反馈的结构势必会带来关于稳定性的讨论，反馈型神经网络也不例外，其稳定性也是需要重点考虑的问题之一。

此外，从这两种神经网络的拓扑关系可以看到在同一级的神经元之间并没有信息的交换，因此依旧保持了一种层级的拓扑关系。如果将在同一层级的神经元进行联系，就构成了一种网状的全互联神经网络结构。神经网络的拓扑结构可以有很多种形式，但从信息的流向来看主要就是前馈型和反馈型两种网络。下面将对这两种形式的神经网络进行介绍。

4.2　典型前馈型神经网络

在前馈型神经网络中，最初出现的就是感知机。所谓感知机，是指神经元的活化函数采用最简单的开关特性的活化函数。最简单的感知机仅有一层神经元，没有隐含层，即为单层感知机。其基本的运行方式遵循基本前馈网络的机制。

分类是人工智能和机器学习领域中一直重点讨论的问题之一，因为这涉及模式识别的问题。在我国古代典籍中也有"是非之心，智之端也"(《孟子·公孙丑上》)的说法。这从另外一个侧面也说明能够正确地进行分类是"智能"的体现。对于分类问题，最简单的情况就是线性分类，其基本表述已在第三章给出。

下面来看感知机是怎样处理分类问题的。如图 4.9 所示，在二维平面上有两类点，要对这两类点进行分类，只需要找到图中所示的分类线就可以了，此为线性分类问题。对于二维线性可分问题，可以设置单层感知机来进行分类，如图 4.10 所示。

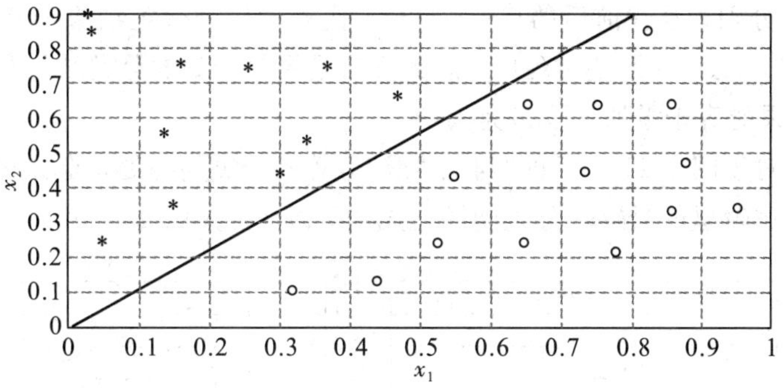

图 4.9　二维线性分类问题

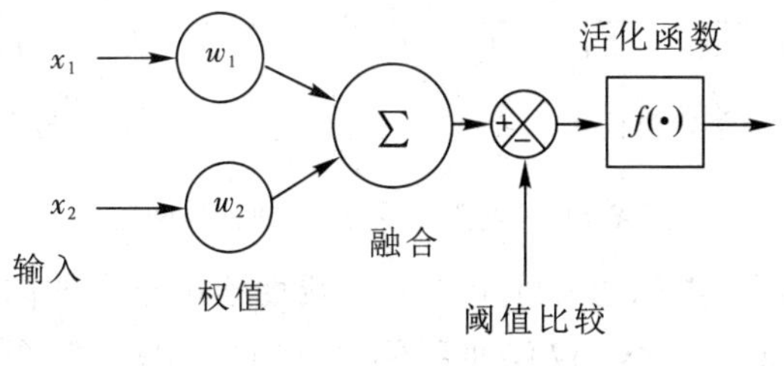

图 4.10　二维单层感知机

如图 4.9 所示，由于只有二维数据，因此设置两个输入神经树突即可。这样输入的数据经加权后进行融合，即 $w_1x_1+w_2x_2$；然后和阈值 θ 进行比较：

$$X=w_1x_1+w_2x_2-\theta \tag{4.8}$$

最后，代入式(4.3)的开关型活化函数进行处理。在建立其基本网络结构和运算规则后就开始对这个“智能体”进行训练。训练的过程如下：

Step1：首先对权、阈值赋初值：$w_1(0)$，$w_2(0)$，$\theta(0)$，这些值可以任意赋，但一般都先赋较小的正值。

Step2：输入样本对 $\{x_1, x_2; R\}$，R 为希望的分类结果。

Step3：根据活化函数计算实际的输出结果。

Step4：对比实际输出结果和希望的结果，对权值和阈值进行调整。

Step5：返回 Step2，输入新样本进行训练，直至所有的样本都分类正确为止。

从以上训练单层感知机的步骤可以看出，所谓训练的整个过程，就是在这个二维平面上不断地调整这条分类线的斜率和截距，使之能够达到正确分类的目的。在进行调整的过程中，并不是进行漫无目的的试凑和“瞎碰”，而是要遵循一定的规则，例如，对于权值的调整应该遵循以下的原则：

$$W_{k+1}=W_k+\eta(h_k-r_k)X \tag{4.9}$$

式中，W_{k+1}，W_k 分别为迭代前后的权值，h_k-r_k 代表希望的分类结果与实际分类结果的偏差，η 为学习速率系数。在调整过程中，总的方向是要使希望的分类结果与实际分类结果的偏差尽量小，如果能等于零那就是最完美的了。

单层感知机对于图 4.11 所示的“与”、“或”运算的分类问题处理起来较为得心应手，但是如果遇到数字逻辑里的“异或”分类问题就无法处理了，如图 4.12 所示。

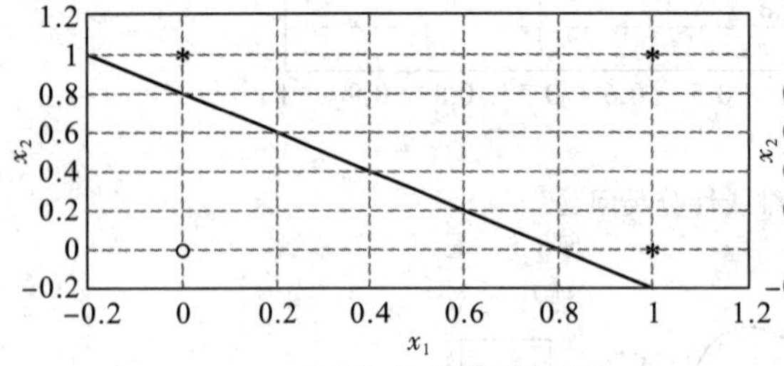

(a)“或”运算分类问题

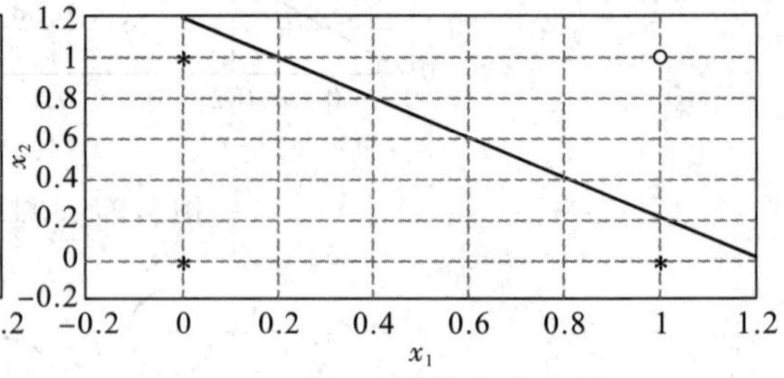

(b)“与”运算分类问题

图 4.11 “与”、“或”运算的分类问题

从图中看出，“异或”分类问题实际上是一个线性不可分类的问题，也就是使用一条直线无法对这类问题进行正确分类。仅仅使用单层感知机，只有两个权值、一个阈值是不能对“异或”问题进行分类的。但从图 4.12 中可以看出，使用两条直线就可以对“异或”分类问

题进行正确处理。因此，需要对原来的单层感知机进行修正，将其层数加大，变成双层感知机，如图 4.13 所示，感知机变成了两层结构。这种双层感知机可以生成两条直线，如图 4.12 中表示，在第一层，也就是输入层输入两维数据，在第二层，也就是隐含层可以生成两条直线，从而解决"异或"分类问题。

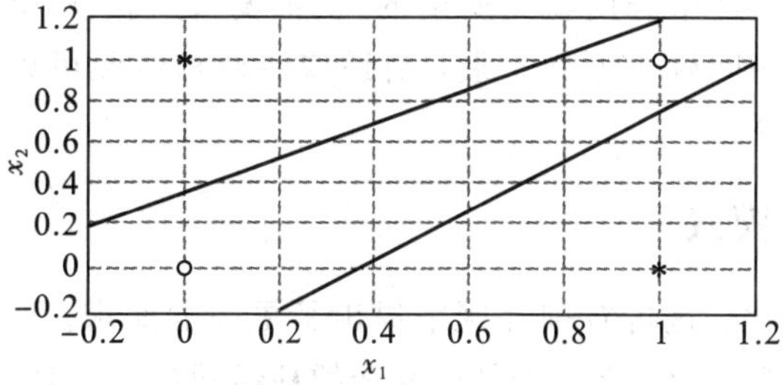

图 4.12 "异或"分类问题示意图

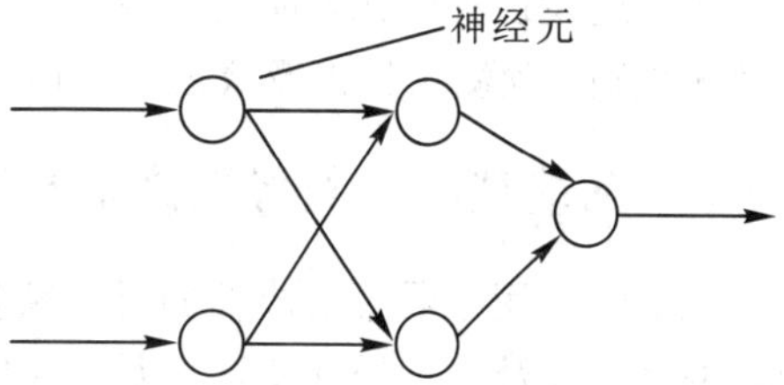

图 4.13 双层感知机示意图

在隐含层中，一个神经元首先绘制一条直线，随着权、阈值的调整，这条直线可以任意变动，先分离出其中的一类点：如在图 4.12 中，可以先分离出右下角的" * "类；在图中左上部分，仍然是两类点的混合形式，这时可以将分类后剩下的结果再次输入另一个隐含层的神经元，然后调整该神经元的权、阈值，使另外一条直线进行调整，从而将左上部分的" * "类也分离出来。最后综合这两条直线的分类情况，达到对"异或"分类问题的解决。在二维空间上将其推广，可以得出：如果增加隐含层神经元的数量，就可以得出更为多样的分类区域，甚至可以拟合曲线形式的非线性分类线。此外，在数据维度上将其进行推广，就可以得到有限维空间上的曲面非线性分类器。

感知机的活化函数是开关型的非线性函数，因此适用于"非此即彼"的分类问题。而在处理其他问题时，感知机的局限性就表现出来了。如果保持信息前馈的网络模式，同时将网络的活化函数修改为线性函数，即

$$y = f(\cdot) = \boldsymbol{W}^{\mathrm{T}}\boldsymbol{X} \tag{4.10}$$

就成为自适应线性神经网络，相应的神经元也就成为自适应线性神经元（ADALINE: Adaptive Linear Neuron）。式中，$\boldsymbol{W}$ 为线性函数的比例系数。

经过一定的学习和训练后，自适应线性神经元的输出为式(4.10)，其期望输出为 y，则其误差为

$$e = y - \boldsymbol{W}^{\mathrm{T}}\boldsymbol{X} \tag{4.11}$$

在训练过程中，要使得单个神经元输出误差的平方达到最小化，在此基础上来调整神经元的权值。根据相应的数学理论可以得到

$$\begin{aligned}\min_{W} e^2 &= \frac{\mathrm{d}(e^2)}{\mathrm{d}\boldsymbol{W}} = \frac{\mathrm{d}[(y-\boldsymbol{W}^{\mathrm{T}}\boldsymbol{X})^2]}{\mathrm{d}\boldsymbol{W}} \\ &= -2e\boldsymbol{X}\end{aligned}$$

结合式(4.11)，可以得出神经元权值的调整规则：

$$\boldsymbol{W}_{k+1} = \boldsymbol{W}_k + 2\eta e\boldsymbol{X} \tag{4.12}$$

同样的，式中 η 为学习调整速率。从式(4.10)～式(4.12)可以看出，在调整的过程中对权系数的修正方式按照与导函数相反的方向进行，这样可以使神经元实际的输出结果不断地向理想结果靠近。如果扩展到多变量的情况，这个方向就是所谓的“负梯度”方向。从感知机到自适应线性神经元，神经网络所能解决的问题也不断扩展，自适应线性神经元可以处理模式识别、预测预报以及滤波等方面的问题。

4.2.1 前馈型(BP)神经网络基本运行模式

在实际应用中需要解决的问题不断复杂化，这也对神经网络提出了更高的要求。促使神经网络的层数及神经元不断增加，活化函数不断更新，于是更复杂的神经网络就出现了。但只要保持了在网络中信息的流向是不断向前传递的，就可称之为前馈型神经网络。例如，如果将网络设置为三层结构，分别为输入层、隐含层、输出层，同时将活化函数设置为Sigmoid型活化函数，就构成了典型的 BP(Back Propagation)神经网络。其网络的拓扑形式如图 4.14 所示。

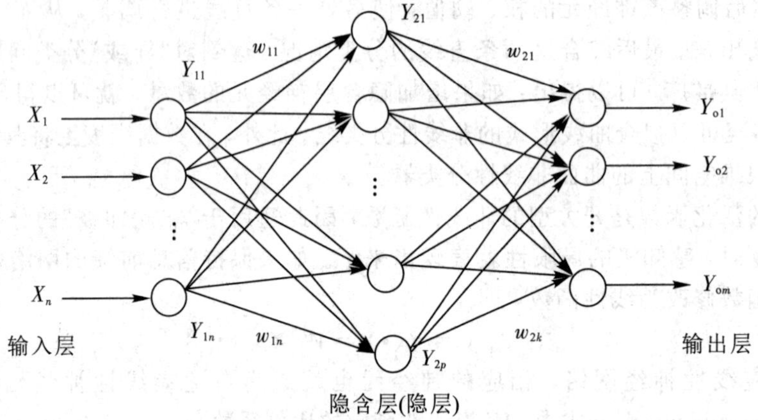

图 4.14 BP 神经网络的拓扑结构

图中，x_1，x_2，…，x_n为输入；Y_{11}，Y_{12}，…，Y_{1n}为输入层(第一层)的输出；Y_{21}，Y_{22}，…，Y_{2p}为隐含层(第二层)的输出；Y_{o1}，Y_{o2}，…，Y_{om}为输出层的输出，也是整个神经网络的输出。w_{11}，…，w_{1n}为输入层到隐含层的权向量；w_{21}，…，w_{2n}为隐含层到输出层的权向量。

对于输出层，有

$$Y_{oj} = f_{\text{sigmoid}}(\text{net}_j), \quad j = 1, \cdots, m \tag{4.13}$$

$$\text{net}_j = \sum_{\alpha=1}^{i} w_{\alpha j} Y_{1j}, \quad j = 1, \cdots, m \tag{4.14}$$

对于隐含层，有

$$Y_{1i}=f_{\text{sigmoid}}(\text{net}_i),\quad i=1,\cdots,p \tag{4.15}$$

$$\text{net}_i=\sum_{\beta=1}^{n}w_{\beta j}x_i,\quad i=1,\cdots,p \tag{4.16}$$

在上面的式子中，net_* 为各层活化函数的输入。Sigmoid 函数的类型可以根据实际情况灵活选择，可以是单极性的也可以是双极性的。在构建好这种 BP 神经网络的架构且各神经元的输入输出情况明确之后，就可以着手训练 BP 神经网络了。

首先出发点还是要使 BP 神经网络的实际输出与期望输出的偏差平方和最小，这实际上也是最小二乘法思想在神经网络上的应用。先确定训练网络的目标为偏差平方和最小，即

$$\min_{w_i,\theta_i}(E)=\min_{w_i,\theta_i}\left(\sum e^2\right)=\min_{w_i,\theta_i}\left[\sum_{i=1}^{n}(h_i-r_i)^2\right] \tag{4.17}$$

式中，h_i 为期望的输出，r_i 为实际的输出。w_i，θ_i 分别为神经元的权、阈值。整个过程就是求网络中每层各个神经元的权、阈值，使网络实际的偏差平方和最小。下面先进行权值的更新：

对于隐层向输出层的权值调整，有

$$\Delta w_{2j}=\frac{\partial E}{\partial w_{2j}},\quad j=1,\cdots,m \tag{4.18}$$

对于输入层到隐层的权值调整，有

$$\Delta w_{1i}=\frac{\partial E}{\partial w_{1i}},\quad i=1,\cdots,p \tag{4.19}$$

同理也可以得到阈值的调整：

$$\Delta\theta_{2j}=\frac{\partial E}{\partial\theta_{2j}},\quad \Delta\theta_{1i}=\frac{\partial E}{\partial\theta_{1i}} \tag{4.20}$$

在训练网络的过程中，应该按照负梯度方向进行，同时可以添加学习速率 η。由此考虑式(4.13)、(4.14)可将式(4.18)展开，有

$$\Delta w_{2j}=-\eta\frac{\partial E}{\partial w_{2j}}=-\eta\frac{\partial E}{\partial\text{net}_j}\frac{\partial\text{net}_j}{\partial w_{2j}} \tag{4.21}$$

将(4.19)展开，有

$$\Delta w_{1i}=-\eta\frac{\partial E}{\partial w_{1i}}=-\eta\frac{\partial E}{\partial\text{net}_i}\frac{\partial\text{net}_i}{\partial w_{1i}} \tag{4.22}$$

在式(4.21)中，

$$\frac{\partial E}{\partial\text{net}_j}=\frac{\partial E}{\partial Y_o}\frac{\partial Y_o}{\text{net}_j}=\frac{\partial E}{\partial Y_o}\frac{\mathrm{d}[f_{\text{sigmoid}}(\text{net}_j)]}{\mathrm{d}(\text{net}_j)} \tag{4.23}$$

而

$$\frac{\partial E}{\partial Y_{\text{o}}}=\frac{\partial\left[\sum_{j=1}^{m}(h_j-Y_{\text{o}})^2\right]}{Y_{\text{o}}}=-\sum_{j=1}^{m}(h_j-Y_{\text{o}}) \tag{4.24}$$

同时，由式(4.14)可得

$$\frac{\partial \text{net}_j}{\partial w_{2j}}=\frac{\partial\left(\sum_{\alpha=1}^{i}w_{\alpha j}Y_{1j}\right)}{\partial w_{2j}}=Y_1 \tag{4.25}$$

在式(4.24)中适当调整求导过程中的系数并不影响最终结果，可使结果系数为 1。将式(4.23)～式(4.25)代回式(4.21)，可得隐层到输出层的权值调整公式：

$$\begin{aligned}\Delta w_{2j}&=-\eta\frac{\partial E}{\partial w_{2j}}=-\eta\frac{\partial E}{\partial \text{net}_j}\frac{\partial \text{net}_j}{\partial w_{2j}}\\&=\eta\sum_{j=1}^{m}(h_j-Y_{\text{o}})\frac{\text{d}[f_{\text{sigmoid}}(\text{net}_j)]}{\text{d}(\text{net}_j)}Y_1\\&=\eta\boldsymbol{\delta}Y_1\end{aligned} \tag{4.26}$$

式中，

$$\boldsymbol{\delta}=\sum_{j=1}^{m}(h_j-Y_{\text{o}})\frac{\text{d}[f_{\text{sigmoid}}(\text{net}_j)]}{\text{d}(\text{net}_j)}$$

可以看作是在隐层到输出层的总的偏差。同理可以处理式(4.22)输入层到隐层的权值调整公式：

$$\begin{aligned}\Delta w_{1i}&=-\eta\frac{\partial E}{\partial w_{1i}}=-\eta\frac{\partial E}{\partial \text{net}_i}\frac{\partial \text{net}_i}{\partial w_{1i}}\\&=\eta\sum_{i=1}^{p}(h_i-Y_{1i})\frac{\text{d}[f_{\text{sigmoid}}(\text{net}_i)]}{\text{d}(\text{net}_i)}X\\&=\eta\boldsymbol{\delta}'X\end{aligned} \tag{4.27}$$

同样，式中，

$$\boldsymbol{\delta}'=\sum_{i=1}^{p}(h_i-Y_{1i})\frac{\text{d}[f_{\text{sigmoid}}(\text{net}_i)]}{\text{d}(\text{net}_i)}$$

为输入层到隐含层的总的偏差，只不过此处的学习调整速率 η 与隐层到输出层的学习调整速率不一定相同。

从上面的结果可以看出，权值的修正量包含了三部分：学习调整速率、输出偏差以及当前层的输入，这说明权值的修正充分考虑到了信息在传播过程中的误差积累。另外，还可以看出权值的修正方向是负梯度方向的，这保证了在整个调整过程中误差是逐步减小的。由于 BP 神经网络是一个多层的神经网络，调整权值应该遵从一定的顺序。从 BP(Back Propagation)网络的名字就可以看出来，这是一个反向、后向传播的神经网络。反传的意思是指误差是从输出层向输入层反向传播的，而权值的调整过程也是反向递进的，即按照偏差平方和最小的准则先调整输出层的权值，然后再调整隐层的权值，逐渐向前递进调整。这与“前馈”网络的提法经常会形成一些混淆和误解。前馈型网络是指信息的流向是从输入层向输出层，是前馈的；而反传(反向传播)是指误差的传播方向、权值的修正方向是由输出层向输入层递进的，所以称之为BP神经网络(反传网络)。信息前馈、误差反传构成了BP前馈型的神经网络。了解了这一过程就可以得出BP神经网络的算法流程，如图4.15所示。

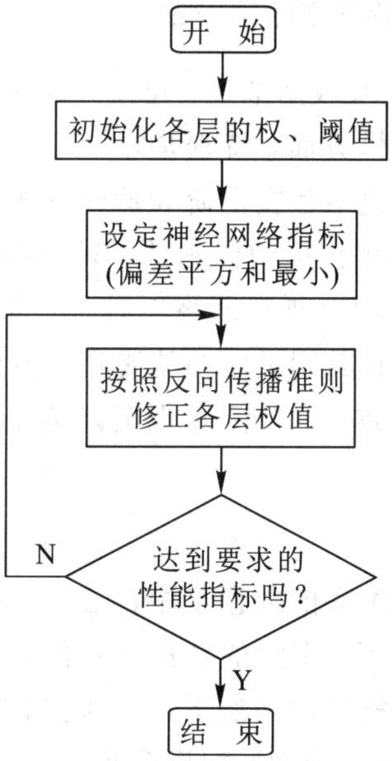

图4.15　BP神经网络的算法流程图

这里还有一个问题：前面提到了权、阈值的调整，但是在随后的讨论中只讨论了关于权值的调整，那么阈值的调整是怎样的呢？

BP网络的神经元架构设置参考了感知机的架构，只是活化函数选用了非线性的Sigmoid函数，因此对每个神经元来讲，输入活化函数前的信息应为

$$\text{net}_i = w_i x_i - \theta_i \tag{4.28}$$

式中，θ_i为阈值。如果要进行阈值调整的话，参照式(4.21)～(4.26)有

$$\Delta\theta_i = \frac{\partial E}{\partial \theta_i} = -\eta \frac{\partial E}{\partial \text{net}_i} \frac{\partial \text{net}_i}{\partial \theta_i} \tag{4.29}$$

而由式(4.28)可知

$$\frac{\partial \text{net}_i}{\partial \theta_i} = -1 \tag{4.30}$$

带入式(4.29)有

$$\Delta\theta_i = \frac{\partial E}{\partial \theta_i} = \eta \frac{\partial E}{\partial \mathrm{net}_i} \tag{4.31}$$

对比式(4.26)可知，阈值的调整和输入没有关系。如果在调整阈值的过程中首先计算出 $\eta\boldsymbol{\delta}$ 项，则可以顺便得出阈值的调整方式，而乘以输入就可以得出权值的调整。因此，没有必要再对阈值的调整进行讨论了。事实上，在很多情况下阈值被置为−1，并作为输入的扩展一并进入输入层，这样对最终的计算结果并没有影响。

4.2.2 前馈型(BP)神经网络的相关问题

前馈型(BP)神经网络在分类及数据拟合、建模方面发挥着重要的作用。分类问题前面已经讨论过了，在数据拟合和建模方面，特别是非线性动态数据建模方面，神经网络比时间序列模型更具有灵活性，而且也不存在定阶和截断误差的问题，对于控制理论所涉及的“黑箱”建模问题有着其他方法不可比拟的优越性，只要拥有足够的数据量，几乎可以在任意精度上逼近实际的过程。此外，BP 神经网络不需要有先验知识或专家经验，只要进行有监督模式的学习就可以了，因此在其问世之初就受到了业内人士的欢迎。但是，随着 BP 神经网络应用的广度和深度不断扩展，一些问题也渐渐地呈现了出来，主要表现在以下几个方面。

1. 网络的泛化问题

所谓泛化问题，是指在不能穷举的数据集中，已经训练好的神经网络对于没有经过训练数据的适应能力。在很多情况下，实际的数据是不能被穷举的，只能使用现有的数据样本对网络进行训练，在现有数据样本的情况下可将神经网络训练得很好。一旦神经网络训练好以后，权、阈值就被固定下来。此时，如果有非样本集中的新数据出现，将其输入到神经网络里，业已训练好的神经网络往往会对新数据不适应，不能给出理想的结果。这就说明神经网络的泛化性比较差。

提高神经网络泛化性的一个方法是尽量扩充数据集的容量，然后将数据集分为两部分，其中一部分为训练集，而另一部分为测试集。先使用训练集中的数据对神经网络进行训练，待训练好之后再使用测试集中的数据对神经网络进行调整，以提高神经网络的适应性和泛化能力。在测试集的使用过程中，可以动、静态交互进行。所谓静态就是将测试集中的数据一次性输入神经网络进行泛化操作，但是这样做的效果并不是很好。而动态调整则是将数据动态渐次输入网络，网络的权、阈值可以进行动态在线调整。提高神经网络的适应性和泛化能力是神经网络的一个重要研究领域和课题，有不少学者在进行这方面的研究，也涌现出了不少卓有成效的研究成果。

2. 网络的收敛问题

网络的收敛问题主要集中在迭代步长、收敛域与收敛速度方面。如果收敛域选择得较小的话，在迭代过程中会发生振荡，如图 4.16 所示，从而导致整个网络的收敛速度变得很慢。这时就需要在权值的调整过程中增加动量项，即

$$\Delta W(k) = \eta \boldsymbol{\delta X} + \alpha \Delta W(k-1) \tag{4.32}$$

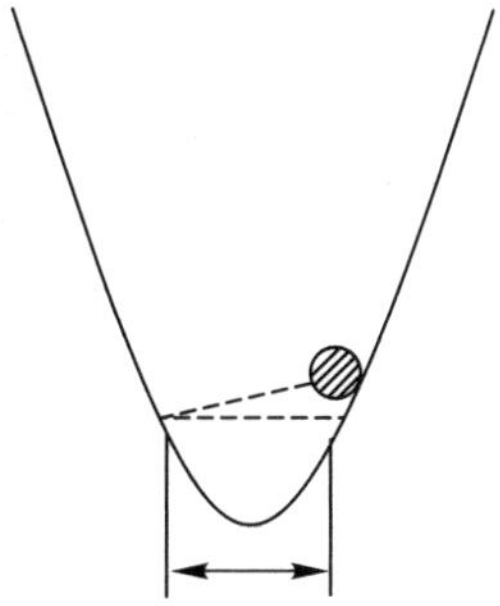

图 4.16　收敛域附近振荡示意图

在式(4.32)中，$\alpha\Delta W(k-1)$即为动量项，α 为动量系数。添加动量项的意义在于考核迭代过程中是否存在大幅波动的情况，如果在迭代过程中出现了这种大幅波动，就适当调整动量系数以减小振荡的趋势。学习速率 η 与动量系数 α 可以离线静态设定，也可以进行在线动态调整。一般以在线动态调整的情况居多。加入动量项的意义在于调整收敛的速度，能够使迭代过程尽快结束，达到网络训练的最优值。但是强调收敛的速度也会带来一些问题，例如局部极值和全局极值之间的关系等。关于这部分问题将随后进行讨论。

3. 网络的规模问题

网络的规模问题主要集中在设计网络的层数和神经元个数上。层数和神经元的数目太少会影响问题的处理，而数目太多又会给计算过程带来困难。一般来讲，对于连续可导过程的拟合在 BP 网络中使用一个隐层即可以进行，而对于离散或不可导的过程应采用两个隐层的结构。在层级的设计上，先选用最少的层级，如果不能满足要求再逐渐增加层级。在神经元数量的选择上也有此类问题，神经元节点的增加会提高拟合的精度，但是也会带来“过拟合”的问题，就是对于某个数据集的适应性非常好，但是对于其他的数据却不能进行良好的处理，泛化程度过差。神经元数量的设计目前还没有特别有效的方法，很多情况下只能依靠经验或试凑进行。

4. 网络的极值问题

网络的极值问题与网络的收敛性和迭代初值问题密切相关。在迭代过程中，总是希望网络能够尽快地收敛到希望的结果，所以采用了梯度下降的方法以及增加动量项的方法。如果在所求的整个范围内仅有一个极值点是没有任何问题的，但是如果存在多个极值点，就需要处理局部极值和全局极值的问题。局部极值和全局极值如图 4.17 所示。

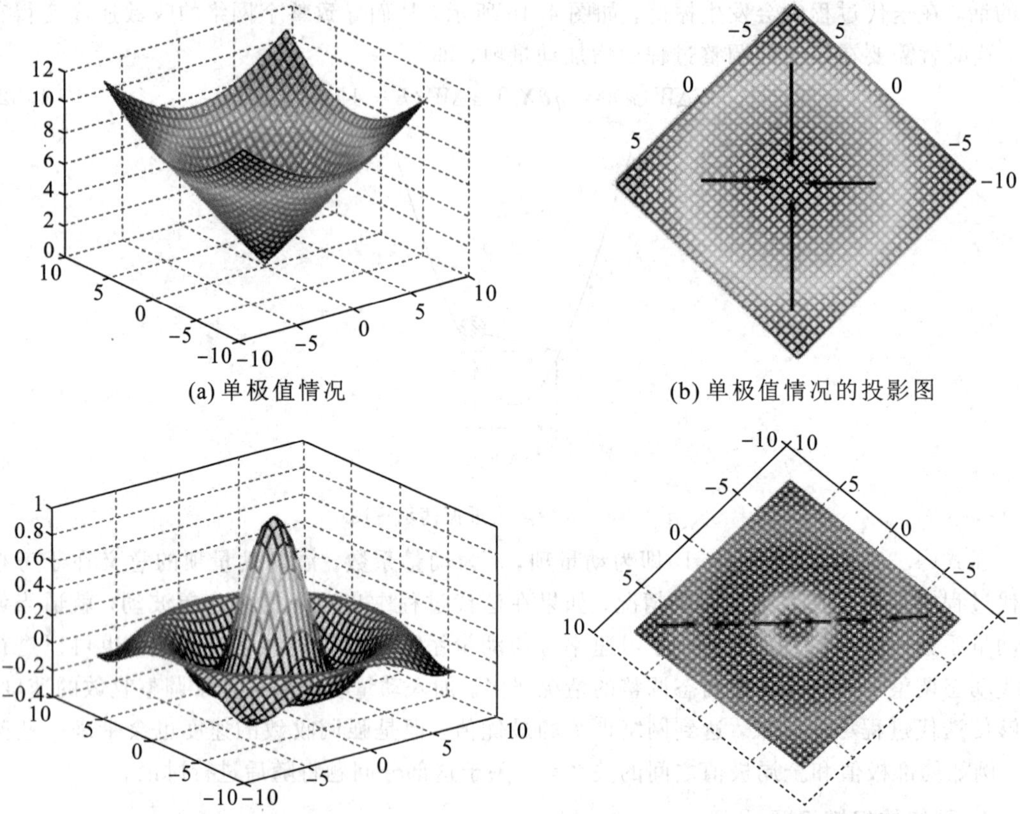

(a) 单极值情况　　　　(b) 单极值情况的投影图

(c) 多极值情况　　　　(d) 多极值情况的投影图

图 4.17　局部极值和全局极值示意图

从图 4.17(a)、(b)中可以看出，求解域中只有一个极值时，使用梯度下降算法是没有局部极值点与全局极值点的问题的。但是在图 4.17(c)、(d)中存在多个极值点，如果初值选择不同会得到不同的结果。如果将初值选在了某个局部极值的邻域内，利用梯度下降算法只会将整个网络尽快地引向局部极值而不能到达全局极值，这一点可以从图 4.18 的简化图中看出来。一旦在迭代的开始没有选择好初值，整个网络的训练就会失败。然而，初值的选取是带有随机性的，不能保证一定就能选在全局极值所在的那个邻域内。怎样解决这个问题呢？研究人员受到工程热处理方法的启发，提出了“模拟退火算法”。在工程热处理时常使用淬火和退火两种工艺。淬火工艺是让一个高温的金属物体尽快降温，有些类似于梯度下降算法；而退火工艺则是让一个高温金属物体缓慢降温。在退火工艺中，由于温度的缓慢下降，物体原子的运动速度减缓，其运动状态改变的几率就会增大。模拟退火算法就是不再单纯地去追求收敛速度，而是具有了一定的随机运动的趋势。其规律服从玻尔兹曼(Boltzmann)分布，即

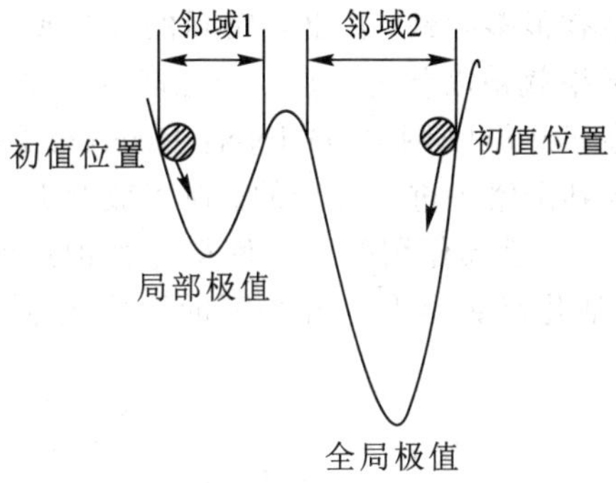

图 4.18　局部、全局极值简化示意图

$$P(E) \propto \exp\left[-\frac{E(X)}{KT}\right] \tag{4.33}$$

式中，$P(E)$为处于某种能量状态的概率，K 为玻尔兹曼常数。从式(4.33)中可以看出，如果物体能量 $E(X)$较高，则其处于这种状态的概率 $P(E)$就小，整个体系就向低能状态演变。在此过程中，温度 T 的变化也会影响到概率的取值，温度越高则概率越大。这样就可以通过调整温度参数来实现对概率的调整。由于在此过程中状态是以概率形式给出的，因此就有了各种可能性，而不仅仅是一味按照梯度下降，从而也就避免了陷入局部极值的问题。

从上述的过程可以看出，模拟退火算法的思想在前馈网络中添加了随机性的因素。因此进一步发展，可以将前馈型神经网络改造为随机型的神经网络，这种网络的代表就是玻尔兹曼机(BM：Boltzmann Machine)。关于这种神经网络的情况将会在以后的章节中作进一步的介绍。

4.3　典型反馈型神经网络

反馈型神经网络的基本思想是将输出的信息反馈到输入端构成一个 MIMO 形式的闭环系统。这种有输出反馈的网络结构形式最初是由 J. Hopfield 提出的，因此也称为 Hopfield 网络。此外，还有进行局部信息反馈的网络，类似于控制理论中的状态反馈的形式，称为 Elman 网络，是由 J. L. Elman 提出的。

在所有的反馈结构中，系统的稳定性是一个非常重要的问题，对于反馈型神经网络也不例外，其稳定性是重点讨论的问题之一。稳定性问题在控制理论中已经研究得非常完备了，因此对于反馈型神经网络稳定性的讨论将会借鉴控制理论中对于稳定性的分析方法。

4.3.1　反馈型神经网络基本运行模式

图 4.8 给出了简单反馈型神经网络的示意图。这里的简单是指反馈结构简单，而真正

运行这样的多层反馈网络会有很多问题。因此，实际的反馈型神经网络运行时经常简化网络的结构，例如 Hopfield 网络就被简化为单层、全互联的反馈结构。Hopfield 网络有离散型和连续型之分。离散型的 Hopfield 网络(DHNN：Discrete Hopfield Neural Network)是将数据集中的数据渐次输入到网络中进行处理的。在离散型 Hopfield 网络中仍然需要调整每个神经元的权、阈值，但由于反馈作用的引入使得每个神经元的状态都呈现出动态的特性。同时为了问题的简化，活化函数也取为开关型的活化函数，而没有采用像前馈网络那样的 Sigmoid 函数。即

$$f_k(u)=\begin{cases}1, & u\geqslant 0\\ -1, & u<0\end{cases} \tag{4.34}$$

而输入活化函数的信息 u 可用权、阈值表示为

$$u(k)=\sum_{i=1}^{n}\left[w_i x_i(k)-\theta_i\right] \tag{4.35}$$

Hopfield 网络有两种工作方式，分别为串行方式和并行方式。串行方式是指在网络运行时，每次仅有一个神经元进行调整，而其余的神经元节点保持不变，然后再轮流进行下一个神经元的调节，串行方式也称为异步方式。并行方式是指在网络工作时，所有的神经元同时进行调节的工作方式，并行工作方式也称为同步方式。

与离散型 Hopfield 网络相对应的还有连续型 Hopfield 网络。在连续型 Hopfield 网络中，所有的神经元节点并行更新，其结构类似于模拟电路中的 RC 与集成运放的连接关系，如图 4.19 所示。根据电路及模拟电子技术的知识，如果设电容为 C，电阻为 R，$u_{\rm i}$ 为输入电压，则有

$$C\frac{\mathrm{d}u_{\rm i}}{\mathrm{d}t}+\frac{1}{R}u_{\rm i}=\sum_{i=1}^{n}(w_i x_i-u_{\rm i})+I_i \tag{4.36}$$

式中，$I_{\rm i}$ 为偏置电流。在连续型 Hopfield 网络中，活化函数取为 Sigmoid 函数。从实时性和信息并行处理的工作方式来看，这种反馈型网络更类似于生物网络的情况。

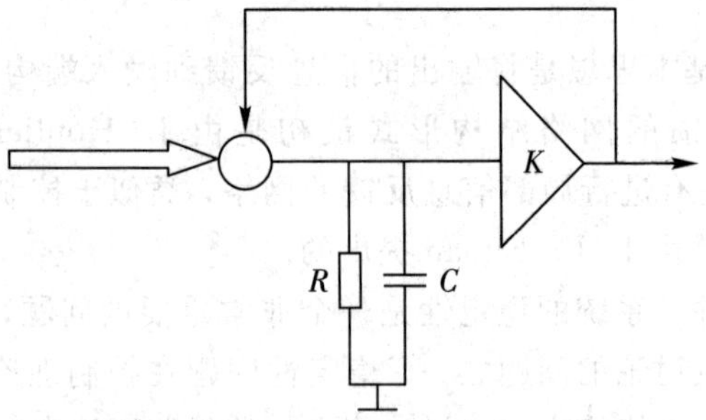

图 4.19 连续型 Hopfield 网络神经元结构

借鉴控制理论中对于反馈形式的分类，可知图 4.8 给出的反馈型神经网络的结构属于输出反馈型。除此之外还有类似状态反馈型的神经网络结构，这就是 Elman 神经网络。

Elman 神经网络是由 J. L. Elman 首先提出来的，其基本结构如图 4.20 所示。

从图中可以看出其前向通道保持了 BP 网络的三层结构：输入层、隐含层、输出层。此外，在隐含层中进行了局部的“状态”反馈，这一层称为承接层(有的文献也称为关联层、联系层)，在此层中将隐含层的信号进行了局部自反馈。隐含层的活化函数保持为非线性 Sigmoid函数，输出层、承接层的活化函数为线性函数。这样 Elman 网络可以看作是 BP 网络进行局部状态反馈的修正形式，反馈作用的加入使网络对于动态信息的处理能力大大提高，对于历史数据也具有了一定的记忆功能。在 Elman 网络中，对于输出层有

$$y(k)=f_{\text{linear}}[w^3x(k)] \tag{4.37}$$

对于承接层和隐含层有

$$x(k)=f_{\text{sigmoid}}[w^1u(k-1)+w^2x_c(k)] \tag{4.38}$$

式中，$x(k)$为隐含层的输出信息，$x_c(k)$为承接层的输出信息，即

$$x_c(k)=\alpha x_c(k-1)+x(k) \tag{4.39}$$

式中，α 为反馈系数。Elman 网络由 BP 网络衍生变化而来，因此，其权值的修正方法也沿用了 BP 神经网络的方法，性能指标函数也沿用了 BP 网络的性能指标函数。Elman 网络的算法流程图如图 4.21 所示。

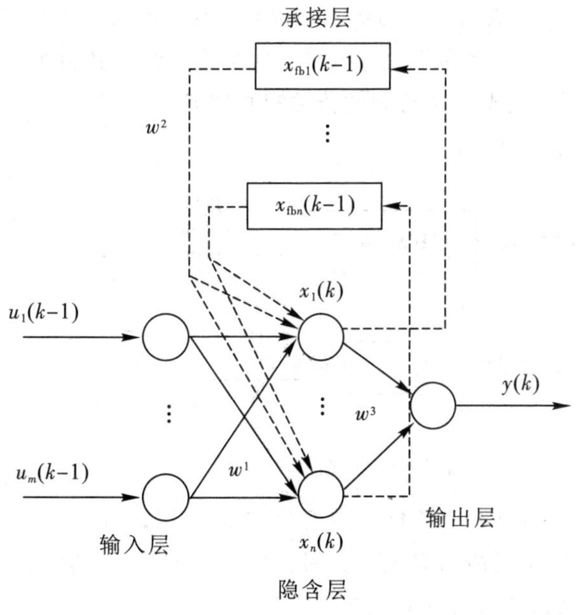

图 4.20　Elman 神经网络的基本结构

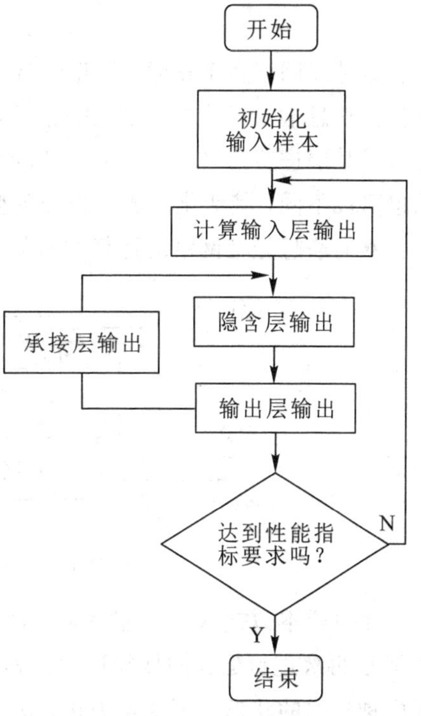

图 4.21　Elman 网络的算法流程图

在反馈型神经网络中，有一种具有联想记忆功能的网络，其中比较典型的就是双向联想记忆网络(BAM：Bidirectional Associative Memory)。这种网络具有双向双层的网络结构，如图 4.22 所示。

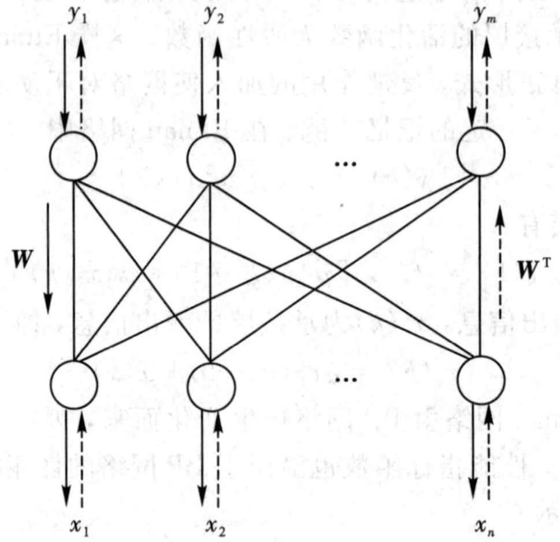

图 4.22 双向联想记忆(BAM)网络的结构图

该神经网络在工作时，信息的流向可以双向进行，某一层作为信息输入，则另一层可以作为信息输出，反之亦然。因此，不存在一般意义上的输入层或输出层。可以用相应的符号来对某层进行命名。如图 4.22 所示，可以称之为 X 层、Y 层。两层的神经元数目可以相同也可以不同。其活化函数取为开关型活化函数，两层间的传输权矩阵互为转置。

双向联想记忆网络的运行过程如图 4.23 所示。

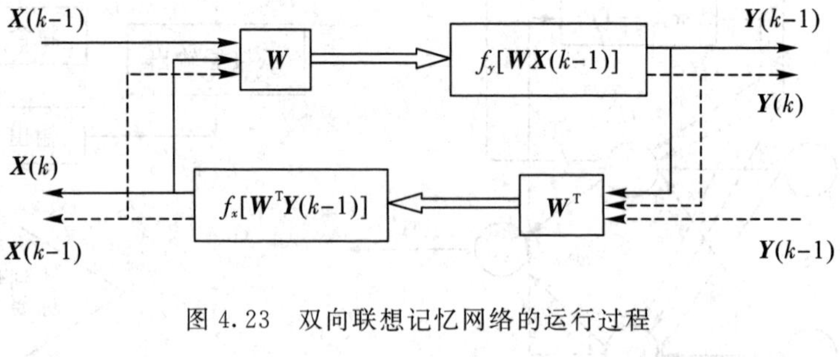

图 4.23 双向联想记忆网络的运行过程

当由样本数据从 X 层输入时，信息经过加权、活化函数变换送到 Y 层；到达 Y 层后，由 Y 层再次进行运算同样经过加权和活化又反馈回 X 层。这种运算往复回环，一直进行到两层神经元的状态不再变化为止，这就是网络的稳定状态了。

X 层的状态演化如图 4.23 中实线箭头所示，有

$$\boldsymbol{X}(k) = f_x[\boldsymbol{W}^{\mathrm{T}}\boldsymbol{Y}(k-1)] = f_x\{\boldsymbol{W}^{\mathrm{T}} f_y[\boldsymbol{W}\boldsymbol{X}(k-1)]\} \tag{4.40}$$

Y 层的状态演化如图 4.23 中虚线箭头所示，有

$$\boldsymbol{Y}(k) = f_y[\boldsymbol{W}\boldsymbol{X}(k-1)] = f_y\{\boldsymbol{W} f_x[\boldsymbol{W}^{\mathrm{T}}\boldsymbol{Y}(k-1)]\} \tag{4.41}$$

从以上两式可以看出网络状态的动态变化：每个状态都会影响到下一个状态，也就是当前状态受到以前状态的影响，所以这样的神经网络就有了“联想、记忆”的功能，这种结构的神经网络也因此而得名。

4.3.2　反馈型神经网络的相关问题

在所有的闭环反馈结构中，系统的稳定性一直是首当其冲的问题，在反馈型神经网络中也不例外。控制理论中对系统的稳定性进行了非常完备和深入的讨论，这里借用控制理论中对稳定性的分析方法对反馈型离散型神经网络的稳定性进行讨论。

图 4.24 中给出了反馈系统运行时的三种不同情况。

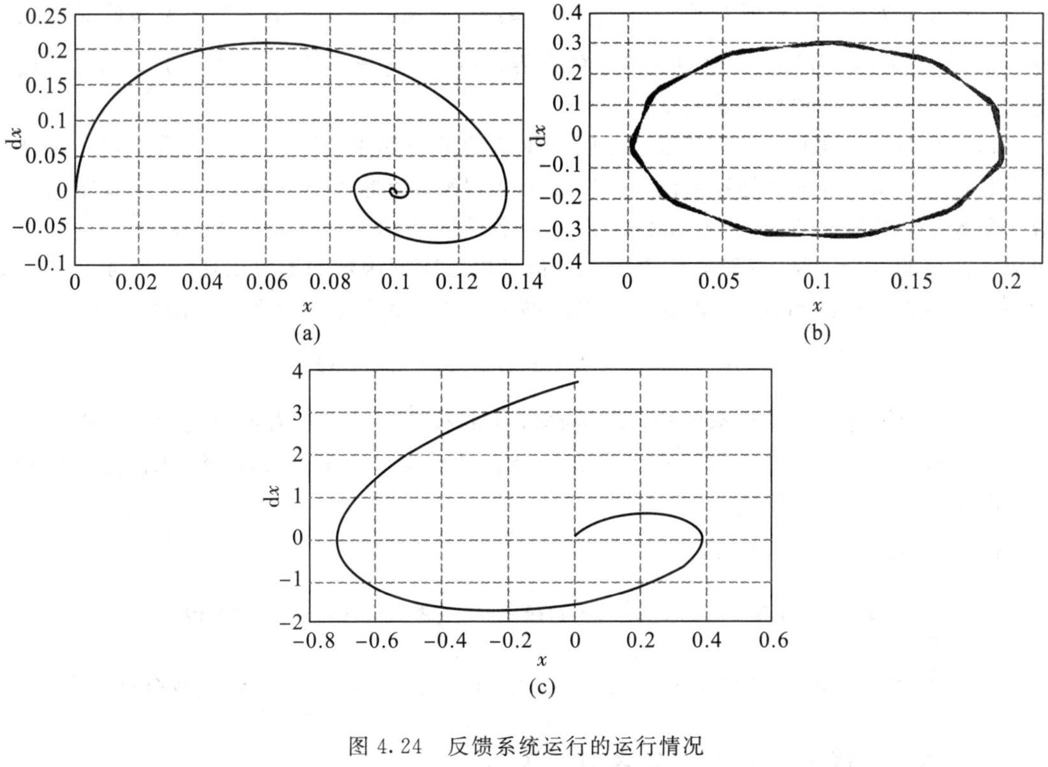

图 4.24　反馈系统运行的运行情况

从图 4.24(a)中可以看到，系统从初始状态开始变化，经过了一定的时间变化(迭代过程)可以逐渐收敛于状态空间的某一点，在这种情况下，系统的状态应该有 $X(k+1)=$

$X(k)$。也就是说系统的状态在迭代前后不会发生变化，稳定地位于那个点上，这就说明系统进入了稳定的状态。稳定的状态点也被称为不动点、吸引子。在控制理论中这种情况叫作渐进稳定。在图 4.24(b)中，系统从初态开始变化，经过足够长的时间后，始终被限定在一定的范围内，但是也不会像图 4.24(a)那样最终收敛于某一点。这种情况在控制理论中属于有界输入-有界输出(BIBO：Bounded - Input Bounded - Output)稳定。在图 4.24(c)中，系统从初态开始出发，经过一段时间后，会越来越远地偏离平衡点，这就属于发散的不稳定状态了。

在离散型 Hopfield 神经网络中，由于活化函数取为开关型的函数，因此不可能出现逐渐发散的不稳定状态，但有可能只是在一定范围内进行有界的稳定情况。对于反馈型神经网络稳定的判别同样借鉴了控制理论中关于稳定性的著名理论——李雅普诺夫(Lyapunov)稳定性理论。李雅普诺夫稳定性理论在数学上有着严密的推导，这里仅仅从物理角度来谈对它的理解。李雅普诺夫稳定性理论可以理解为：如果一个系统的能量逐渐衰减、消退的话，那么这个系统就是稳定的，因为这个系统趋向了最低的能量状态。

李雅普诺夫稳定性定理表示为：对于某个系统，如果存在一个李雅普诺夫函数 $V(x, t)$，它满足条件：$V(x, t)$为正定且有无穷小的上界，并且其导函数$\dot{V}(x, t)$为负定，那么原点平衡状态 $x_e=0$ 就是一致渐近稳定的。

这是在数学上比较严格的表述。可以简单地理解为如果李雅普诺夫函数正定，而且其导函数负定，那么系统就是稳定的。从物理角度理解，李雅普诺夫函数可以看作“能量”函数。在物理中的很多场合，能量都以二次型函数的形式出现，例如动能$(mv^2)/2$、电流在电阻上产生的能量 I^2R，甚至质能方程 mc^2 也是以二次型函数的形式出现的。因此，在反馈型神经网络稳定性的判定上，不妨也以二次型函数的形式表示李雅普诺夫函数。即

$$V(t) =-\frac{1}{2}\boldsymbol{X}^{\mathrm{T}}(t)\boldsymbol{W}\boldsymbol{X}(t)+\boldsymbol{x}^{\mathrm{T}}(t)\boldsymbol{\Theta} \tag{4.42}$$

式中，$\boldsymbol{X}(t)$为神经网络的状态向量，$\boldsymbol{W}$ 为神经元的权值矩阵，$\boldsymbol{\Theta}$ 为神经元的阈值向量。可以设定此函数为正定函数。接下来考察其导函数的情况。考虑到 DHNN 网络的离散型情况，可以使用差分来代替微分，于是有

$$\begin{aligned}
\dot{V}(t) &= \Delta V(t) = V(t+1)-V(t)\\
&=-\frac{1}{2}[\boldsymbol{X}(t+1)]^{\mathrm{T}}\boldsymbol{W}\boldsymbol{X}(t+1)+\boldsymbol{X}^{\mathrm{T}}(t+1)\boldsymbol{\Theta}-\left[-\frac{1}{2}\boldsymbol{X}^{\mathrm{T}}(t)\boldsymbol{W}\boldsymbol{X}(t)+x^{\mathrm{T}}(t)\boldsymbol{\Theta}\right]\\
&=-\frac{1}{2}[\boldsymbol{X}(t)+\Delta\boldsymbol{X}(t)]^{\mathrm{T}}\boldsymbol{W}[\boldsymbol{X}(t)+\Delta\boldsymbol{X}(t)]+[\boldsymbol{X}(t)+\Delta\boldsymbol{X}(t)]^{\mathrm{T}}\boldsymbol{\Theta}-\left[-\frac{1}{2}\boldsymbol{X}^{\mathrm{T}}(t)\boldsymbol{W}\boldsymbol{X}(t)+\boldsymbol{X}^{\mathrm{T}}(t)\boldsymbol{\Theta}\right]\\
&=-\Delta\boldsymbol{X}^{\mathrm{T}}(t)\boldsymbol{W}\boldsymbol{X}(t)-\frac{1}{2}\Delta\boldsymbol{X}(t)^{\mathrm{T}}\boldsymbol{W}\Delta\boldsymbol{X}(t)+\Delta\boldsymbol{X}^{\mathrm{T}}(t)\boldsymbol{\Theta}\\
&=-\Delta\boldsymbol{X}^{\mathrm{T}}(t)[\boldsymbol{W}\boldsymbol{X}(t)-\boldsymbol{\Theta}]-\frac{1}{2}\Delta\boldsymbol{X}(t)^{\mathrm{T}}\boldsymbol{W}\Delta\boldsymbol{X}(t)
\end{aligned} \tag{4.43}$$

在式(4.43)中，第二项毫无疑问是负定的。关键就在于考察前一项的情况。将式中的矩阵形式写成连加和的形式，并考虑到权矩阵为对称阵，有

$$\Delta V(t)=-\Delta x_j(t)\sum_{i=1}^{n}(w_{ij}x-\theta_j)-\frac{1}{2}\Delta x_j^2(t)w_{jj} \tag{4.44}$$

在异步工作方式下，考虑到每个神经元不存在自反馈，并结合式(4.35)，有

$$\Delta V(t)=-\Delta x_j(t)u_j(t) \tag{4.45}$$

可以证明，在任何情况下式(4.45)均为负半定，且当$\Delta V(t)=0$时，神经网络处于不动点，也就是进入了稳态。由此可以得出，异步工作的离散型 Hopfield 神经网络是稳定的。采用同样的方法还可以证明同步工作的离散型 Hopfield 神经网络也是稳定的：在同步工作方式情况下如果权矩阵为非负定矩阵，系统渐近收敛；而当权矩阵为负定阵时系统是 BIBO 稳定的。

对于连续型 Hopfield 神经网络(CHNN)，可以设定其李雅普诺夫函数为

$$V=\sum_{j=1}^{n}\frac{1}{R_j}\int_0^{x_j}f^{-1}(x)\mathrm{d}x-\boldsymbol{I}^{\mathrm{T}}\boldsymbol{X}-\frac{1}{2}\boldsymbol{X}^{\mathrm{T}}\boldsymbol{W}\boldsymbol{X} \tag{4.46}$$

式中，x为输出状态，$\boldsymbol{X}$为输出状态的向量形式，$\boldsymbol{W}$为权矩阵，f^{-1}为活化函数的反函数。下面考察李雅普诺夫函数导函数的情况：

$$\dot{V}=\frac{\mathrm{d}V}{\mathrm{d}t}=\frac{\partial V}{\partial X}\frac{\mathrm{d}X}{\mathrm{d}t}=\sum_{j=1}^{n}\frac{\partial V}{\partial x_j}\frac{\mathrm{d}x_j}{\mathrm{d}t} \tag{4.47}$$

将式(4.46)写成连加和形式并求偏导，有

$$\frac{\partial V}{\partial x_j}=\frac{1}{2}\sum_{i=1}^{n}w_{ij}x_i-\boldsymbol{I}+\frac{u_j}{R_j} \tag{4.48}$$

u_j为输入活化函数的信号。结合式(4.36)，有

$$\begin{aligned}\dot{V}=\frac{\mathrm{d}V}{\mathrm{d}t}&=-\sum_{j=1}^{n}C_j\frac{\mathrm{d}u_j}{\mathrm{d}t}\frac{\mathrm{d}x_j}{\mathrm{d}t}\\&=-\sum_{j=1}^{n}C_j\frac{\mathrm{d}[f^{-1}(x_j)]}{\mathrm{d}t}\frac{\mathrm{d}x_j}{\mathrm{d}t}\\&=-\sum_{j=1}^{n}C_j\frac{\mathrm{d}[f^{-1}(x_j)]}{\mathrm{d}x_j}\frac{\mathrm{d}x_j}{\mathrm{d}t}\frac{\mathrm{d}x_j}{\mathrm{d}t}\\&=-\sum_{j=1}^{n}C_j\frac{\mathrm{d}[f^{-1}(x_j)]}{\mathrm{d}x_j}\left(\frac{\mathrm{d}x_j}{\mathrm{d}t}\right)^2\end{aligned} \tag{4.49}$$

由连续型 Hopfield 网络中活化函数为 Sigmoid 函数可知，其反函数为单调增函数。这样就可得到其李雅普诺夫函数的导函数为负半定的，即

$$\dot{V}\leqslant 0 \tag{4.50}$$

对照式(4.45)可以得出和离散型 Hopfield 网络同样的结论。

Elman 神经网络属于局部状态反馈，双向联想记忆网络可以归结为可逆性的输出反馈结构。它们的稳定性的判定可以借鉴 Hopfield 神经网络的判定方法。

除了稳定性问题外，联想记忆功能也是反馈型神经网络的一个特点。下面仍以 Hopfield 神经网络为例来说明其联想记忆的情况。

由于反馈型神经网络具有稳定性，因此一个训练好的 Hopfield 神经网络会将所有的信息经过演化计算后集中于其稳态值(不动点、吸引子)。这样，就可以把需要进行记忆的信息与 Hopfield 网络的稳态值相对应，使网络能够记住这种状态，并对输入的不正确信息进行校正，使之重新回归于稳态值。稳态值可以是以向量形式给定的，并用来训练网络确定权值。

对于离散型 Hopfield 神经网络，假定需要存储的向量为 $\boldsymbol{X}=\{x^1, x^2, \cdots, x^p\}$，其中 $x\in\{-1, 1\}$，这些向量应该对应于网络的稳态值。样本数据两两正交。根据对网络稳定性的分析，在异步方式工作时，权矩阵应为对称阵；在同步方式工作时，权值矩阵应为非负定对称阵。离散型 Hopfield 神经网络的权值可以取为需要进行记忆样本的外积和，即

$$w_{ij}=\sum_{p=1}^{P} x_i^P x_j^P \tag{4.51}$$

式中明确反映了网络中的节点不存在自反馈，因此权矩阵中对角线元素为零。写成矩阵形式，有

$$\boldsymbol{W}=\sum_{p=1}^{P}[\boldsymbol{X}^P(\boldsymbol{X}^P)^{\mathrm{T}}-\boldsymbol{I}] \tag{4.52}$$

式中，$\boldsymbol{I}$ 为单位阵。对于外积，有

$$(\boldsymbol{X}^p)^{\mathrm{T}}\boldsymbol{X}^k=\begin{cases}0, & p\neq k\\ n, & p=k\end{cases} \tag{4.53}$$

对于反馈型网络输入，有

$$\boldsymbol{W}\boldsymbol{X}^k=\sum_{p=1}^{P}[\boldsymbol{X}^p(\boldsymbol{X}^p)^{\mathrm{T}}-\boldsymbol{I}]\boldsymbol{X}^k=\sum_{p=1}^{P}[\boldsymbol{X}^p(\boldsymbol{X}^p)^{\mathrm{T}}\boldsymbol{X}^k-\boldsymbol{X}^k] \tag{4.54}$$

将式(4.53)代入式(4.54)中，有

$$\begin{aligned}\boldsymbol{W}\boldsymbol{X}^k&=\sum_{p=1}^{P}[\boldsymbol{X}^p(\boldsymbol{X}^p)^{\mathrm{T}}\boldsymbol{X}^k-\boldsymbol{X}^k]\\&=n\boldsymbol{X}^k-P\boldsymbol{X}^k=(n-P)\boldsymbol{X}^k\end{aligned} \tag{4.55}$$

考虑到 Hopfield 网络活化函数为开关型的活化函数，则有

$$f(\boldsymbol{W}\boldsymbol{X}^p)=f[(n-P)]=\boldsymbol{X}^p \tag{4.56}$$

则 $\boldsymbol{X}^p$ 为不动点，整个网络也就进入了稳态。

如果输入的样本不能满足两两正交的条件，则式(4.56)的不动点条件不能满足，网络

的稳态向量维数就会降低，存储容量就受到影响。如果网络存储的样本信息与新输入的信息存在误差，网络就会进行调整演化，最终稳定到存储的样本信息上。这就是 Hopfield 网络联想的过程。由此可以看出网络的存储容量和联想能力是互为制约的两个因素：网络的存储容量越大，联想能力越弱。

反馈是信息流向的一种形式，反馈作用的存在会使整个系统具有很多新的特点。与前馈型神经网络相比，反馈型神经网络产生了很多关于稳定性的问题，但同时也给网络带来了新的变化。不动点的存在使得网络具有了一定的记忆和联想能力，也使得网络具有了一定的动态性。

4.4　其他典型神经网络

神经网络信息的传输形式可以分为前馈和反馈两种。上文介绍的是这两种形式中最为典型的神经网络，还有一些机器学习领域中典型和常用的网络，虽然可以归于这两种结构形式，但是由于它们本身所具有的独特特点常常将其单独列出。下面将介绍这些神经网络的基本架构、运行模式及相关的问题。

4.4.1　径向基神经网络

径向基网络是一种前馈型的神经网络，其基本结构与 BP 网络类似，也具有输入层、隐含层及输出层三层结构。隐含层的活化函数为径向基函数(RBF，Radial Basis Function)，输出层的活化函数为线性函数，如图 4.25 所示。

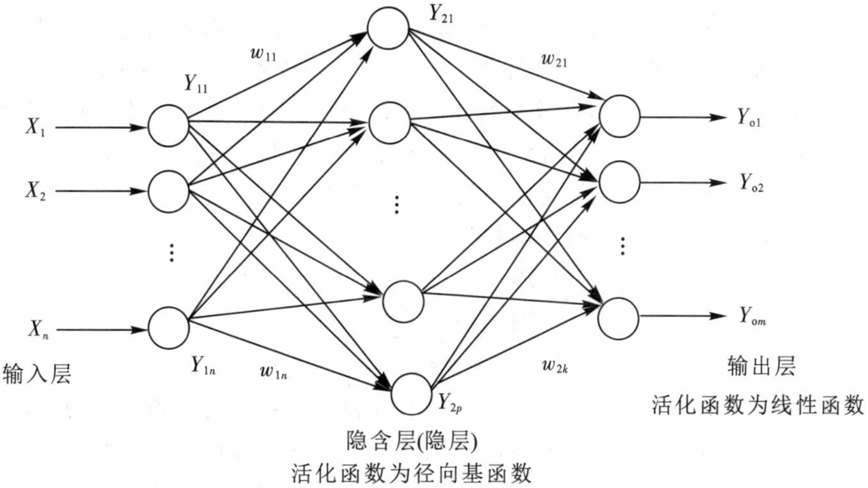

图 4.25　径向基神经网络结构图

径向基函数是一种左右对称的钟形函数，除了逆二次函数外，还有高斯函数和反射Sigmoid函数，其基本形状如图4.26所示。

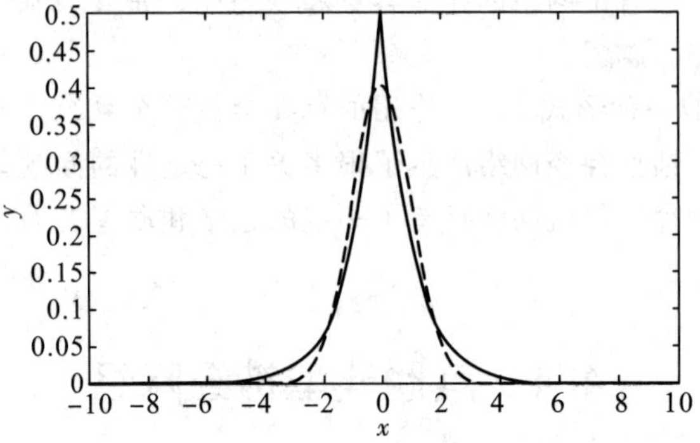

图4.26　径向基函数示意图

高斯函数：

$$f_{\phi}(x)=\exp\left(-\frac{x^2}{\sigma^2}\right)$$

反射(Sigmoid)函数：

$$f_{\phi}(x)=\left(1+\exp\left(-\frac{x^2}{\sigma^2}\right)\right)^{-1}$$

采用径向基函数作为活化函数，是要模仿生物神经元靠近神经元中心点兴奋而远离中心点抑制的“近兴奋、远抑制”的功能效果。这一点在视神经的功能上体现得尤为突出。

根据隐含层节点的数目，径向基神经网络又可以分为正规化径向基神经网络与广义径向基神经网络。正规化径向基网络的隐含层节点与进行训练数据集的样本数目相同。之所以要选择如此巨大数量的隐层节点主要是基于正则化理论的考虑。在函数拟合的问题中，常以偏差平方和最小作为衡量拟合效果的性能指标。而正则化方法在此基础上又添加了正则化项，所谓的正则化项，主要是用来防止在学习过程中出现一味地追求偏差平方和最小而造成的过拟合、网络性能缺乏泛化能力的问题。于是可以在偏差平方和最小性能指标函数上再添加一项，构造新的性能指标函数为

$$J(\theta)=\underbrace{\frac{1}{2}\sum_{i=1}^{n}[y^i-h_\theta(x^i)]^2}_{\text{偏差平方和最小项}}+\underbrace{\lambda\sum_{j=1}^{m}\theta_j^2}_{\text{正则化项}} \tag{4.57}$$

正则化参数λ需要进行调整，来平衡偏差平方和最小化项的过拟合趋势。如果正则化参数λ很小，那么式(4.57)的第二项即正则化项基本没有什么作用，整个性能指标又退化为原来的偏差平方和最小了，这时仍然会出现过拟合的问题。如果将正则化参数λ调整得很大，那么就没有什么性能指标来衡量约束整个网络，得到的所谓“参数”没有任何意义，

这又导致了欠拟合的问题。因此在学习和训练过程中需要调整正则化参数 λ，使之能够恰到好处地平衡这两个问题。

在使用径向基网络解决函数拟合问题时，将隐含层的节点数目设置为样本数目，而且输入的样本设定为径向基的中心，然后进行函数的拟合与逼近，这就是正则化的径向基网络。假设有 P 个数据集的样本 X_P，其对应的输出值为 Y。需要求出从样本到输出的函数关系 $F(x)$。很明显，这是一个典型的拟合问题。根据正则化径向基网络设计原则，可以选定 P 个径向基函数，并使数据集中的样本对准径向基函数的中心，即

$$f_{\phi}(\|X-X_i\|),\quad i=1,2,\cdots,P \tag{4.58}$$

式(4.58)中 X_i 为径向基函数的中心。将这 P 个径向基函数作为整个拟合过程中的一组“基”，然后将这组“基”送入输出层中，利用输出层的线性活化函数进行线性组合，就可以得到拟合的函数曲线。这个过程可以形象地用图 4.27 来表达。

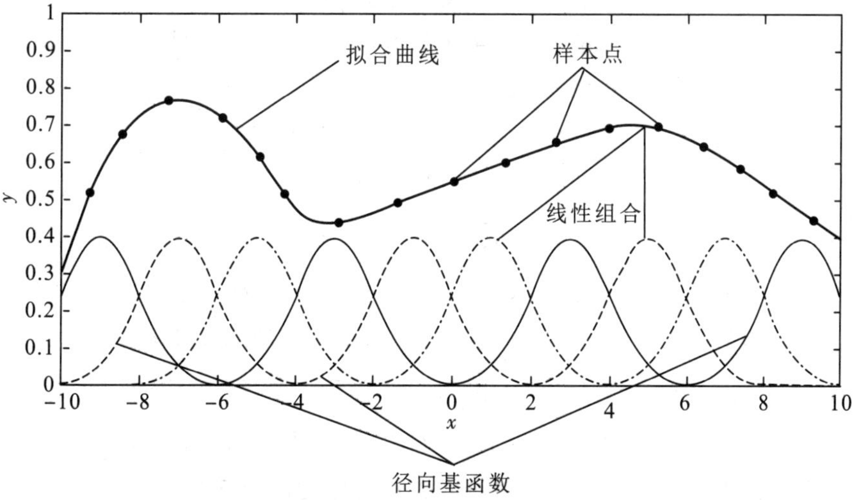

图 4.27　使用径向基函数进行函数拟合示意图

可以看出，这种正则化的径向基网络不但能够实现对函数的拟合，还对数据插值有很强的处理能力。如果有足够的输入样本，正则化的径向基网络几乎可以逼近任何一种可导的曲线。

正则化径向基网络之所以具有这种超强的能力是依赖于其输入的样本量的，但这也带来了问题。样本量的增加使得正则化网络隐层节点的数目不断增加，给网络的运行带来了病态问题。为了解决这个问题就必须把隐层的神经元节点数降下来。这种隐含层的神经元数目小于样本数的径向基网络称为广义径向基神经网络。在减少了隐含层的基础上，广义径向基网络还对正则化的径向基网络进行了一些修正。例如，径向基的中心点一般不设置在某些数据样本点上，其扩展阐述也不再统一，而均在学习训练的过程中确定；对于输出

层的活化函数，可以设置阈值等。然而，广义径向基网络的优势并不在于减少隐层神经元节点数来进行函数的拟合，因为这样毕竟在精度上与正则化的径向基网络还是有一定的差距。与正则化网络相比，广义径向基网络的优势主要在于处理分类问题，特别是线性不可分的分类问题。

广义径向基网络的隐层节点虽然比样本数据的数量少，但与样本的维数相比还是多了很多。一般来讲，低维的线性不可分问题如果能映射到高维空间，就很可能成为线性可分的问题。仍以“异或”这种线性不可分问题为例，由于在前面的章节绘制过有关图形，此处不再绘制，仅以数据说明问题。

输入的数据为：(0，0)(0，1)(1，0)(1，1)。

隐层节点设置为两个，其活化函数(径向基函数)为

$$f_{\phi 1} = \exp(-\|x-\theta_1\|^2), \quad \theta_1 = (1, 1)^{\mathrm{T}} \tag{4.59}$$

$$f_{\phi 2} = \exp(-\|x-\theta_2\|^2), \quad \theta_2 = (0, 0)^{\mathrm{T}} \tag{4.60}$$

式中 $\|\cdot\|$ 指定为 2-范数。则输入数据集中的数据经隐层径向基活化后所得到的结果为

$$(0, 0) \rightarrow \begin{cases} f_{\phi 1} = \exp(-\|x-\theta_1\|^2) = \exp\left[-\left(\sqrt{(0-1)^2+(0-1)^2}\right)^2\right] = 0.1353 \\ f_{\phi 2} = \exp(-\|x-\theta_2\|^2) = \exp\left[-\left(\sqrt{(0-0)^2+(0-0)^2}\right)^2\right] = 1 \end{cases} \tag{4.61}$$

$$(0, 1) \rightarrow \begin{cases} f_{\phi 1} = \exp(-\|x-\theta_1\|^2) = \exp\left[-\left(\sqrt{(0-1)^2+(1-1)^2}\right)^2\right] = 0.3679 \\ f_{\phi 2} = \exp(-\|x-\theta_2\|^2) = \exp\left[-\left(\sqrt{(0-0)^2+(1-0)^2}\right)^2\right] = 0.3679 \end{cases} \tag{4.62}$$

$$(1, 0) \rightarrow \begin{cases} f_{\phi 1} = \exp(-\|x-\theta_1\|^2) = \exp\left[-\left(\sqrt{(1-1)^2+(0-1)^2}\right)^2\right] = 0.3679 \\ f_{\phi 2} = \exp(-\|x-\theta_2\|^2) = \exp\left[-\left(\sqrt{(1-0)^2+(0-0)^2}\right)^2\right] = 0.3679 \end{cases} \tag{4.63}$$

$$(1, 1) \rightarrow \begin{cases} f_{\phi 1} = \exp(-\|x-\theta_1\|^2) = \exp\left[-\left(\sqrt{(1-1)^2+(1-1)^2}\right)^2\right] = 1 \\ f_{\phi 2} = \exp(-\|x-\theta_2\|^2) = \exp\left[-\left(\sqrt{(1-0)^2+(1-0)^2}\right)^2\right] = 0.1353 \end{cases} \tag{4.64}$$

这样可以将低维的输入样本数据通过隐含层的活化映射变换到($f_{\phi 1}$，$f_{\phi 2}$)的空间，从而实现了在该空间的线性可分，如图 4.28 所示。

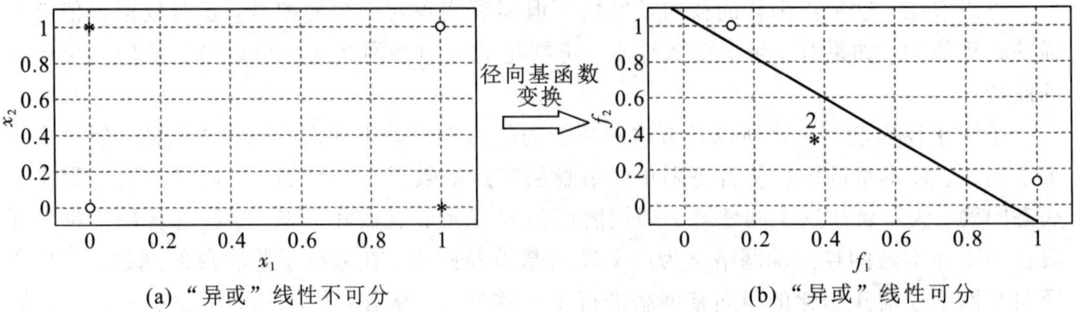

(a) “异或” 线性不可分　　(b) “异或” 线性可分

图 4.28　径向基神经网络解决“异或”问题

径向基神经网络的学习算法主要需要解决确定隐层神经元节点数；确定径向基函数的“径向”中心以及向两侧的扩展常数；同时也要涉及权值的修正问题。

隐层神经元的节点数根据网络的结构形式，如正则化径向基网络或广义径向基网络来确定。正则化径向基函数的中心可以设定为数据样本本身，而广义径向基函数的中心可以从数据样本中进行确定，数据多的地方可以适当多取，再根据整个网络的运行情况进行适当调整。另一种方法是通过聚类的方法来确定。这种方法先进行聚类，将数据分为若干组，然后将这些组数据的聚类中心作为径向基函数的中心，并根据径向基中心之间的距离确定扩展常数。其算法流程如图 4.29 所示。

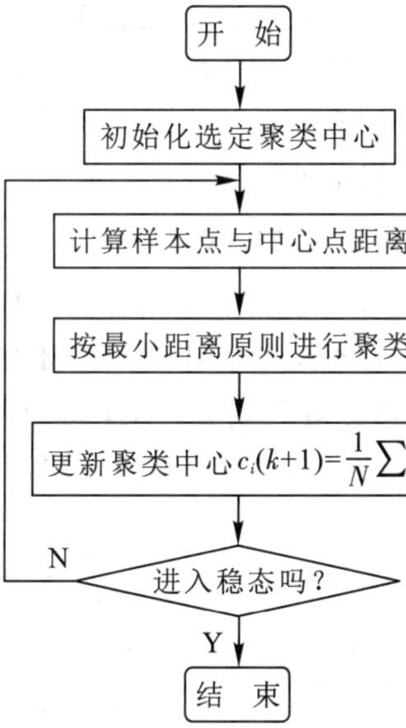

图 4-29 聚类方法确定径向基函数中心算法流程图

当隐层的神经元节点数、径向基函数确定后就可以着手处理输出层的权值更新问题了。输出层的权值更新的性能指标仍然是按照偏差平方和最小准则获得。在更新过程中可以使用梯度下降方法获得，也可以使用最小二乘方法获得。

与典型的前馈神经网络相比，径向基神经网络的隐层神经元选取径向基函数作为活化函数，这样处理函数拟合问题的能力得到了加强，在非线性分类中也有很好的高维映射能力。在输入层到隐层的连接上不设权值，采用了直接连通的形式；隐层与输出层之间通过调整权值使各隐层节点的输出进行线性运算，有助于拟合和分类操作。径向基函数具有类似生物神经元的敏感效果，局部逼近的效果会更好。

径向基神经网络在具有这些优势的基础上又不断发展，衍生出了很多新型的网络，例如广义回归神经网络、概率神经网络等。这些神经网络虽然在结构形式上与一般的径向基神经网络有所不同，但其活化函数都采用了径向基函数，将“中心敏感、周围抑制”的基本生物神经元特点灵活应用，在模式识别、故障诊断及非线性函数拟合方面取得了很好的效果。

4.4.2 自组织竞争神经网络

顾名思义，自组织竞争神经网络是一种带有竞争机制的网络结构。所谓竞争，是指在网络的神经元中需要对所输入的信息或数据进行对比、竞争从而得出正确的结果的过程。构建这种网络的基本思想也是从人类的神经元结构上得到了启发。在神经系统中，如果一个神经细胞出现兴奋，那么周围的细胞就会在一定程度上受到抑制，称为侧抑制。而这些受到抑制的神经细胞又会出现竞争，使得多个神经细胞开始出现兴奋竞争作用。在竞争过程中，会有一个兴奋程度最强的细胞获得响应，而其他神经细胞的兴奋程度逐渐减弱。考虑到神经系统的这种效应，自组织竞争神经网络就出现了。

1. 自组织竞争神经网络的结构及学习过程

自组织竞争神经网络从信息的流向上来说是一种混合型的结构，不能使用简单的前馈或反馈型的结构来对其进行描述。自组织竞争神经网络都有竞争层，在竞争层中信息相互作用，信息在层间传递，进行分析、比较和竞争，直至得到胜出神经元，然后再进行信息的下一步传输。最简单的自组织神经网络至少有一个竞争层，其基本结构如图 4.30 所示。

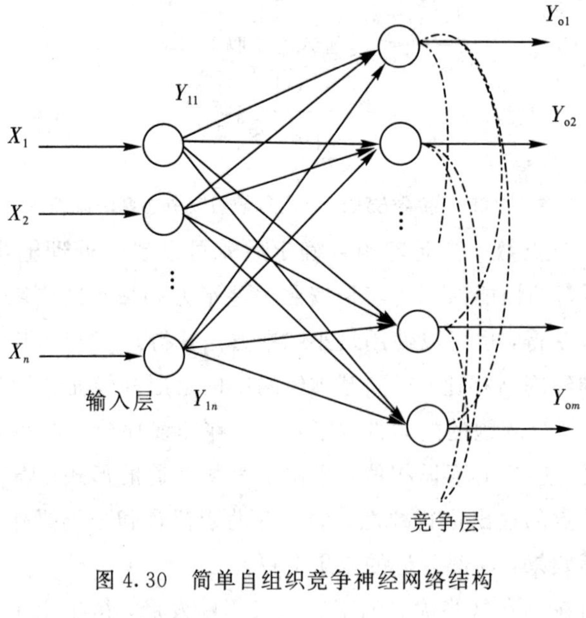

图 4.30　简单自组织竞争神经网络结构

自组织竞争神经网络进行竞争学习时，模拟生物神经元的工作模式，在所有参与竞争的神经元中，输出响应最大的神经元是获胜神经元，兴奋程度应该最高，其可表示为

$$\boldsymbol{W}_m^{\mathrm{T}}\boldsymbol{X} = \max_{i=1,\,2,\,\cdots,\,n} (\boldsymbol{W}_i^{\mathrm{T}}\boldsymbol{X}) \tag{4.65}$$

对于此获胜的神经元再进行权值调整，而且别的神经元就不进行权值调整了。这种学习方式被形象地称为“胜者为王”(Winner Takes All)。

在这种学习规则下，首先要进行比较和竞争。比较和竞争需要在一个较为“公平”的平台上进行，因此需要构建这样的平台。这就首先要进行向量归一化处理。

归一化处理是将输入的模式向量与竞争层的向量进行单位化处理：保持向量的方向不变，使其长度单位化，这样所有的向量就被安放在了同一个单位圆里，即

$$\hat{\boldsymbol{X}} = \frac{\boldsymbol{X}}{\|\boldsymbol{X}\|} \tag{4.66}$$

式中，$\|\boldsymbol{X}\|$为向量范数，一般取为 2 -范数。

接下来要找出获胜的神经元，也就是“王者”。对于输入的、经过归一化处理的向量，用竞争层的权向量与该输入向量进行比较，考察哪个权向量与该输入的归一化后的向量最为相似。衡量相似的标准是考察两个向量的欧氏距离。如果欧氏距离最小则该神经元胜出，即

$$\|\hat{\boldsymbol{X}} - \hat{\boldsymbol{W}}_i^*\| = \min_{i\in(1,\,2,\,\cdots,\,n)} (\|\hat{\boldsymbol{X}} - \hat{\boldsymbol{W}}_i\|) \tag{4.67}$$

$\hat{\boldsymbol{W}}_i^*$ 为获胜神经元的权向量。将上式展开，有

$$\begin{aligned}\|\hat{\boldsymbol{X}} - \hat{\boldsymbol{W}}_i^*\| &= \sqrt{(\hat{\boldsymbol{X}} - \hat{\boldsymbol{W}}_i^*)^{\mathrm{T}}(\hat{\boldsymbol{X}} - \hat{\boldsymbol{W}}_i^*)} \\ &= \sqrt{\hat{\boldsymbol{X}}^{\mathrm{T}}\hat{\boldsymbol{X}} - 2\hat{\boldsymbol{W}}_i^{*\mathrm{T}}\hat{\boldsymbol{X}} + \hat{\boldsymbol{W}}_i^{*\mathrm{T}}\hat{\boldsymbol{W}}_i^*}\end{aligned} \tag{4.68}$$

由于在输入竞争时进行了归一化处理，联系式(4.66)有

$$\hat{\boldsymbol{X}}^{\mathrm{T}}\hat{\boldsymbol{X}} = \frac{\boldsymbol{X}^{\mathrm{T}}}{\|\boldsymbol{X}^{\mathrm{T}}\|}\,\frac{\boldsymbol{X}}{\|\boldsymbol{X}\|} = \boldsymbol{I},\ \hat{\boldsymbol{W}}_i^{*\mathrm{T}}\hat{\boldsymbol{W}}_i^* = \boldsymbol{I}$$

代入式(4.68)有

$$\|\hat{\boldsymbol{X}} - \hat{\boldsymbol{W}}_i^*\| = \sqrt{2}\sqrt{\boldsymbol{I} - \hat{\boldsymbol{W}}_i^{*\mathrm{T}}\hat{\boldsymbol{X}}} \tag{4.69}$$

可以看出，使 $\hat{\boldsymbol{X}}$ 与 $\hat{\boldsymbol{W}}_i^*$ 的欧氏距离最小等价于使 $\hat{\boldsymbol{X}}$ 与 $\hat{\boldsymbol{W}}_i^*$ 的点积最大。因此式(4.67)等价于

$$\min_{i\in(1,\,2,\,\cdots,\,n)} (\|\hat{\boldsymbol{X}} - \hat{\boldsymbol{W}}_i\|) \Leftrightarrow \max_{i\in(1,\,2,\,\cdots,\,n)} (\hat{\boldsymbol{W}}_i^{*\mathrm{T}}\hat{\boldsymbol{X}}) \tag{4.70}$$

这样，最小化欧氏距离就转化为最大化权值与输入向量的点积。这样做的好处在于权值与输入向量的点积 $\hat{\boldsymbol{W}}_i^{*\mathrm{T}}\hat{\boldsymbol{X}}$ 正好是活化函数的输入。

第三步进行权值调整。根据胜者为王的学习规则，获胜神经元置为 1，而其他的神经元置 0。然后对获胜的神经元的权值进行调整，调整的规则为

$$\hat{\boldsymbol{W}}_i^*(t+1) = \hat{\boldsymbol{W}}_i^*(t) + \alpha(\hat{\boldsymbol{X}} - \hat{\boldsymbol{W}}_i^*) \tag{4.71}$$

式中，α 为学习率。一般限定在[0，1]之间。

竞争学习的过程可以用图 4.31 说明。

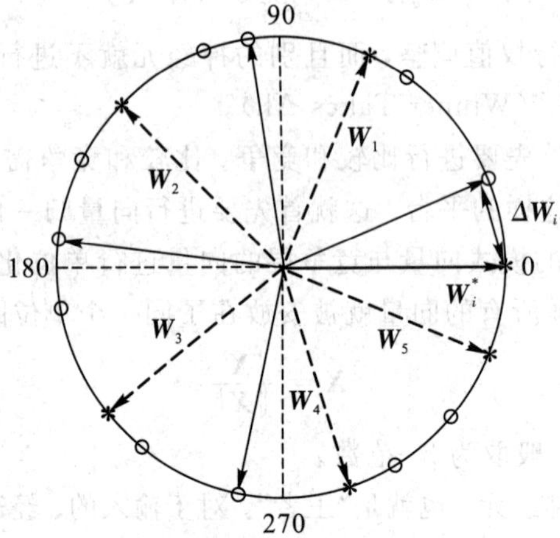

图 4-31 竞争学习过程

若有两维数据集的数据输入网络，经归一化处理后，则数据向量处于单位圆内，在图中用“o”表示。同时，竞争层经归一化后的权向量也应位于统一单位圆上，用“ * ”表示，不妨将竞争层的神经元权向量设定为 5 个(仅用于说明问题)，以代表 5 种特征状态模式。

初始状态时，竞争层神经元的权向量是随机分布的。当数集中的向量模式输入时，就开始计算权向量 $\boldsymbol{W}_i$ 与输入向量的点积，寻找点积最大的输入向量，如果找到了点积最大的输入向量，则根据式(4.70)可知其欧氏距离最小，也就是最为相似，即该神经元为胜者。然后开始调整神经元向量的权值，使其逐步靠近输入数据向量所在的模式。经过足够的迭代学习后，竞争层的神经元权向量就成为了模式的中心。从图 4.31 中可以看出，衡量竞争层神经元权向量与输入向量的欧氏距离与衡量这两个向量的夹角是一致的。因此，有时也考察这两个向量夹角的余弦来进行竞争比较，即

$$\cos\phi = \frac{\boldsymbol{X}_i}{\|\boldsymbol{X}_i\|}\frac{\boldsymbol{W}_i}{\|\boldsymbol{W}_i\|} \tag{4.72}$$

从上式中可以看出，余弦值越大代表两个向量越靠近、越相似，这一点与考察其点积大小是一致的。在进行归一化处理后，所有向量均位于单位圆内，其向量的长度都相同，所以考察两个向量夹角的大小更具有直观理解的优势。

2. 自组织特征映射神经网络

在自组织竞争神经网络的基础上，又发展出了一些特殊的竞争性网络，自组织特征映射(SOFM，Self-Organizing Feature Mapping)神经网络就是其中之一。这种网络架构是由芬兰神经网络专家 Kohonen 于 1981 年提出的，因此又称为 Kohonen 网。自组织特征映射

网络共有两层：输入层输入数据，竞争层输出数据。与基本自组织竞争神经网络不同的是，其竞争层神经元的维数可以进行扩展，而不再仅仅是如图 4.30 所给出的那种一维的竞争层结构。竞争层神经元的维数可以扩展到二维、三维甚至更高维，其中以二维结构形式最为典型，如图 4.32 所示。

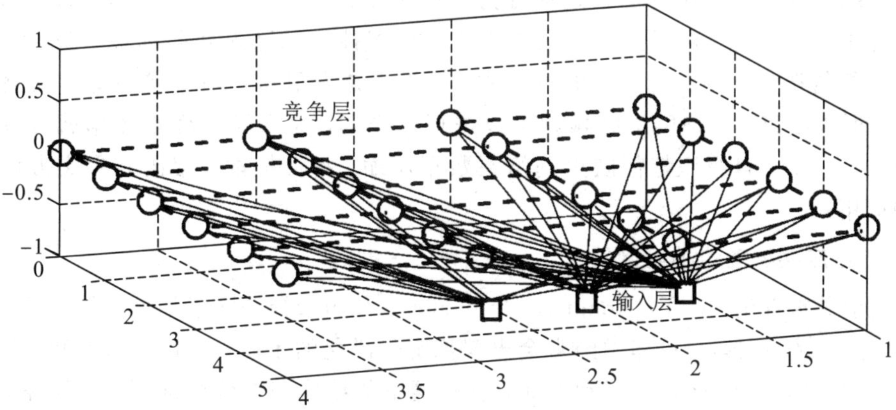

图 4.32　竞争层为二维的自组织特征映射神经网络

竞争层为二维的自组织特征映射神经网络在竞争层的神经元相互侧向联系，类似于人脑皮层的神经元结构。自组织特征映射的学习算法在胜者为王算法的基础上又有所发展。胜者为王算法中只有一个胜者神经元，而且也只有这一个神经元可以进行权值调整，而自组织特征映射的获胜神经元则是渐进式的调整方式。不仅获胜的神经元要进行权值调整，其他的神经元也要进行权值调整。调整的规则是获胜的神经元权值调整的量最大，而随着和获胜神经元之间距离的增加，权值调整的量渐次减小。这种调整函数可以采用类似径向基的函数，也可以使用如图 4.33 所示的所谓“墨西哥草帽”函数。

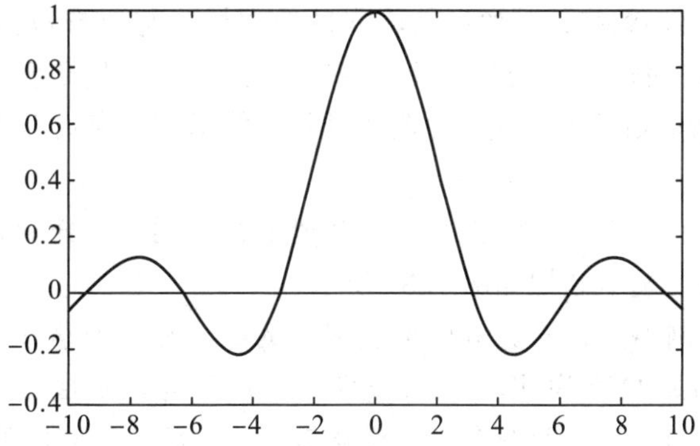

图 4.33　“墨西哥草帽”函数

以获胜神经元为中心划定一个邻域，进入这个邻域的为获胜神经元组。获胜神经元组都有权进行权值调整。但获胜神经元仅有一个，其他进入邻域的神经元根据距离获胜神经元的远近，确定调整权值的程度。在学习的初始过程中，这个邻域比较大，然后随着学习进程的推进邻域逐渐缩小，最后仅剩获胜神经元。

自组织特征映射网络的运行过程分为训练和工作两个阶段。在训练阶段，网络对数据集的样本进行训练，对于某一输入模式会有很多神经元进入获胜邻域，获胜神经元组开始进行权值调整。在不断调整的过程中，逐渐形成获胜神经元中心向量，最终构建特征模板。训练结束后，该网络结构就可以进行工作了，如果输入样本数据就可以根据特征模板进行归类。自组织特征映射网络在数据压缩、特征提取、编码和聚类方面有较为广泛的应用。

3. 自适应共振理论神经网络

自适应共振理论(ART，Adaptive Resonance Theory)神经网络是另一种自组织竞争神经网络。神经网络在运行过程中经常会出现稳定与泛化的矛盾。这种矛盾是指，神经网络的学习过程是动态的，经过学习和训练后神经网络的结构和参数会逐渐稳定下来；但是如果整个网络的结构和参数稳定下来之后，又有新的数据样本输入的话，为了能够使神经网络具有泛化性，神经网络又要重新开始调整，以前训练好的参数就会丧失，也就是说新数据的输入使得神经网络遗忘了曾经的学习结果。对这种问题一般的处理方法是设定学习系数和遗忘因子来进行平衡，但是如何设定这些系数和因子目前尚无定论。自适应共振理论神经网络就是为解决这个矛盾而产生的。

自适应共振理论神经网络的基本思想，就是考察新输入的数据样本与原先已有存储模式之间的相似度。在考察比较的过程中设定一个相似度阈值，如果新输入的数据样本与原有数据模式的相似度超出了相似度阈值，说明这种数据样本应该是属于网络以前曾经学习过的模式，也代表与曾经的数据模式发生了“共振”！那么就选择最相似的数据向量作为该模式的代表，同时也要调整权值。如果新输入的数据样本与原有数据模式不匹配，没有超过相似度阈值，那就说明这很有可能是一种新的数据模式，需要给这种数据样本“另立门户”——再建立一种新的数据模式类，并调整以前的数据与新模式类之间的权值，这就是所谓的“自适应”。

经过不断地完善，目前有三种自适应共振理论神经网络，分别是 ARTⅠ、ARTⅡ和 ARTⅢ。ARTⅠ网络的基本结构如图 4.34 所示。

ARTⅠ人工神经网络与普通竞争性神经网络的结构相比有较大改变。整个 ARTⅠ人工神经网络包括输入层(也称为比较层)和输出层(也称为识别层)。另外还有三个控制信号，分别是复位(Reset)信号以及两个控制增益信号 G_1、G_2。比较层的神经元对输入的数据作出响应；而识别层的神经元进行分类判断，在这两层之间可以进行双向权值调整。

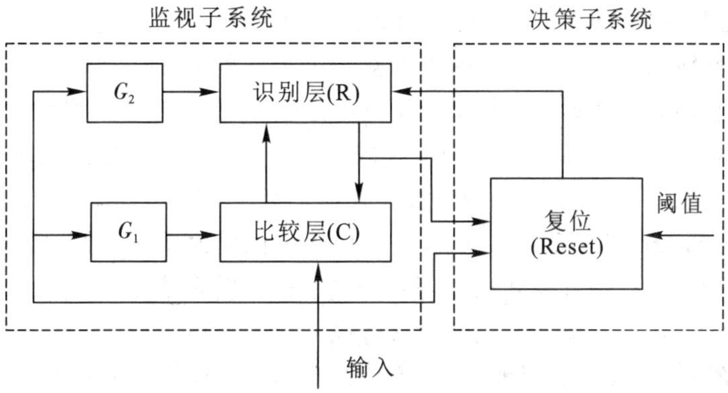

图 4.34　ARTⅠ自适应共振理论神经网络基本结构图

在网络中，增益控制与两层神经元结构构成监视子系统，而复位信号为决策子系统。监视子系统负责监控识别层下行与比较层上行的模式失配情况。识别层对输入的数据样本与该层神经元相对应的类别中心进行比较，如果低于阈值，说明这种输入模式在原先的类别中是没有的，就创建新的类别；如果高于阈值则按照胜者为王的学习规则进行归类。

网络在运行时，首先将增益 G_1 置 1，此时识别层还没有获胜神经元，反馈回送信号为 0，比较层的输出与输入相等；当识别层出现反馈信号时，增益 G_1 置 0，并开始比较输入信号与反馈信号，如果两者相等则输出，否则置 0。增益 G_1 的作用是使比较层能够区分网络运行的不同阶段。识别层进行竞争学习，其基本工作原理如前所述。增益 G_2 检测输入数据是否为 0，如输入的所有数据全部为 0 则增益 G_2 置 0，否则置 1。网络的整个运行过程大致可分为四个阶段：

第一阶段：数据匹配。网络在初始时输入为 0，此时增益 G_2 置 0；如输入不全为 0，增益 G_2 置 1，增益 G_1 与 G_2 相等。一旦增益 G_1 为 1，就开始允许输入的信息向前传送直至识别层，与权值向量进行匹配，从而得到获胜的神经元，并使之输出为 1，同时抑制其他神经元，使其置 0。

第二阶段：比较共振。识别层输出信息返回到比较层，识别层的神经元输出并不全为 0，而比较层的输出状态由识别层返回的权值和输入数据的比较结果决定。如果这两者的相似程度不满足要求，就重新搜索；如果相似比较的结果是两者很近似，就说明发生了“共振”，进入学习的下一阶段。

第三阶段：搜索阶段。网络的搜索要在复位(Reset)信号发出之后进行，复位信号使之前获胜的神经元受到抑制，直至新模式输入。此时，网络又重新返回到了数据匹配的状态。如果发现当前的模式状态找不到适当的模式与之相似，则需要“另立门户”建立新的类别。

第四阶段：学习巩固。在此阶段，网络对获胜的共振神经元类别进行巩固、增强，以便使此后输入的其他数据样本能够很好地与该神经元发生更大的“共振”。

ARTⅡ神经网络在 ARTⅠ网络的基础上进行了一些新的改进，具有了模式存储的功能。在很多神经网络的学习过程中，由于有新数据模式的输入，会对已经训练好的权值再进行新的调整，从而对网络的稳定性造成不利的影响，而 ARTⅡ网络对此进行了改进。在学习过程中，ARTⅡ网络会巩固业已训练好的模式，在接受新数据的同时不会使已经训练好的模式受到破坏。在 ARTⅡ网络中设置了长期记忆(LTM：Long Time Memory)模式和短期记忆(STM：Short Time Memory)模式。长期记忆模式用来存储已经训练好的模式类别；短期记忆则用来进行输入模式的学习和调整。这样就形成了类似人脑的记忆功能：在新的模式进入时，并不会对原有的记忆模式造成太大的影响。

ARTⅢ神经网络兼容了前两种 ART 网络的特点，将原先的两层结构扩展为任意多层结构，并引入分级搜索的算法模式，在可扩展能力上有了提高。

4. 学习向量量化神经网络

学习向量量化(LVQ：Learning Vector Quantization)神经网络是一种将竞争学习机制引入 BP 神经网络结构的竞争型神经网络。这种网络同样具有三层结构，只不过把隐含层改造成为了竞争层，输出层的活化函数为线性函数。之所以称之为学习向量量化，是其将高维空间进行了划分，形成了若干个不同的区域，在每个区域中确定中心向量作为该类别的中心。以该中心为代表，形成了中心向量的集合。输出层每个神经元与竞争层的一组神经元相连接，其权重固定设置为 1。当一个数据样本输入网络时，竞争层的神经元通过学习，按照“胜者为王”的学习规则产生获胜神经元，其输出为 1，而其他神经元受到抑制，输出 0；在输出层，与竞争获胜神经元相连的输出层神经元也输出 1，从而可输出样本的模式类别。

LVQ 网络竞争层的每个神经元与输出层的相应神经元相互连接，权值置为 1。在进行学习训练前，先将竞争层到输出层的权重设定好，指定输出神经元的类别，在训练过程中不作调整。网络的学习训练通过调整输入层到竞争层的权值进行。在调整过程中，根据输入数据样本的类别与获胜神经元的类别判断当前的决策是否正确。如果是正确的，则加强该神经元的权向量，否则就向相反的方向进行调整。

学习向量量化神经网络结合了竞争学习和有导师学习的特点，在模式识别特别是文本文档分类方面应用较广，收到了很好的效果。

4.4.3 小脑模型神经网络

小脑模型神经网络(CMAC：Cerebellar Model Articulation Controller——直译为“小脑模型关节控制器”)是模仿人类小脑控制肢体运动方式的一种神经网络模型。正如直译所提示的，这种神经网络模型最初是为了解决机器手关节的运动控制而产生的，由美国智能系统工程师 James S. Albus 提出。这种神经网络得名是参照了小脑在控制肢体动作时，具有不假思索地作出条件反射式迅速响应的特点。这种神经网络有以下特点：具有一定的联想功能，而且该功能也有泛化能力，相似的输入会得到相似的输出，而彼此不相似的输入将产生独立的输出；能够对网络输出产生影响的神经元权值较小；有一定的自适应能力，而且采用表格查询的方式来实现非线性映射关系，具有信息分类处理的能力。

小脑模型神经网络的基本结构如图 4.35 所示。X 为输入数据集，A 为带有类似指针功能的存储单元，y 为输出的数据集。当输入数据集中的数据时，就会激活存储区中对应的元素，例如 X^1 激活了 $a_1 \sim a_4$ 的四个元素，X^2 激活了 $a_{i-1} \sim a_{i+2}$ 的四个元素等，被激活的元素被置为 1，其他元素保持为 0；在输出层对激活单元的权值进行求和运算，然后经活化函数运算输出。在输入过程中被激活元素的个数用 C 表示，称为泛化系数。

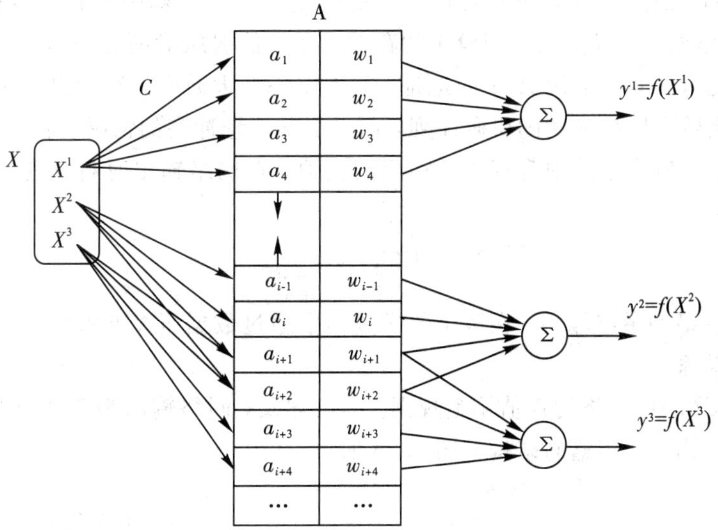

图 4.35　小脑模型神经网络的基本结构

CMAC 网络运行时，输入的信号多为模拟信号，而在存储单元 A 中所接受的信号仅为 0/1 的数字信号，这就需要进行量化。这种量化的过程非常类似于 A/D 转换：将输入数据集的分量量化为 q 个等级，如有 n 个分量的话则有 $p=q^n$ 个状态。这 p 个状态对应存储空间 A 中的一个区域集合，在这个集合中应有 C 个元素被激活，其值为 1。从图 4.35 中可以看出，数据集中的 X^2、X^3 两个输入样本所激活的元素有重叠的部分：同时激活了 a_{i+1}、a_{i+2}，与这两个元素所对应的权值应该是相同的。由此可知，在权值累加和进行活化运算时也应该输出相近的结果，这就说明活化运算起到了一定的泛化作用，而 X^1 样本与这两个样本相距较远，没有相互重叠的部分，因而也就没有泛化的作用。

以将两个模拟信号 α_1、α_2 输入 CMAC 神经网络为例。设 N 为输入的量化级别，则这两个输入信号对应 $N_{\alpha 1}$、$N_{\alpha 2}$ 两组元素。输入的两个信号在这两组中分别就会有与其量化值相对应的元素被激活。不但如此，基于泛化的考虑，在被激活元素的周围还会有 C 个元素同时被激活。作为泛化系数的 C 可以人为指定。对于 i 和 j 两个输入样本的量化差值，有

$$H_{ij} = |x_i - x_j| = |m_i^*| - |m_i^* \cap m_j^*| \tag{4.73}$$

式中，$|m_i^*|$ 和 $|m_j^*|$ 分别为 i 和 j 这两个输入样本在 A 中激活的元素数目，$|m_i^* \cap m_j^*|$ 为 i 和 j 两个输入样本激活元素重叠部分的数目。同样的，这个公式也可以代表 A 中两个集合的距离。将输入样本映射到 A 中，保持了其在映射前后的相近程度不变，这与输入数据样本的维数无关，但很明显其与泛化系数 C 有关。

为了能够使网络的泛化性得以提高，需要适当增大泛化系数 C 的范围。但是泛化系数增大时被激活元素所占的存储空间也就增大了，然而在实际的运行过程中，很少能全部遍历整个存储空间，因此被激活的元素实际上是稀疏的。针对这种情况，可以采用数据压缩技术将 A 进行压缩，生成占用空间较小的存储地址。数据压缩的方法有很多种，其中较为简单的一种就是除法取余：用 A 中的地址 A^* 除以一个大质数，然后得到余数作为压缩后的地址。这些余数可以构成伪随机码序列，而且引起地址冲突的情况会很少。

经过映射后，每个地址中都存放了相应的权值。在网络输出时将这些权值进行简单线性叠加：

$$Y = F(X) = \sum_{i \in A^*} w_i \tag{4.74}$$

然后将其作为网络的最终输出。在整个传送过程中通过数据压缩变换建立了从输入到输出的非线性映射关系。

下面介绍 CMAC 网络的权值调整规则。前已述及，网络输出为激活单元权值的和，该值由式(4.74)给出，其调整的结构如图 4.36 所示。

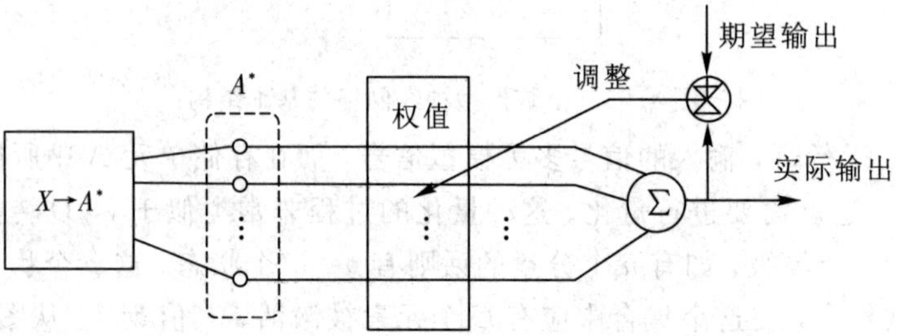

图 4.36　CMAC 网络的权值调整

设期望输出为 F_{ej}，则期望输出与实际输出的偏差为

$$\delta_j = F_{ej} - F(X) \tag{4.75}$$

权值调整的迭代公式为

$$w_{ij}(k+1) = w_{ij}(k) + \eta \frac{\delta_j}{|A^*|} \tag{4.76}$$

式中 η 为学习率。在调整过程中，可以输入一批训练的样本数据后，用累积的偏差值来调整权值，这种方式称为批学习方式；还可以在每个样本数据输入后就调整权值，就是所谓的轮训方式。

CMAC 网络采用了指针式查表技术，学习收敛速度快，实时性强；对于相邻的输入数据样本设置映射重叠，因此具有局部的泛化能力。与传统的神经网络相比，CMAC 网络具有更好的非线性函数拟合能力，更加适合在复杂环境下对数据进行实时处理。

4.4.4 卷积神经网络

近年来，图像识别、特征提取等的实际应用为神经网络学习算法提出了新的课题，促使其不断向前发展。基于深度学习机制的深度神经网络也应运而生。在这方面，卷积神经网络(CNN：Convolutional Neural Networks)是一种非常具有代表性的深度学习神经网络。

卷积神经网络的神经生理学机制是根据猫的视觉神经细胞对外界刺激的响应并在此基础上结合了神经认知机的模型而产生的。经过多年的不断发展，目前典型的卷积神经网络呈现出具有深度结构的多层前馈神经网络的模式。为了能够较为清楚地说明卷积神经网络的运行机制，我们先来介绍一些与该神经网络相关的知识。

1. 连接方式的多样化

与传统神经网络的连接方式不同，卷积神经网络的神经元采用了多样化的连接方式。一般认为视觉认知的方式是由局部到全局，对于图像而言也往往是局部相邻的像素联系紧密，距离较远的像素联系较少。这样每个神经元只需进行局部感知，然后进行信息综合就可以推知全局的情况。根据这一特点，卷积神经网络的隐含层与输入层之间神经元的联络就是局部的稀疏联络。在该网络输出时，由于每个像素都需要进行处理，因此在隐含层到输出层的连接上采用了全连接的方式，这一点与前馈型神经网络是一致的。由此可以看出，卷积神经网络在连接方式上灵活安排，采用稀疏连接获取输入信息的特征，节省了存储开支；采用全连接方式给出输出信息，保证了信息的完整性。

2. 卷积运算特征提取

卷积(Convolution)运算是分析数学中的一种运算方式。其基本定义式如下：

$$f(x) * g(x) = \int_{-\infty}^{\infty} f(\tau) g(x-\tau) \mathrm{d}\tau \tag{4.77}$$

式中“$*$”代表卷积运算符。卷积运算与其应用背景紧密相连，例如在信号与系统的背景下，卷积运算代表了一个信号经过线性系统后所发生的变化。在时域的范围内，线性系统的输出等于输入信号与线性系统的冲激响应函数的卷积结果。在频域范围内，卷积运算又和傅里叶变换、拉普拉斯变换有着紧密的关系。在机器学习和图像处理的范畴内，卷积运算常常采用离散表达形式：

$$f(k) * g(k) = \sum_{i=\infty}^{\infty} f(i) g(k-i) \tag{4.78}$$

在二维情况下，卷积运算的过程可以形象地用图 4.37 表示。

$$\begin{bmatrix} \alpha_1 & \alpha_2 & \alpha_3 \\ \alpha_4 & \alpha_5 & \alpha_6 \\ \alpha_7 & \alpha_8 & \alpha_9 \end{bmatrix} * \begin{bmatrix} W_1 & W_2 & W_3 \\ W_4 & W_5 & W_6 \\ W_7 & W_8 & W_9 \end{bmatrix} = \sum_{i=1}^{9} \alpha_i W_i = \alpha_1 \times W_1 + \alpha_2 \times W_2 + \alpha_3 \times W_3 + \alpha_4 \times W_4 + \alpha_5 \times W_5 + \alpha_6 \times W_6 + \alpha_7 \times W_7 + \alpha_8 \times W_8 + \alpha_9 \times W_9$$

图 4.37 二维情况卷积运算示意图

从式(4.78)中可以看出，卷积是两列变量在一定范围相乘再相加，带有一种“滑动”的动态效应。图像处理中的卷积运算就采用了这种“滑动”的效应。在图像的处理过程中，可以使用一个“模板”去和图片进行比对，进行卷积运算。具体的做法是：从图像的某一部分开始，例如通常可以从左上角开始，将“模板”与图像的像素点相互对应，然后将与“模板”对应的图像像素和这个“模板”的对应元素进行先乘后加(卷积)。在运算进行时，对小块样本的情况进行学习并将其作为“模板”，那么这个“模板”上就获取了一些特征，用这个“模板”滑过整个图像，那么某些图像上的特征就可以用在其他部分。这个模板就称为卷积核，而卷积核和整幅图像运算过后的结果就称为卷积特征。这个过程可以形象地表示为图 4.38。

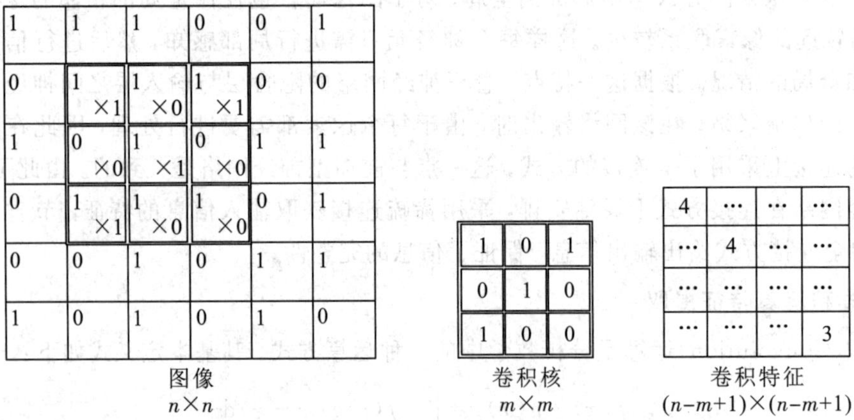

图 4.38 数字化图像卷积操作(特征提取)示意图

3. 池化(Pooling)处理信息过滤

经过卷积运算后，数据维数会有所降低，但是由于卷积核的维数 $m \times m$ 不可能太大，因此最终的卷积特征维数$(n-m+1)\times(n-m+1)$仍然很大。如果就此进行训练的话计算量也很大，而且会有过拟合的问题。考虑到在特征提取时用到的方法原则，即可以重复利用图像的特征区域，一个对此区域有用的特征还可以再次用到其他的区域，基于该原则将这些区域进行聚合统计可再次降低维度，这个过程就称为池化。

卷积神经网络的结构类似于BP神经网络，也是由输入层、隐含层、输出层组成。隐含层中又包含卷积层和池化层，如图4.39所示。

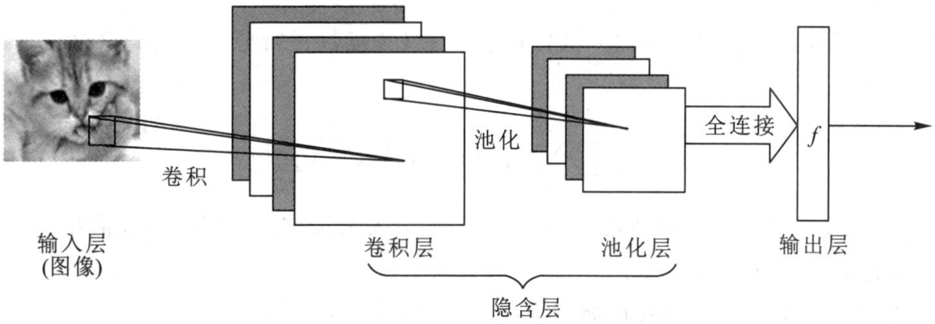

图4.39　卷积神经网络结构示意图

4. 输入层

卷积神经网络可处理多维数据，由于在实际工作中卷积神经网络主要用来进行图像处理，因此以三维数据(二维平面上的像素点和RGB颜色数据)的处理较为常见。在训练过程中，卷积神经网络借鉴了BP神经网络的梯度下降算法，因此在输入层通常将数据进行标准化、归一化处理。

5. 隐含层

卷积神经网络的隐含层包括卷积层和池化层。卷积层和池化层有相同的地方也有各自的特点。相同的是，卷积层和池化层都是由多个二维平面组成的，在这些平面中分布有多个神经元分别进行各自的卷积运算和池化操作。不同的是，卷积层中的卷积核一般都包含权重系数，而池化层则没有权重系数。此外在某些卷积神经网络结构中，隐含层也可以有多个，这多个隐含层中均可包含卷积层和池化层，但其信息流向基本保持不变，即在每个隐含层中信息都是由卷积层流向池化层。

卷积层内部包含多个卷积核，卷积核内每个元素都具有自身的权、阈值，类似于BP网络的神经元。在进行卷积运算时，卷积核扫过图像进行特征提取。卷积核的大小可以任意指定，只要小于整个图像就可以。卷积核越大，包含的信息就越多，能够提取的输入特征数据就会越复杂。如果卷积核太小，则卷积运算的优势体现不出来。卷积的步长规定了卷积核扫过特征图位置的大小，步长为1说明每次扫过一个像素。随着卷积的不断重叠，特征图的规模会逐渐减少，如图 4.38 所示，最终会减小为$(n-m+1)\times(n-m+1)$，n 是原来图片的像素值大小，m 是卷积核的大小。这样就需要进行填充，填充的作用是抵消卷积运算过程中的尺寸收缩。鉴于此，在卷积层就需要调节卷积核的大小、卷积运算的补偿以及进行填充操作，这三个要素决定了卷积层输出特征图的规模。

卷积层进行特征提取后，该层的输出就传递到池化层。池化层通过池化函数将特征图中的结果转换为相邻区域的统计量。池化层的运行与卷积层大致相同。具体的池化方法通常分为三类：

(1) Lp 池化(Lp pooling)。Lp 池化是借鉴了 Lp 范数进行分析的池化方法。其一般表示为

$$A_k^l=\left[\sum_{x=1}^{n}\sum_{y=1}^{n}A_k^l\,(x+s_si,\ y+s_sj)^p\right]^{\frac{1}{p}} \tag{4.79}$$

式中 s_s为步长，i、j 为图像的像素。p 是参数，可以人为指定。与范数的取值相对应，p 的取值一般有 1、2 及∞三种类型。

当 $p=1$ 时，相当于在池化区域内取均值，因此称为均值池化；

当 $p=2$ 时，是一种类似于取欧氏距离的池化技术；

当 $p\to\infty$时，相当于在池化区域内取极大值，称为极大值池化。

均值池化和极大值池化较为常见。

(2) 混合池化(mixed pooling)。混合池化是 Lp 池化的衍生形式，它将两种 Lp 池化：均值池化和极大值池化进行线性组合：

$$A_k^l=\alpha_1 L_1(A_k^l)+\alpha_2 L_\infty(A_k^l) \tag{4.80}$$

通过对系数 α_1、α_2的适当调整，可以避免网络的过拟合问题。

(3) 谱池化(spectrum pooling)。谱池化基于快速傅里叶变换(FFT)。这种方法对由卷积层给出的特征图进行离散傅里叶变换(DFT)，可控制特征图的大小，而且计算量较少。

6. 输出层

与 BP 神经网络类似，隐含层输出的信息传输给输出层。在连接方式上，卷积神经网络是灵活和多样化的。输入层到隐含层卷积神经网络采用稀疏连接的方式，而从隐含层到输出层则采用了传统 BP 神经网络的全连接方式。在隐含层向输出层传送时，特征图的三维结构被变换成为向量，经活化函数送至输出层，如图 4.39 所示。该向量送至输出层后，输出层利用相关的活化函数对该向量进行处理，最终输出结果。

卷积神经网络的学习主要集中在隐含层上，也就是卷积层和池化层的学习。卷积层的学习与 BP 神经网络类似：信息前传、误差后传，逐渐修正权、阈值系数。在池化层并没有参数需要进行学习和训练，因此池化层可将误差进行传递而无需进行梯度计算。

卷积神经网络主要是针对机器视觉相关问题的一种解决方法，在沿用传统 BP 神经网

络的基础上，对隐含层进行了修正和改造，充分利用了图像的二维结构，将输入层到隐含层的连接方式进行了简化，形成了稀疏连接的模式。隐含层分为卷积层和池化层两个亚层，将卷积这一线性、平移不变性的运算引入进行特征提取，可以使模型对信号进行更好的推断；随后的池化运算进一步对特征进行整合，最终形成了向量的输出形式。卷积神经网络整个架构体现出了灵活性和整体性相互结合的优势。

虽然现在卷积神经网络尚未形成完整和成熟的理论系统，人为因素对于网络运行可能会造成一些不利影响，在训练过程中会出现局部极值、欠拟合等问题，但是不可否认的是这种神经网络结构在图像处理方面已经显示出其强大的生命力，很有可能成为主流的图像处理技术。

神经网络从萌芽、产生到成长已经经历了将近 80 多年的历程。从简单的感知机发展到当前的深度学习神经网络，一直在不断地自我完善和提高；从处理“黑箱”建模问题到 AlphaGo 打败人类，无不显示了其强大的生命力。神经网络的架构形式远不止本章所提到的这些，而且作为机器学习的一个分支还在不断地向前发展。也许正如某些其他领域的专家所指出的，神经网络并不是一种“科学”的方法，而仅仅是一种工程技巧。但也正是这种“工程技巧”通过自身的不断发展、进步和提高推动了机器学习在众多领域的长足发展，使人们不断体验到科技发展带来的各种便利。

复习思考题

1. 简述单个神经元的基本结构及运行方式。

2. 各种活化函数对数据的处理有什么意义？

3. 前馈神经网络和反馈神经网络各有什么特点？

4. 简单感知机是如何处理线性可分问题的？

5. 简述几种处理“异或”分类问题的方法。

6. 前馈型神经网络的基本结构是什么？运行方式如何？为什么前馈型神经网络又称为“BP 神经网络”？

7. 为什么神经网络会陷入局部极值？如何避免这种情况的发生？

8. 为什么反馈型神经网络会有稳定性的问题？如何判定其稳定性？

9. 径向基神经网络有何优势？它是如何处理拟合和“异或”分类问题的？

10. 自组织竞争神经网络的结构是怎样的？其运行机制如何？

11. 小脑模型神经网络的结构是怎样的？其运行机制如何？

12. 简述卷积神经网络的基本架构和运行机制。卷积和池化在网络中起到了什么作用？

第五章　分类与聚类学习算法

分类(classification)和聚类(clustering)是机器学习的基本问题。

分类是将样本归类到已经定义好的若干类中，以此确定该样本“是什么”。典型的分类实例如：判断一个动物是猫还是狗，判断一封电子邮件是否为垃圾邮件，判断一件产品是否合格等。分类没有“逼近”的概念，最终“标签”结果只有一个，不会有相近的概念。显然，分类是一种监督学习方法，必须事先明确地知道各类别的信息，且所有待分类样本都有一个类别与之对应。很多时候无法满足上述条件，如处理海量数据时，可以考虑聚类分析。

聚类是将数据集划分为多个簇的过程，每个簇由若干样本构成，并以某种度量为标准的相似性。这种相似性在同一聚类之间最小，而在不同聚类之间最大。聚类的时候并不关心某一类是什么，只希望把相似的东西聚到一起。显然，与分类学习方法不同，聚类是一种无监督学习方法。

5.1　分类学习算法

分类学习算法在实际中有大量的应用，也是众多复杂算法的基础。

分类学习算法有线性与非线性之分。线性分类就是用一个“超平面”将正、负样本隔离开，如用一条直线对二维平面上的正、负样本进行分类，用一个平面对三维空间内的正、负样本进行分类，用一个超平面对 N 维空间内的正、负样本进行分类。相反，非线性分类则是用一个“超曲面”或多个超平(曲)面的组合将正、负样本隔离开，如用一条曲线或折线对二维平面上的正、负样本进行分类，用一个曲面或者折面对三维空间内的正、负样本进行分类，用一个超曲面对 N 维空间内的正、负样本进行分类。

根据类别标签数目的不同，分类学习算法有二元分类(binary classification)和多元分类(multi－class classification)。顾名思义，二元分类的样本类别标签只有 2 个，多元分类则多于 2 个。

本节将从线性与非线性角度介绍常见的分类学习算法，主要针对二元分类问题的求解。对于多元分类问题，可由二元分类扩展，扩展方法主要有一对多和一对一两种，相关知识请读者自行查阅。

5.1.1　线性分类算法

一个分类问题是否线性可分，取决于是否有可能找到一个点、直线、平面或超平面来分离开两个相邻的类别。如果每个类别的分布范围本身是全连通的单一凸集，且互不重叠，则这两个类别一定是线性可分的，如图 5.1 所示。线性分类算法主要有线性拟合(回归)、Logistic 回归、单层感知器等。

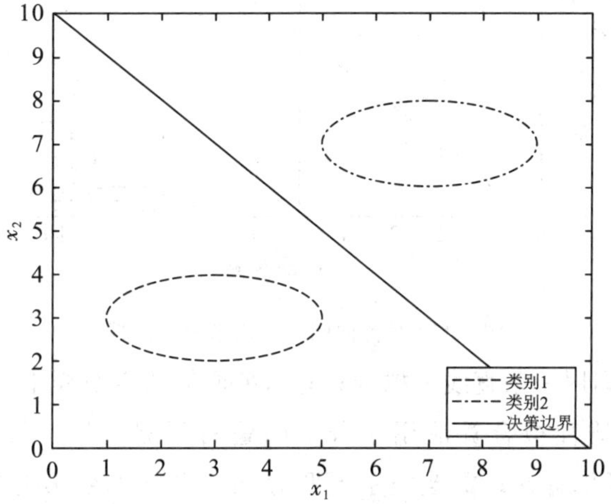

图 5.1　线性可分情况

1. 线性拟合(回归)

线性拟合是求解直线(或超平面)问题的常见算法。这种方法可以用来进行数据分类，如图 5.1 所示，可以拟合一条直线(或超平面)作为两种类别的“分界线(面)”，利用数据与分类面之间的关系对两类数据进行分类和区别。

线性拟合的目标是找到一个函数，能将输入属性 $\boldsymbol{x}$ 映射到输出(目标)属性 $\boldsymbol{y}$，在机器学习领域可将该映射模型记为

$$\boldsymbol{y} = h(\boldsymbol{x}) \tag{5.1}$$

上述模型还需要一个参数集合(常以符号 $\boldsymbol{\theta}$ 表示)，机器学习的任务就是从给定的数据集(训练集)中“学习”到拟合参数集 $\boldsymbol{\theta}$。因此，式(5.1)常写作如下形式：

$$\boldsymbol{y} = h(\boldsymbol{x};\ \boldsymbol{\theta}) = \boldsymbol{\theta}^{\mathrm{T}}\boldsymbol{x} \tag{5.2}$$

假设二元分类问题的正、负样本分别用 1 和 0 表示。这样，用线性拟合方法求解分类问题时，可设定一个阈值 t(如 $t=0.5$)，使 $h(\boldsymbol{x};\ \boldsymbol{\theta})\geqslant t$ 时预测 $\boldsymbol{y}=1$，$h(\boldsymbol{x};\ \boldsymbol{\theta})<t$ 时预测 $\boldsymbol{y}=0$。假设产品的重量决定了产品是否合格，将该方法用于某产品质量检测时方案如图 5.2 所示，其中“○”表示合格、“◇”表示不合格。用线性拟合得到的 $h(\boldsymbol{x};\ \boldsymbol{\theta})$ 正好是一条直线，

能够将产品质量合格和不合格分开。

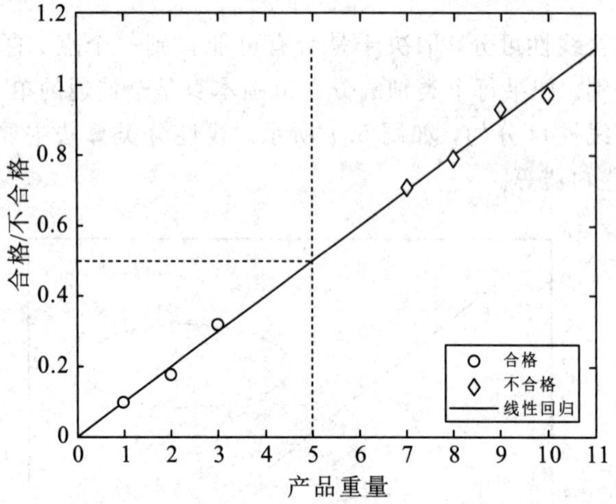

图 5.2　线性回归算法求解分类问题

线性拟合算法试图用一条直线去拟合只有两种取值的离散样本，通常并不适合分类问题，具体表现在：① 线性拟合算法用于分类问题的预测值是连续的数值，可能会超出[0，1]范围，不利于类别解释；② 当类别不平衡(正、负样本数量上差别非常大)或者少数样本点较为远离时，常造成模型偏向某个类别，以致形成错误分类。如图 5.3 所示，有两个样本远离，造成了错误分类现象。

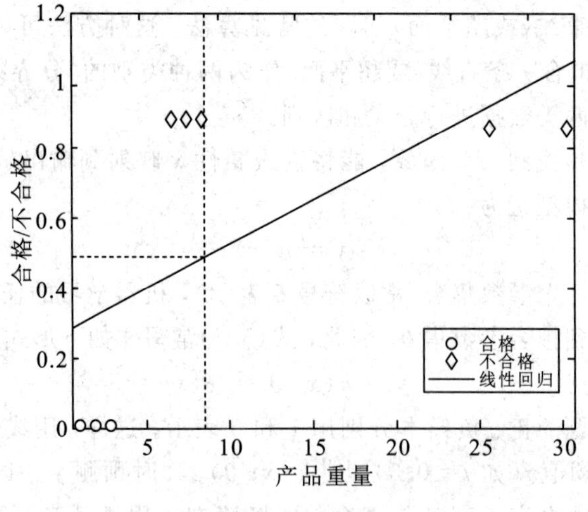

图 5.3　线性回归算法错误分类示例

这就需要对分类情况进行评价。好的分类方法并不是一点都不出现错误的分类，而是出现错误分类的概率应该会很小。假设有两个类别 π_1 和 π_2，它们属于同一个样本空间 Ω，类别 π_1 中的数据概率密度函数为 $f_1(x)$，类别 π_2 中的数据概率密度函数为 $f_2(x)$。如果将 π_1 中的数据错分到 π_2 中，则其条件概率为

$$P(\pi_2 \mid \pi_1) = \int_{R_2} f_1(x)\mathrm{d}x \tag{5.3}$$

而将 π_2 中的数据错分到 π_1 中，则其条件概率为

$$P(\pi_1 \mid \pi_2) = \int_{R_1} f_2(x)\mathrm{d}x \tag{5.4}$$

其中，$R_1 + R_2 = \Omega$。若令 p_1 为类别 π_1 的先验概率，p_2 为类别 π_2 的先验概率，则有 $p_1 + p_2 = 1$。则分类情况应为先验概率与条件概率的乘积，可以用表 5.1 表示。错误分类的情况可以形象地用图 5.4 来说明。

表 5.1　分类情况表

	数据实际属于类别 π_1	数据实际属于类别 π_2
分类操作结果属于类别 π_1	$P(\pi_1 \mid \pi_1)p_1$—正确	$P(\pi_1 \mid \pi_2)p_2$—错误
分类操作结果属于类别 π_2	$P(\pi_2 \mid \pi_1)p_1$—错误	$P(\pi_2 \mid \pi_2)p_2$—正确

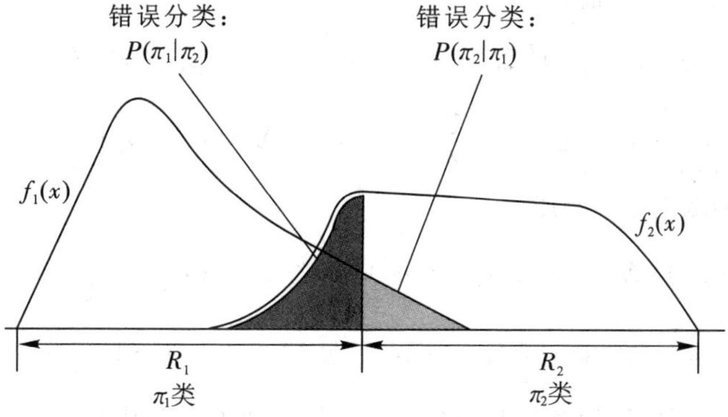

图 5.4　错误分类概率情况图

分类情况的好坏可以使用错误分类代价(简称错分代价)$C(\cdot)$来进行衡量。由于正确分类没有出现错误，因此正确分类的错分代价为 0。而将本来属于类别 π_1 的数据错分为类别 π_2 的错分代价为 $C(\pi_2 \mid \pi_1)$；同样，将本来属于类别 π_2 的数据错分为类别 π_1 的错分代价为 $C(\pi_1 \mid \pi_2)$。在两分类的情况下，综合所有的因素，可以使用期望错分代价(ECM)来进行评价：

$$\mathrm{ECM} = C(\pi_2 \mid \pi_1)P(\pi_2 \mid \pi_1)p_1 + C(\pi_1 \mid \pi_2)P(\pi_1 \mid \pi_2)p_2 \tag{5.5}$$

优良的分类结果应该使式(5.5)的错分代价最小。对于图 5.4 所示的两个分类区域，分别有如下结论：

对于 R_1 有

$$\frac{f_1(x)}{f_2(x)} \geqslant \frac{P(\pi_1 \mid \pi_2)}{P(\pi_2 \mid \pi_1)} \frac{p_2}{p_1} \tag{5.6}$$

对于 R_2 有

$$\frac{f_1(x)}{f_2(x)} < \frac{P(\pi_1 \mid \pi_2)}{P(\pi_2 \mid \pi_1)} \frac{p_2}{p_1} \tag{5.7}$$

对于两个同属于正态分布的数据集，其联合概率密度函数为

$$f_i(x) = \frac{1}{(2\pi)^{\frac{p}{2}} \boldsymbol{\Sigma}^{\frac{1}{2}}} \exp\left[-\frac{1}{2}(x-\mu_i)^{\mathrm{T}} \boldsymbol{\Sigma}^{-1}(x-\mu_i)\right],\ i=1,\ 2 \tag{5.8}$$

其中，μ_i 为两个正态总体的期望，$\boldsymbol{\Sigma}$ 为其方差，而且这两个方差预设为相等，则分类后的最小 ECM 为

$$R_1: \exp\left[-\frac{1}{2}(x-\mu_1)^{\mathrm{T}} \boldsymbol{\Sigma}^{-1}(x-\mu_1)+\frac{1}{2}(x-\mu_2)^{\mathrm{T}} \boldsymbol{\Sigma}^{-1}(x-\mu_2)\right] \geqslant \frac{C(\pi_1 \mid \pi_2)}{C(\pi_2 \mid \pi_1)} \frac{p_2}{p_1} \tag{5.9}$$

$$R_2: \exp\left[-\frac{1}{2}(x-\mu_1)^{\mathrm{T}} \boldsymbol{\Sigma}^{-1}(x-\mu_1)+\frac{1}{2}(x-\mu_2)^{\mathrm{T}} \boldsymbol{\Sigma}^{-1}(x-\mu_2)\right] < \frac{C(\pi_1 \mid \pi_2)}{C(\pi_2 \mid \pi_1)} \frac{p_2}{p_1} \tag{5.10}$$

上两式中，指数函数的自变量为

$$\begin{aligned} & -\frac{1}{2}(x-\mu_1)^{\mathrm{T}} \boldsymbol{\Sigma}^{-1}(x-\mu_1)+\frac{1}{2}(x-\mu_2)^{\mathrm{T}} \boldsymbol{\Sigma}^{-1}(x-\mu_2) \\ & =(\mu_1-\mu_2)^{\mathrm{T}} \boldsymbol{\Sigma}^{-1} x-\frac{1}{2}(\mu_1-\mu_2)^{\mathrm{T}} \boldsymbol{\Sigma}^{-1}(\mu_1+\mu_2) \end{aligned} \tag{5.11}$$

式(5.9)和式(5.10)取对数，变成

$$R_1: (\mu_1-\mu_2)^{\mathrm{T}} \boldsymbol{\Sigma}^{-1} x-\frac{1}{2}(\mu_1-\mu_2)^{\mathrm{T}} \boldsymbol{\Sigma}^{-1}(\mu_1+\mu_2) \geqslant \ln\left[\frac{C(\pi_1 \mid \pi_2)}{C(\pi_2 \mid \pi_1)} \frac{p_2}{p_1}\right] \tag{5.12}$$

$$R_2: (\mu_1-\mu_2)^{\mathrm{T}} \boldsymbol{\Sigma}^{-1} x-\frac{1}{2}(\mu_1-\mu_2)^{\mathrm{T}} \boldsymbol{\Sigma}^{-1}(\mu_1+\mu_2) \geqslant \ln\left[\frac{C(\pi_1 \mid \pi_2)}{C(\pi_2 \mid \pi_1)} \frac{p_2}{p_1}\right] \tag{5.13}$$

在实际处理过程中，可以用均值代替期望 μ_i，用样本协方差阵代替 $\boldsymbol{\Sigma}$。

分类函数的形式由式(5.2)给出，对于两重分类的分类函数应该有

$$\max_{\boldsymbol{\theta}} \frac{(\bar{y}_1-\bar{y}_2)^2}{\boldsymbol{S}^2} \tag{5.14}$$

式中，$\bar{y}_1$、$\bar{y}_2$ 为两类数据的均值(期望)，$\boldsymbol{S}$ 为两类数据相同的协方差阵。对式(5.14)有

$$\begin{aligned} \max_{\boldsymbol{\theta}} \frac{(\bar{y}_1-\bar{y}_2)^2}{\boldsymbol{S}^2} & =\max_{\hat{\boldsymbol{\theta}}} \frac{(\hat{\boldsymbol{\theta}}^{\mathrm{T}} \bar{x}_1-\hat{\boldsymbol{\theta}}^{\mathrm{T}} \bar{x}_2)^2}{\hat{\boldsymbol{\theta}}^{\mathrm{T}} \boldsymbol{S}_x \hat{\boldsymbol{\theta}}} \\ & =\max_{\hat{\theta}} \frac{(\hat{\boldsymbol{\theta}}^{\mathrm{T}} \bar{x}_1-\hat{\boldsymbol{\theta}}^{\mathrm{T}} \bar{x}_2)^2}{\hat{\boldsymbol{\theta}}^{\mathrm{T}} \boldsymbol{S}_x \hat{\boldsymbol{\theta}}} \end{aligned} \tag{5.15}$$

可得线性分类函数为

$$y = \hat{\boldsymbol{\theta}}^{\mathrm{T}} \boldsymbol{x} = (\bar{x}_1 - \bar{x}_2)^2 \boldsymbol{S}_x^{-1} \boldsymbol{x} \tag{5.16}$$

对于两类方差不同的总体，其分类域变为

$$R_1: -\frac{1}{2}\boldsymbol{x}^{\mathrm{T}}(\boldsymbol{\Sigma}_1^{-1} - \boldsymbol{\Sigma}_2^{-1})x + (\boldsymbol{\mu}_1^{\mathrm{T}}\boldsymbol{\Sigma}_1^{-1} - \mu_2^{\mathrm{T}}\boldsymbol{\Sigma}_2^{-1})\boldsymbol{x} - K \geqslant \ln\left[\frac{C(\pi_1 \mid \pi_2)}{C(\pi_2 \mid \pi_1)}\frac{p_2}{p_1}\right] \tag{5.17}$$

$$R_2: -\frac{1}{2}\boldsymbol{x}^{\mathrm{T}}(\boldsymbol{\Sigma}_1^{-1} - \boldsymbol{\Sigma}_2^{-1})x + (\boldsymbol{\mu}_1^{\mathrm{T}}\boldsymbol{\Sigma}_1^{-1} - \mu_2^{\mathrm{T}}\boldsymbol{\Sigma}_2^{-1})\boldsymbol{x} - K < \ln\left[\frac{C(\pi_1 \mid \pi_2)}{C(\pi_2 \mid \pi_1)}\frac{p_2}{p_1}\right] \tag{5.18}$$

式中，

$$K = \frac{1}{2}\ln\left(\frac{\boldsymbol{\Sigma}_1}{\boldsymbol{\Sigma}_2}\right) + \frac{1}{2}(\boldsymbol{\mu}_1^{\mathrm{T}}\boldsymbol{\Sigma}_1^{-1}\boldsymbol{\mu}_1 - \boldsymbol{\mu}_2^{\mathrm{T}}\boldsymbol{\Sigma}_2^{-1}\boldsymbol{\mu}_2) \tag{5.19}$$

可见，当两个总体的方差相同时 $\boldsymbol{\Sigma}_1 = \boldsymbol{\Sigma}_2 = \boldsymbol{\Sigma}$，将其代入式(5.19)。式(5.17)、(5.18)就退化为式(5.12)、(5.13)。

对于多个正态总体的数据集进行分类，可以将两类数据的分类方法进行推广。对于期望错分代价函数来讲，如果有 n 类数据，且将第一类数据错分为各个 $n-1$ 类的数据，则借鉴两个总体期望错分代价函数的情况，有

$$\begin{aligned}\mathrm{ECM}(\pi_1) &= C(\pi_2 \mid \pi_1)P(\pi_2 \mid \pi_1) + C(\pi_3 \mid \pi_1)P(\pi_3 \mid \pi_1) + \cdots + C(\pi_n \mid \pi_1)P(\pi_n \mid \pi_1) \\ &= \sum_{i=2}^{n} C(\pi_i \mid \pi_1)P(\pi_i \mid \pi_1)\end{aligned}$$

依此类推，可得到总的期望错分代价函数为

$$\mathrm{ECM} = \sum_{j=1}^{n} P_j \sum_{\substack{k=1 \\ j \neq k}}^{n} C(\pi_k \mid \pi_j)P(\pi_k \mid \pi_j) \tag{5.20}$$

式中，p_j 为各类数据的先验概率。

对于多重分类的线性分类函数，有

$$\max_{\hat{\boldsymbol{\theta}}} \frac{\hat{\boldsymbol{\theta}}^{\mathrm{T}} B \hat{\boldsymbol{\theta}}}{\hat{\boldsymbol{\theta}}^{\mathrm{T}} \boldsymbol{W} \hat{\boldsymbol{\theta}}} = \max_{\hat{\boldsymbol{\theta}}} \frac{\hat{\boldsymbol{\theta}}^{\mathrm{T}}\left[\sum_{i=1}^{n}(\bar{x}_i - \bar{x})(\bar{x}_i - \bar{x})^{\mathrm{T}}\right]\hat{\boldsymbol{\theta}}}{\hat{\boldsymbol{\theta}}^{\mathrm{T}}\left[\sum_{i=1}^{n}\sum_{j=1}^{m}(x_{ij} - \bar{x}_i)(x_{ij} - \bar{x}_i)^{\mathrm{T}}\right]\hat{\boldsymbol{\theta}}} \tag{5.21}$$

式中，$B = \sum_{i=1}^{n}(\bar{x}_i - \bar{x})(\bar{x}_i - \bar{x})^{\mathrm{T}}$ 为组间交叉乘积和，$\boldsymbol{W} = \sum_{i=1}^{n}\sum_{j=1}^{m}(x_{ij} - \bar{x}_i)(x_{ij} - \bar{x}_i)^{\mathrm{T}}$ 为组内样本矩阵。线性组合 $\hat{\boldsymbol{\theta}}_1^{\mathrm{T}} x$ 为样本数据第一判别量，依次可以得到第 k 判别量。

以上讨论针对线性可分的定量变量，此外还有一些定性的方法。逻辑斯蒂(Logistic)回归就是其中的一种典型类型。

2. Logistic 回归

1）决策边界与决策区域

Logistic 回归分类是应用最为广泛的分类学习算法。其“回归”并不是真正意义上的回归或拟合，其目标属性不是连续的数值型，而是离散的标称型。

Logistic 回归算法使用 Sigmoid 函数（简称 S 函数）作为分类问题的假设函数，满足分类问题预测值在[0，1]区间这一性质。

Sigmoid 函数表达式如下：

$$f(z)=\frac{1}{1+\exp(z)} \tag{5.22}$$

Sigmoid 函数很好地近似了阶跃函数，且连续光滑，严格单调递增，并以(0，0.5)中心点对称，即当输入大于 0 时输出趋于 1，当输入小于 0 时输出趋于 0，当输入等于 0 时输出正好为 0.5，如图 5.5 所示。

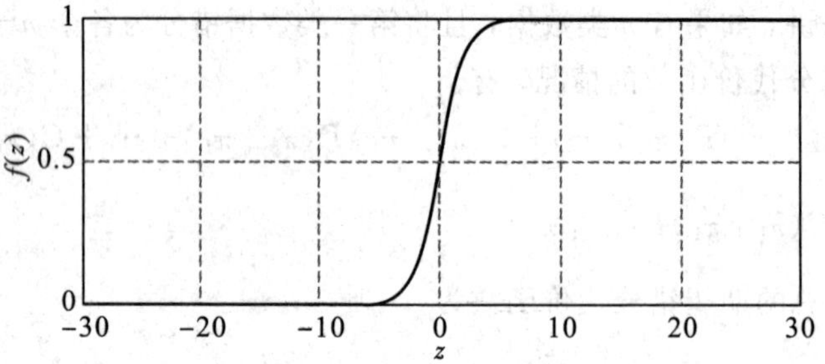

图 5.5 Sigmoid 函数曲线

此外，Sigmoid 函数容易求导，其导数为

$$f'(z)=f(z)(1-f(z)) \tag{5.23}$$

可通过 Sigmoid 函数对 $\boldsymbol{\theta}^{\mathrm{T}}\boldsymbol{x}$ 进行变换，使其取值压缩在“[0，1]”范围，即

$$h(\boldsymbol{x};\boldsymbol{\theta})=f(\boldsymbol{\theta}^{\mathrm{T}}\boldsymbol{x})=\frac{1}{1+\exp(-\boldsymbol{\theta}^{\mathrm{T}}\boldsymbol{x})} \tag{5.24}$$

显然，当 $\boldsymbol{\theta}^{\mathrm{T}}\boldsymbol{x}>0$ 时，$h(\boldsymbol{x};\boldsymbol{\theta})>0.5$，预测样本 $\boldsymbol{x}$ 为正例；当 $\boldsymbol{\theta}^{\mathrm{T}}\boldsymbol{x}<0$ 时，$h(\boldsymbol{x};\boldsymbol{\theta})<0.5$，预测样本 $\boldsymbol{x}$ 为负例；当 $\boldsymbol{\theta}^{\mathrm{T}}\boldsymbol{x}=0$ 时，$h(\boldsymbol{x};\boldsymbol{\theta})=0.5$，$\boldsymbol{\theta}^{\mathrm{T}}\boldsymbol{x}=0$ 称为样本分类的决策边界。由数学知识可知，若输入 $\boldsymbol{x}$ 是一维数据，则该决策边界为一个点；若输入 $\boldsymbol{x}$ 是二维数据，则该决策边界为一条直线；若输入 $\boldsymbol{x}$ 是三维数据，则该决策边界为一个平面；若输入 $\boldsymbol{x}$ 是更高维数据，则该决策边界为一个超平面。图 5.6 展示了二维数据的决策边界，此时，$\boldsymbol{\theta}^{\mathrm{T}}\boldsymbol{x}=w_0+w_1x_1+w_2x_2=0$，决策边界为一条直线。

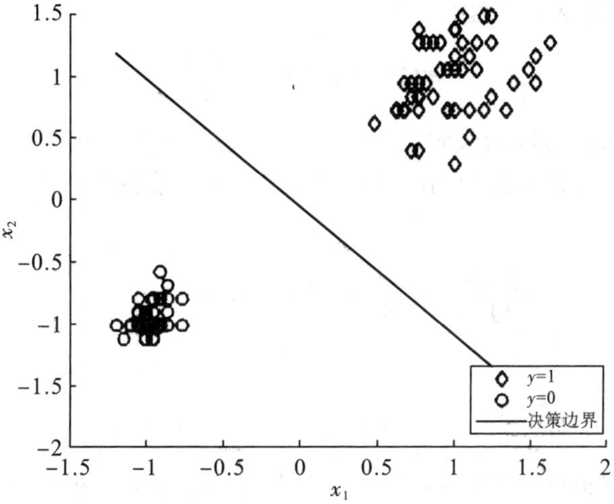

图 5.6　决策边界为直线

这样，特征空间被决策边界划分成不同的区域，每个区域对应一个类别，称为决策区域。当我们判定待识别的样本位于某个决策区域时，就判决它可以划归到对应的类别中。需要注意的是，决策区域包含类别中样本的分布区域，但不等于类别的真实分布范围。

2) 逻辑(Logistic)回归算法

逻辑(Logistic)回归算法就是通过学习找到一个决策边界，将不同类别的数据划入对应的决策区域中，并且这种划分具有一定的泛化能力。显然，确定决策边界的关键在于寻找合适的拟合参数集 $\boldsymbol{\theta}$。为此，定义一个准则函数 $E(\boldsymbol{\theta})$，求解使 $E(\boldsymbol{\theta})$极值最小的 $\hat{\boldsymbol{\theta}}$ 就是参数 $\boldsymbol{\theta}$ 的优化目标。

在逻辑斯蒂回归算法中，常用负对数似然代价函数来定义样本的准则 $E_{\text{cost}}(h(\boldsymbol{x};\boldsymbol{\theta}),\boldsymbol{y})$。考虑输出(标签)$\boldsymbol{y}$ 只有两个取值(0 或 1)，$E_{\text{cost}}(h(\boldsymbol{x};\boldsymbol{\theta}),\boldsymbol{y})$定义如下：

$$E_{\text{cost}}(h(\boldsymbol{x};\boldsymbol{\theta}),\boldsymbol{y})=-\boldsymbol{y}\ln(h(\boldsymbol{x};\boldsymbol{\theta}))-(1-\boldsymbol{y})\ln(1-h(\boldsymbol{x};\boldsymbol{\theta})) \tag{5.25}$$

这样，准则函数 $E(\boldsymbol{\theta})$可以表达成 N 个样本的负对数似然代价均值：

$$\begin{aligned}E(\boldsymbol{\theta})&=\frac{1}{N}\sum_{k=1}^{N}E_{\text{cost}}(h(\boldsymbol{x}^{(k)};\boldsymbol{\theta}),\boldsymbol{y}^{(k)})\\&=-\frac{1}{N}\sum_{k=1}^{N}[\boldsymbol{y}^{(k)}\ln(h(\boldsymbol{x}^{(k)};\boldsymbol{\theta}))+(1-\boldsymbol{y}^{(k)})\ln(1-h(\boldsymbol{x}^{(k)};\boldsymbol{\theta}))]\end{aligned} \tag{5.26}$$

式中，$\boldsymbol{x}^{(k)}$ 和 $\boldsymbol{y}^{(k)}$ 分别表示第 k 个样本的输入和输出；N 为样本总个数。

使用梯度下降法可以求解出使 $E(\boldsymbol{\theta})$取最小值的最优参数 $\hat{\boldsymbol{\theta}}$。梯度下降的基本思想是，随机选取一组参数初值，计算代价，然后寻找能让代价在数值上下降最多的另一组参数，反复迭代直到达到一个局部最优。

梯度下降参数更新公式如下：

$$\boldsymbol{\theta}_i^{(s+1)} = \boldsymbol{\theta}_i^{(s)} - \eta \frac{\partial E(\boldsymbol{\theta})}{\partial \boldsymbol{\theta}_i^{(s)}} \tag{5.27}$$

式中，η 为学习率，决定每次迭代时沿着负梯度方向下降的步长大小；$\boldsymbol{\theta}_i^{(s)}$ 表示参数 $\boldsymbol{\theta}_i$ 的第 s 次更新。注意，每次迭代时必须同时更新每个 $\boldsymbol{\theta}_i$，而不能依次更新。

对式(5.26)求导得

$$\frac{\partial E(\boldsymbol{\theta})}{\partial \boldsymbol{\theta}_i^{(s)}} = \frac{1}{N}\sum_{k=1}^{N}(h(\boldsymbol{x}^{(k)};\boldsymbol{\theta}) - \boldsymbol{y}^{(k)})\boldsymbol{x}_i^k \tag{5.28}$$

代入式(5.27)得

$$\boldsymbol{\theta}_i^{(s+1)} = \boldsymbol{\theta}_i^{(s)} - \eta \frac{1}{N}\sum_{k=1}^{N}(h(\boldsymbol{x}^{(k)};\boldsymbol{\theta}) - \boldsymbol{y}^{(k)})\boldsymbol{x}_i^k \tag{5.29}$$

式(5.29)就是逻辑回归算法的核心递推公式。通过不断更新参数集 $\boldsymbol{\theta}$，直到达到收敛，此时得到的参数即为 $\hat{\boldsymbol{\theta}}$。注意，逻辑回归算法需要特征规范化以加快收敛速度。所谓特征规范化是指使输入变量的取值范围具有相似的尺度。图 5.6 所示决策边界即采用逻辑回归算法所得，其准则函数随迭代次数的变化情况如图 5.7 所示，可见最终准则函数趋于 0。

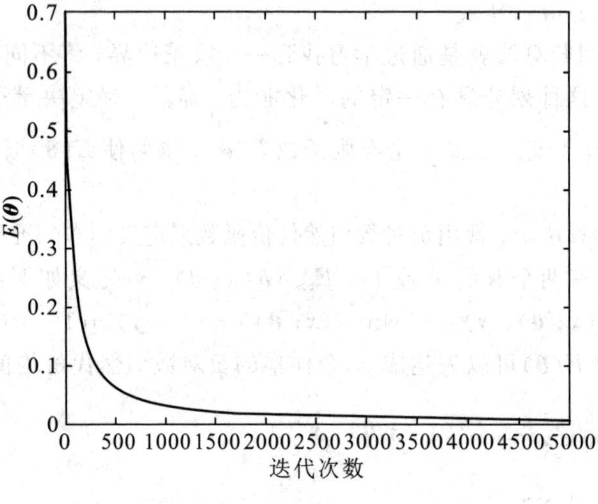

图 5.7 准则函数 $E(\boldsymbol{\theta})$曲线

3. 单层感知器

感知器模型如第四章图 4.2 所示，是一种神经元模型，没有反馈和内部状态，是对多个输入量加权求和后确定输出的值。显然，感知器没有反馈和内部状态，是多输入单输出的非线性系统。其输入与输出满足如下关系

$$y = f(\boldsymbol{\theta}^{\mathrm{T}} x) = f(h(\boldsymbol{x}; \boldsymbol{\theta})) \tag{5.30}$$

式中，$\boldsymbol{\theta}$ 为参数 w 的集合；$\boldsymbol{\theta}^{\mathrm{T}}\boldsymbol{x}$ 通常表达为 $w_0 + w_1x_1 + w_2x_2 + \cdots + w_nx_n$，是输入量的加权和；$f(\cdot)$为阈值函数或激活函数，通常表达为阶跃函数或 Sigmoid 函数。这样，系统的输出只有两种状态：当 $\boldsymbol{\theta}^{\mathrm{T}}\boldsymbol{x}$ 大于某一阈值时，输出$+1(1)$表示兴奋状态；当 $\boldsymbol{\theta}^{\mathrm{T}}\boldsymbol{x}$ 小于某一阈值时，输出$-1(0)$表示抑制状态。显然这与逻辑回归算法假设函数是对应的。

将式(5.30)改写为

$$f(\boldsymbol{\theta}^{\mathrm{T}}\boldsymbol{x}) - \boldsymbol{y} = 0 \tag{5.31}$$

其中，$\boldsymbol{y}$ 只有$+1(1)$和$-1(0)$两种取值。可将 $\boldsymbol{y}$($+1(1)$或$-1(0)$)作为一个输入特征量写入原输入向量 $\boldsymbol{x}$ 中，构成全新的输入向量 $\boldsymbol{x}$，亦称增广特征向量。则式(5.31)进一步改写为

$$f(\boldsymbol{\theta}^{\mathrm{T}}\boldsymbol{x}) = 0 \tag{5.32}$$

式中，$\boldsymbol{x}$ 为增广特征向量。

假设阈值为 0，这样兴奋状态时输入 $\boldsymbol{\theta}^{\mathrm{T}}\boldsymbol{x}>0$，抑制状态时输入 $\boldsymbol{\theta}^{\mathrm{T}}\boldsymbol{x}<0$。为便于统一处理，将抑制状态时输入改写为$-\boldsymbol{\theta}^{\mathrm{T}}\boldsymbol{x}>0$。这样，可用统一的形式 $\boldsymbol{\theta}^{\mathrm{T}}\boldsymbol{x}>0$ 表示对所有训练样本集中的样本取值条件。上述过程称为样本特征向量的“规范化”。

感知器算法同样采用梯度法来求取参数 $\boldsymbol{\theta}$ 的最优值 $\hat{\boldsymbol{\theta}}$。其准则函数定义为

$$E(\boldsymbol{\theta}) = \sum_{\boldsymbol{x} \in \boldsymbol{X}_0} (-\boldsymbol{\theta}^{\mathrm{T}}\boldsymbol{x}) \tag{5.33}$$

式中，$\boldsymbol{X}_0$ 是特征规范化的数据集中分类错误的子集。当存在错分样本时，$E(\boldsymbol{\theta})>0$；当不存在错分样本时，$E(\boldsymbol{\theta})=0$，此时 $E(\boldsymbol{\theta})$取得极小值，对应的参数 $\boldsymbol{\theta}$ 就是所求的最优值 $\hat{\boldsymbol{\theta}}$。

对式(5.33)求导得

$$\frac{\partial E(\boldsymbol{\theta})}{\partial \boldsymbol{\theta}_i^{(s)}} = \sum_{\boldsymbol{x} \in \boldsymbol{X}_0} (-\boldsymbol{x}) \tag{5.34}$$

代入更新公式(5.27)得

$$\boldsymbol{\theta}_i^{(s+1)} = \boldsymbol{\theta}_i^{(s)} + \boldsymbol{\eta} \sum_{\boldsymbol{x} \in \boldsymbol{X}_0} \boldsymbol{x} \tag{5.35}$$

即每一步递推时的参数都由前一步参数向当前准则函数 $E(\boldsymbol{\theta})$的负梯度方向修正得到。这就是感知器的核心递推公式。

感知器算法的具体步骤可表达如下：

(1) 设定初始参数集 $\boldsymbol{\theta}_i^{(0)}$，$s=0$；

(2) 对训练样本集的所有规范化增广特征向量进行分类，将分类错误的样本(即不满足 $\boldsymbol{\theta}^{\mathrm{T}}\boldsymbol{x}>0$ 的样本)放入集合 $\boldsymbol{X}_0$ 中；

(3) 利用公式(5.27)更新参数集 $\boldsymbol{\theta}_i^{(s)}$；

(4) 返回步骤(2)，直至所有的样本都被正确分类为止。此时参数集 $\boldsymbol{\theta}^{(s)}$ 即为求得的最优值 $\hat{\boldsymbol{\theta}}$。

显然，感知器算法中递推步长 η 决定了每次对参数集修正的幅度，其大小直接影响迭代速度和精度。递推步长 η 的选择一般有如下方式：

（1）固定值。即 η 选择固定的非负数。

（2）绝对修正。在单样本修正算法中，为保证分类错误的样本在对参数集合进行一次修正后能正确分类，需要满足 $\boldsymbol{\theta}^{\mathrm{T}}\boldsymbol{x}>0$，代入递推修正公式(5.35)得

$$(\boldsymbol{\theta}^{(s+1)})^{\mathrm{T}}\boldsymbol{x}=(\boldsymbol{\theta}^{(s)})^{\mathrm{T}}\boldsymbol{x}+\eta^{(s+1)}\boldsymbol{x}^{\mathrm{T}}\boldsymbol{x}>0 \tag{5.36}$$

解得

$$\eta^{(s+1)}>\frac{|(\boldsymbol{\theta}^{(s)})^{\mathrm{T}}\boldsymbol{x}|}{\boldsymbol{x}^{\mathrm{T}}\boldsymbol{x}} \tag{5.37}$$

满足式(5.37)的 η 称为绝对修正因子。

（3）部分修正。若 η 满足式(5.38)则称部分修正。

$$\eta^{(s+1)}=\xi\frac{|(\boldsymbol{\theta}^{(s)})^{\mathrm{T}}\boldsymbol{x}|}{\boldsymbol{x}^{\mathrm{T}}\boldsymbol{x}},\ 0<\xi<2 \tag{5.38}$$

（4）变步长法。可以取按照某种规律逐步减小 η，使得算法开始时收敛较快，接近最优解时收敛速度变慢，以提高求解的精度。比较常用的变步长法是取

$$\eta^{(s+1)}=\xi\frac{1}{s},\ \xi>0 \tag{5.39}$$

（5）最优步长法。在每一次迭代时，通过求准则函数 $E(\boldsymbol{\theta})$ 对于不同 η 的最小值，来确定最优的 η。该方法会带来更大的计算量。这种算法在第四章曾经提到过，此处再作回顾。

5.1.2 非线性分类算法

线性分类器可以实现线性可分的类别之间的分类决策，其形式简单、分类决策快速。但在许多实际分类问题中，两个类别的样本之间并没有明确的决策边界，线性分类器无法完成分类任务。线性不可分典型情况如下：① 分布范围是凹的类别的凸包与另一类别分布范围重叠(如图 5.8(a)所示)；② 类别的分布范围由两个以上不连通区域构成，如异或(XOR)问题(如图 5.8(b)所示)。

针对线性不可分问题，可采用非线性分类算法进行求解。非线性分类算法主要有贝叶斯分类器、决策树、多层感知机等。其中，决策树将在第七章介绍，多层感知机(即前馈神经网络)是第四章的重要内容。多项式逻辑回归算法也能解决部分非线性分类问题。本节主要介绍多项式逻辑回归算法和贝叶斯分类器。

1. 多项式逻辑回归算法

大多数情况下无法用一条直线将不同的类别分开(如图 5.9 所示)。对这种决策边界复杂的情况，可采用多项式逻辑回归算法求解，即对原始数据加入高次项，变换成多项式形式，再使用逻辑回归算法。

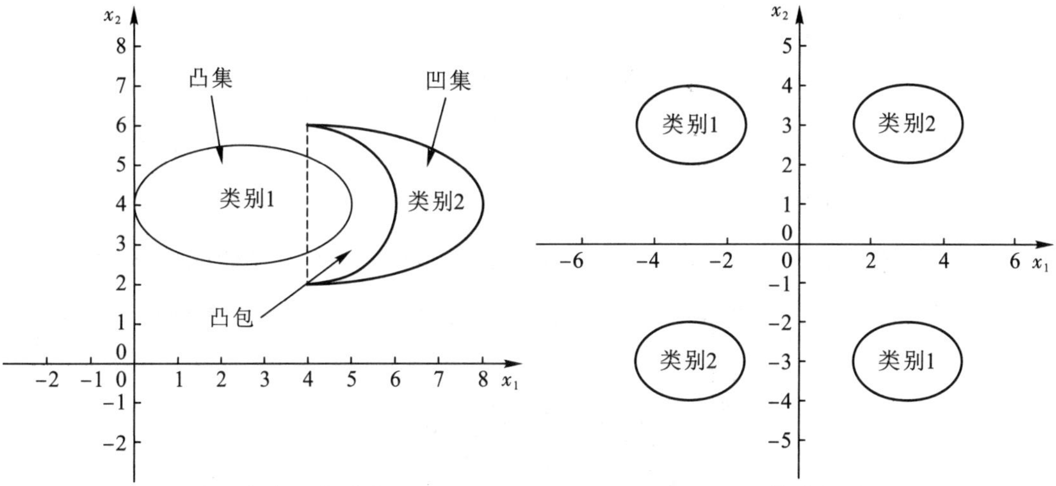

(a) 凹集凸包与凸集重叠　　(b) 异或问题

图 5.8　线性不可分情况

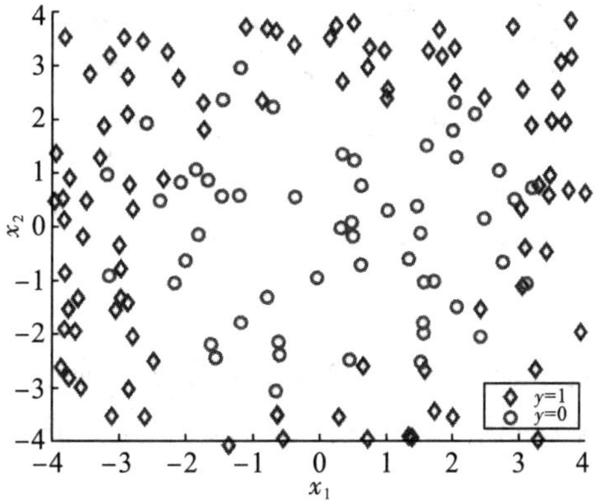

图 5.9　决策边界复杂情况

假设原数据集有两个属性，将其转换成多项式特征如下：

$$h(\boldsymbol{x};\boldsymbol{\theta})=f(w_0+w_1x_1+w_2x_2+w_3x_1^2+w_4x_1x_2+w_5x_2^2+w_6x_1^2x_2+\cdots) \tag{5.40}$$

式中，$f(\cdot)$表示 Sigmoid 函数。

对于多项式逻辑回归算法，为防止过拟合，需进行正则化处理，以减少高次项的影响。这样，新的准则函数表达式如下：

$$E(\boldsymbol{\theta})=-\frac{1}{N}\sum_{k=1}^{N}\left[y^{(k)}\ln(h(\boldsymbol{x}^{(k)};\boldsymbol{\theta}))+(1-y^{(k)})\ln(1-h(\boldsymbol{x}^{(k)};\boldsymbol{\theta}))\right]+\frac{\xi}{2N}\sum_{l=1}w_l^2 \tag{5.41}$$

式中，ξ 称为正则化系数。

对式(5.41)求导得

$$\frac{\partial E(\boldsymbol{\theta})}{\partial \boldsymbol{\theta}_i^{(s)}}=\frac{1}{N}\sum_{k=1}^{N}(h(\boldsymbol{x}^{(k)};\boldsymbol{\theta})-y^{(k)})\boldsymbol{x}_i^k+\frac{\xi}{N}\boldsymbol{\theta}_i^{(s)} \tag{5.42}$$

代入更新公式(5.27)得

$$\boldsymbol{\theta}_i^{(s+1)}=\boldsymbol{\theta}_i^{(s)}-\eta\left[\frac{1}{N}\sum_{k=1}^{N}(h(\boldsymbol{x}^{(k)};\boldsymbol{\theta})-y^{(k)})\boldsymbol{x}_i^k+\frac{\xi}{N}\boldsymbol{\theta}_i^{(s)}\right] \tag{5.43}$$

式(5.43)就是多项式逻辑回归算法的核心递推公式。这样，采用式(5.33)不断更新参数集 $\boldsymbol{\theta}$，直到达到收敛，获得 $\hat{\boldsymbol{\theta}}$，即可获得多项式逻辑回归的决策边界，如图 5.10 所示。

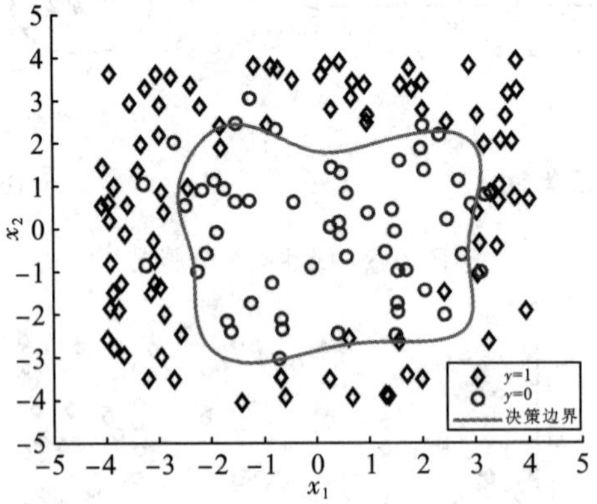

图 5.10 多项式逻辑回归的决策边界

2. 贝叶斯分类器

贝叶斯分类器是一种基于统计的分类器，原理如下：确定某样本的先验概率，利用贝叶斯公式计算出其后验概率(该样本属于某一类的概率)，选择具有最大后验概率的类别作为样本的所属类别。

1) 贝叶斯理论

贝叶斯理论最早是在 1764 年由英国数学家托马斯·贝叶斯提出的，其特点是用概率表示不确定性，概率规则表示推理或学习，随机变量的概率分布表示推理或学习的最终结果。贝叶斯理论源于贝叶斯定理和贝叶斯假设。贝叶斯定理提供了从先验概率 $P(y)$计算后验概率 $P(y|\boldsymbol{x})$的方法，其表达式如下：

$$P(y|\boldsymbol{x})=\frac{P(\boldsymbol{x}|y)P(y)}{P(\boldsymbol{x})} \tag{5.44}$$

式中，$P(\boldsymbol{x}|y)$是样本 $\boldsymbol{x}$ 相对于类别 y 的类条件概率。贝叶斯假设认为，如果没有任何已有的知识来帮助确定先验概率，采用均匀分布作为其概率分布，即随机变量在其变化范围内取为各个值的概率是一定的。

在分类问题中，通常假设数据符合某种概率分布，为确定该概率分布的参数，一般采用样本集对模型不断训练以获得最优参数。在这个过程中概率分布是依赖于参数 $\boldsymbol{\theta}$ 的，故式(5.44)可以改写为

$$P(y|\boldsymbol{x};\boldsymbol{\theta})=\frac{P(\boldsymbol{x}|y;\boldsymbol{\theta})P(y;\boldsymbol{\theta})}{P(\boldsymbol{x};\boldsymbol{\theta})} \tag{5.45}$$

2) 朴素贝叶斯分类算法

朴素贝叶斯是一种基于贝叶斯定理与特征条件独立假设的分类方法，其所需估计的参数较少，算法也很简单，故得到广泛应用。朴素贝叶斯分类算法将问题分为特征向量 $\boldsymbol{X}$ 和决策向量 y 两类，并假设给定目标值时特征变量之间都是相互条件独立的。设特征向量为 $\boldsymbol{X}=\{x_1, x_2, \cdots, x_n\}$，且 $x_1, x_2, \cdots, x_n$ 之间相互条件独立，则有

$$P(\boldsymbol{x}|y)=\prod_{i=1}^{n}P(x_i|y) \tag{5.46}$$

将式(5.46)代入式(5.44)得

$$P(y|\boldsymbol{x})=\frac{\prod_{i=1}^{n}P(x_i|y)}{P(\boldsymbol{x})}P(y) \tag{5.47}$$

式中，$P(\boldsymbol{x})$是常数；$P(y)$是先验概率，可通过训练样本集中每类样本所占的比例进行估计。

在二元分类问题中，对于决策向量 y 来说，只有两种取值 $y=1$ 或 $y=0$。令 $y=1$ 表示 y 为真，记为 Y；$y=0$ 表示 y 为假，记为 $\overline{Y}$。则对于给定的 Y 可求得其后验概率为

$$P(Y|\boldsymbol{x})=\frac{\prod_{i=1}^{n}P(\boldsymbol{x}_i|Y)}{P(\boldsymbol{x})}P(Y) \tag{5.48}$$

对于给定的 $\overline{Y}$ 可求得其后验概率为

$$P(\overline{Y}|\boldsymbol{x})=\frac{\prod_{i=1}^{n}P(\boldsymbol{x}_i|\overline{Y})}{P(\boldsymbol{x})}P(\overline{Y}) \tag{5.49}$$

这样，对样本进行预测时，只需比较式(5.48)和式(5.49)的大小即可。若式(5.48)值大，则样本分类为 Y；若式(5.49)值大，则样本分类为 $\overline{Y}$。

在实际应用时，考虑到 $P(\boldsymbol{x})$是常数不影响分类判断，常忽略 $P(\boldsymbol{x})$不计。同时，为与概率形式一致，常将式(5.48)和式(5.49)进行归一化处理，得

$$P(Y|\boldsymbol{x})=\alpha P(Y)\prod_{i=1}^{n}P(\boldsymbol{x}_i|Y) \tag{5.50}$$

$$P(\overline{Y}|\boldsymbol{x})=\alpha P(\overline{Y})\prod_{i=1}^{n}P(\boldsymbol{x}_i|\overline{Y}) \tag{5.51}$$

式中，α 为归一化系数，$\alpha=\dfrac{1}{P(Y)\prod_{i=1}^{n}P(\boldsymbol{x}_i|Y)+P(\overline{Y})\prod_{i=1}^{n}P(\boldsymbol{x}_i|\overline{Y})}$。

例 5.1 人的心情受活动、天气、地点、是否独处等环境条件影响。近段时间以来，小明情绪波动较大，其中心情愉悦状态 10 次，心情欠佳状态 5 次。为此，他将当时的活动、天气、地点、是否独处等情况作了详细的记录，并统计如表 5.2。

表 5.2 小明心情与环境情况统计

环境		心情		环境		心情	
		愉悦	欠佳			愉悦	欠佳
活动	看电影	3	1	天气	晴天	5	2
	逛街	4	2		雨天	2	0
	考试	3	2		阴天	3	3
地点	学校	5	3	是否独处	独处	3	2
	校外	5	2		有伴	7	3

请预测某天天气晴、小明一个人在校外看电影时的心情。

解 将“天气晴、小明一个人在校外看电影”记为事件 $\boldsymbol{X}$。

首先，分别计算心情愉悦和心情欠佳的先验概率：

$$P(\text{愉悦})=\frac{10}{15},\ P(\text{欠佳})=\frac{5}{15}$$

然后，分别计算心情愉悦和心情欠佳的类条件概率：

$$P(\boldsymbol{X}|\text{愉悦})=P(\text{看电影}|\text{愉悦})\times P(\text{晴天}|\text{愉悦})\times P(\text{校外}|\text{愉悦})\times P(\text{独处}|\text{愉悦})$$

$$=\frac{3}{10}\times\frac{5}{10}\times\frac{5}{10}\times\frac{3}{10}=0.0225$$

$$P(\boldsymbol{X}|\text{欠佳})=P(\text{看电影}|\text{欠佳})\times P(\text{晴天}|\text{欠佳})\times P(\text{校外}|\text{欠佳})\times P(\text{独处}|\text{欠佳})$$

$$=\frac{1}{5}\times\frac{2}{5}\times\frac{2}{5}\times\frac{2}{5}=0.0128$$

第三，分别计算心情愉悦和心情欠佳的后验概率：

$$P(\text{愉悦}|\boldsymbol{X})=\alpha\times P(\text{愉悦})\times P(\text{看电影}|\text{愉悦})\times P(\text{晴天}|\text{愉悦})\times P(\text{校外}|\text{愉悦})\times P(\text{独处}|\text{愉悦})$$

$$=\alpha\times\frac{10}{15}\times 0.0225=0.015\alpha$$

$$P(\text{欠佳}|\boldsymbol{X})=\alpha\times P(\text{欠佳})\times P(\text{看电影}|\text{欠佳})\times P(\text{晴天}|\text{欠佳})\times P(\text{校外}|\text{欠佳})\times P(\text{独处}|\text{欠佳})$$

$$=\alpha\times\frac{5}{15}\times 0.0128=0.004\,27\alpha$$

最后，事件 $\boldsymbol{X}$ 导致小明心情愉悦和心情欠佳的概率分别为

$$P(\text{愉悦}\mid \boldsymbol{X}) = 0.015 \times \frac{1}{0.015 + 0.004\ 27} = 0.778$$

$$P(\text{欠佳}\mid \boldsymbol{X}) = 0.004\ 27 \times \frac{1}{0.015 + 0.004\ 27} = 0.222$$

贝叶斯分类器给出的天气晴、小明一个人在校外看电影时心情愉悦的概率达 77.8%。因此，小明的心情预测为愉快。

3）特殊问题

下面讨论朴素贝叶斯分类算法遇到的两类特殊问题。

（1）如果训练样本集中有的属性值一次都没有出现(如表 5.2 中，心情欠佳时天气为雨天的样本一次也没有出现)，即其条件属性概率为 0。这时，计算该属性的类条件概率时，各项属性都需乘以该 0 值，导致不管其他数值的概率有多大，最终乘积都为 0。显然这是不合理的，不能因为没有观察到某事件，就认为该事件发生的概率为 0。当这种属性值一次都没有出现的情况出现较多时，在归一化后求取最终的条件概率时，甚至会发生 0 除以 0 的现象。

对于这种情况，通常采用拉普拉斯平滑进行处理。以例 5.1 中心情欠佳时的天气情况概率为例。根据表 5.2，当心情欠佳时晴天、雨天和阴天的概率分别为 2/5、0/5、3/5。此时，选择一个很小的常数 γ，按如下形式进行平滑处理：$\frac{2+\gamma \cdot r_1}{5+\gamma}$、$\frac{0+\gamma \cdot r_2}{5+\gamma}$、$\frac{3+\gamma \cdot r_3}{5+\gamma}$。其中，$r_1$、$r_2$、$r_3$ 需满足 $r_1+r_2+r_3=1$。

（2）有的训练样本集不仅有离散的标称属性，还有连续的数值属性，如例 5.1，若小明在记录的时候将当时的温度、湿度用数值记录下来，就变成了混合问题。

对混合问题，朴素贝叶斯分类算法有两种处理方法：一种方法是将数值属性离散化，转换为常规的离散标称属性；另一种方法是假设数值属性符合正态分布，根据训练样本计算出正态分布的参数，然后再计算测试样本某个数值属性出现的概率，并以该概率作为条件概率代入式(5.31)和(5.32)中求解。

下面通过例 5.2 演示如何解决上述两类特殊问题。

例 5.2　小明喜欢户外“驴行”，表 5.3 是近来小明“驴行”的情况统计。其中，“天气”和“空气质量”等离散型数值属性为统计次数；“温度”、“湿度”等连续型数值属性为数值，单位分别为“℃”和“%”。

请预测某天下雨、气温 20℃、湿度 90%、空气重度污染时小明是否外出“驴行”。

解　将“天下雨、气温 20℃、湿度 90%、空气重度污染”记为事件 $\boldsymbol{X}$。

首先，分别计算“驴行”=“是”和“驴行”=“否”的先验概率。根据表 5.3 的统计，“驴行”=“是”的次数为 10 次，“驴行”=“否”的次数为 5 次，故

表 5.3　小明“驴行”与否与条件情况统计

天气	“驴行”		温度	“驴行”		湿度	“驴行”		空气质量	“驴行”	
	是	否		是	否		是	否		是	否
晴天	8	3		25	35		85	90	良好	9	2
雨天	0	1		18	22		75	60	轻度污染	1	2
阴天	2	1		23	19		60	65	重度污染	0	1
				19	30		70	95			
				31	10		55	85			
				22			90				
				16			80				
				30			75				
				26			80				
				17			90				

$$P(\text{是})=\frac{10}{15},\ P(\text{否})=\frac{5}{15}$$

然后，分别计算“驴行”=“是”和“驴行”=“否”条件下各项属性的类条件概率。

(1) 在计算 P(雨天|是)和 P(重度污染|是)时，会遇到第 1 类问题，即该属性值的样本一次也没出现。此时，进行拉普拉斯平滑处理，则：

$$P(\text{晴天}\,|\,\text{是})=\frac{8+\gamma_1\cdot r_1}{10+\gamma_1},\ P(\text{雨天}\,|\,\text{是})=\frac{0+\gamma_1\cdot r_2}{10+\gamma_1},\ P(\text{阴天}\,|\,\text{是})=\frac{2+\gamma_1\cdot r_3}{10+\gamma_1}$$

$$P(\text{良好}\,|\,\text{是})=\frac{9+\gamma_2\cdot s_1}{10+\gamma_2},\ P(\text{轻度污染}\,|\,\text{是})=\frac{1+\gamma_2\cdot s_2}{10+\gamma_2},\ P(\text{重度污染}\,|\,\text{是})=\frac{0+\gamma_2\cdot s_3}{10+\gamma_2}$$

其中，γ_1、γ_2 均为很小的常数；$r_1+r_2+r_3=1$；$s_1+s_2+s_3=1$。在本题中，取 $\gamma_1=0.02$、$\gamma_2=0.02$、$r_1=r_2=r_3=1/3$、$s_1=s_2=s_3=1/3$。则

$$P(\text{晴天}\,|\,\text{是})=\frac{8+\gamma_1\cdot r_1}{10+\gamma_1}=0.799\ 07,\ P(\text{雨天}\,|\,\text{是})=\frac{0+\gamma_1\cdot r_2}{10+\gamma_1}=0.000\ 67,$$

$$P(\text{阴天}\,|\,\text{是})=\frac{2+\gamma_1\cdot r_3}{10+\gamma_1}=0.200\ 27$$

$$P(\text{良好}\,|\,\text{是})=\frac{9+\gamma_2\cdot s_1}{10+\gamma_2}=0.898\ 87,\ P(\text{轻度污染}\,|\,\text{是})=\frac{1+\gamma_2\cdot s_2}{10+\gamma_2}=0.100\ 47,$$

$$P(\text{重度污染}\,|\,\text{是})=\frac{0+\gamma_2\cdot s_3}{10+\gamma_2}=0.000\ 67$$

这样，对于“驴行”=“是”和“驴行”=“否”条件下的“天气”和“空气质量”各属性的类条件概率汇总如表 5.4。

表 5.4 类条件概率汇总表

天气	类条件概率		空气质量	类条件概率	
	是	否		是	否
晴天	0.799 07	0.6	良好	0.898 87	0.4
雨天	0.000 67	0.2	轻度污染	0.100 47	0.4
阴天	0.200 27	0.2	重度污染	0.000 67	0.1

(2) 对于含数值属性的“温度”和“湿度”，假设均符合正态分布。这样，对于“温度”和“湿度”属性，为“是”类别的样本均为 10 个，为“否”类别的样本均为 5 个。按下式分别计算各组数据的均值 μ 和标准差 σ：

$$\mu = \frac{1}{N}\sum_{i=1}^{N} x^{(i)}$$

$$\sigma = \sqrt{\frac{1}{N-1}\sum_{i=1}^{N} (x^{(i)} - \mu)^2}$$

汇总如表 5.5。

表 5.5 均值和标准差汇总表

统计参数	“温度”属性		“湿度”属性	
	是	否	是	否
均值	22.70	23.20	76.00	79.00
标准差	5.29	9.73	11.74	15.57

这样，对于属性值为“x”的样本，均值和标准差均已知，其正态分布的概率密度函数可按下式计算：

$$f(x) = \frac{1}{\sqrt{2\pi}\sigma}\exp\left(-\frac{(x-\mu)^2}{2\sigma^2}\right)$$

对于“气温 20℃”、“湿度 90%”按上式计算得：

$$f(\text{温度}=20 \mid \text{是}) = 0.0662,\ f(\text{温度}=20 \mid \text{否}) = 0.0388$$

$$f(\text{湿度}=90 \mid \text{是}) = 0.0167,\ f(\text{湿度}=90 \mid \text{否}) = 0.0200$$

(3) 以概率密度代替概率值，分别计算在事件 $\boldsymbol{X}$ 条件下“驴行”=“是”和“驴行”=“否”的后验概率：

$$P(\text{是} \mid \boldsymbol{X}) = \alpha \times P(\text{是}) \times P(\text{雨天} \mid \text{是}) \times f(\text{温度}=20 \mid \text{是}) \times f(\text{湿度}=90 \mid \text{是}) \times P(\text{重度污染} \mid \text{是})$$

$$= \alpha \times \frac{10}{15} \times 0.000\,67 \times 0.0662 \times 0.0167 \times 0.000\,67 = 3.3085 \times 10^{-10}\alpha$$

$$P(\text{否} \mid \boldsymbol{X}) = \alpha \times P(\text{否}) \times P(\text{雨天} \mid \text{否}) \times f(\text{温度}=20 \mid \text{否}) \times f(\text{湿度}=90 \mid \text{否}) \times P(\text{重度污染} \mid \text{否})$$

$$= \alpha \times \frac{5}{15} \times 0.2 \times 0.0388 \times 0.0200 \times 0.1 = 5.1733 \times 10^{-6}\alpha$$

最后，事件 **X** 导致小明外出“驴行”和不外出“驴行”概率分别为

$$P(\text{是}\mid \boldsymbol{X}) = 3.3085\times10^{-10}\times\frac{1}{3.3085\times10^{-10}+5.1733\times10^{-6}} = 0.0064\%$$

$$P(\text{否}\mid \boldsymbol{X}) = 5.1733\times10^{-6}\times\frac{1}{3.3085\times10^{-10}+5.1733\times10^{-6}} = 99.9936\%$$

贝叶斯分类器给出的下雨、气温 20℃、湿度 90%、空气重度污染时，小明不外出“驴行”概率达 99.9936%。故，小明不会外出“驴行”。

5.1.3 核方法与支持向量机

核方法的基本思想是，将原始数据通过某种非线性映射到高维空间，再利用线性方法分析和处理数据。支持向量机(Support Vector Machine，SVM)是一种有监督学习，其基本思想是将样本向量映射到高维空间中，寻求一个区分两类数据的最优超平面，使各分类到超平面的距离最大，亦称大间距分隔机。显然，SVM 使用了核方法，使用不同的核函数形成了不同的 SVM 算法。其中，基于线性核的 SVM 属于线性分类算法，基于多项式核、高斯核等的 SVM 算法则属于非线性分类算法。SVM 算法是从寻找线性可分情况下二元分类的最佳分类平面发展而来，可有效处理二元分类问题，也可通过“一对多”、“一对一”等方法扩展至处理多元分类问题。本节主要针对二元分类问题，重在讲清核方法与支持向量机的基本思想和原理，有关多元分类问题的处理请读者自行查阅。

1. 核方法

核方法认为，将低维空间中不可线性分割的数据集映射到高维空间中时，很可能变成线性可分的。例如，对于一维特征空间中线性不可分问题(如图 5.11(a))，可设定判别函数：

$$J(x) = (x-a)(x-b) \tag{5.52}$$

则可通过 $J(x)$ 的正负来判别 x 的类别：当 $J(x)>0$ 时，x 属于类别 1；当 $J(x)<0$ 时，x 属于类别 2。

进一步，令 $x_1=x^2$，$x_2=x$，则原始一维特征空间就映射到二维特征空间：

$$x_1 = x_2^2 \tag{5.53}$$

即上述一维线性问题涉及的数据在二维特征空间映射为一条抛物线。

其判别函数(式(5.52))转换为

$$J(x) = x_1-(a+b)x_2+ab \tag{5.54}$$

其决策边界 $J(x)=x_1-(a+b)x_2+ab=0$ 在二维特征空间为一条直线。

这样，决策边界将抛物线分割为两部分，实现了线性分割。其中，在决策边界下部($J(x)>0$)为类别 1，在决策边界上部($J(x)<0$)为类别 2。

设原始数据集(输入变量 $\boldsymbol{x}$)在低维空间 $\boldsymbol{X}$ 中，通过变换 $f(\boldsymbol{x})$ 将其映射到目标高维空间

H 中。若存在 $\boldsymbol{x}\in\boldsymbol{X}$，$\boldsymbol{y}\in\boldsymbol{X}$，使得

$$K(\boldsymbol{x},\ \boldsymbol{y})=f(\boldsymbol{x})^{\mathrm{T}}f(\boldsymbol{y}) \tag{5.55}$$

则称 $K(\boldsymbol{x},\ \boldsymbol{y})$ 为核函数。

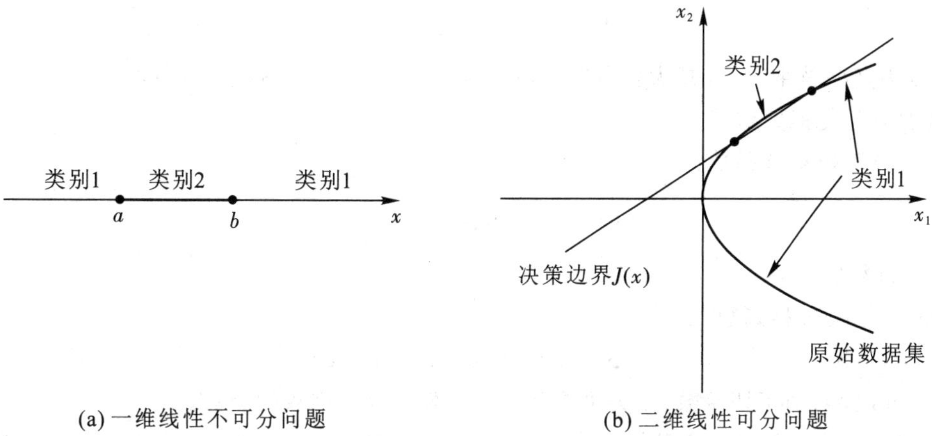

图 5.11　将一维线性不可分问题转化为二维线性可分问题

目标高维空间 **H** 一般维数比较高，难以求其内积。通过核方法可巧妙地解决该问题，即不显式定义和计算映射函数 $f(\boldsymbol{x})$，而是通过低维空间点的核函数 $K(\boldsymbol{x},\ \boldsymbol{y})$ 计算高维空间向量的内积。这样，就只涉及映射后特征向量的内积计算，而不直接计算 $f(\boldsymbol{x})$ 的值，可以有效避免维度祸根(curse of dimension)问题，也减少了计算量。

下面以二阶多项式变换进一步说明核方法。设对 n 维数据的二阶多项式映射函数为

$$\phi(\boldsymbol{x})=(1,\ x_1,\ x_2,\ \cdots,\ x_n,\ x_1^2,\ x_1x_2,\ \cdots,\ x_1x_n,\ x_2x_1,\ x_2^2,\ \cdots,\ x_2x_n,\ \cdots,\ x_n^2)$$

则高维特征向量的内积(核函数)可表示为

$$\begin{aligned}K(\boldsymbol{x},\ \boldsymbol{y})&=\phi^{\mathrm{T}}(\boldsymbol{x}^{(i)})\phi(\boldsymbol{x}^{(j)})=1+\sum_r x_r^{(i)}x_r^{(j)}+\sum_r\sum_s x_r^{(i)}x_r^{(j)}x_s^{(i)}x_s^{(j)}\\&=1+\sum_r x_r^{(i)}x_r^{(j)}+\sum_r x_r^{(i)}x_r^{(j)}\sum_s x_s^{(i)}x_s^{(j)}\\&=1+(\boldsymbol{x}^{(i)})^{\mathrm{T}}\boldsymbol{x}^{(j)}+[(\boldsymbol{x}^{(i)})^{\mathrm{T}}\boldsymbol{x}^{(j)}]^2\end{aligned}$$

即将映射函数和内积运算巧妙地转换成原始特征的内积运算，可有效地加快运算速度。

一般核函数 $K(\boldsymbol{x},\ \boldsymbol{y})$ 都是由经验选定，然后通过实验验证该选择的有效性。

常用的核函数有如下几类：

(1) 线性核函数：

$$K(\boldsymbol{x},\ \boldsymbol{y})=\boldsymbol{x}^{\mathrm{T}}\boldsymbol{y}+c \tag{5.56}$$

式中，c 为可选常数。

(2) 多项式核函数：

$$K(\boldsymbol{x}, \boldsymbol{y}) = (\boldsymbol{x}^{\mathrm{T}}\boldsymbol{y} + c)^{d} \tag{5.57}$$

式中，c 为可选常数；d 为最高次项次数。

(3) 高斯核函数：

$$K(\boldsymbol{x}, \boldsymbol{y}) = \exp\left(-\frac{\|\boldsymbol{x} - \boldsymbol{y}\|^{2}}{2\alpha^{2}}\right) \tag{5.58}$$

式中，α 为高斯核带宽。α 越大，高斯核函数越平滑，泛化能力越差；α 越小，高斯核函数变化越剧烈，泛化能力越强。

(4) 拉普拉斯核函数：

$$K(\boldsymbol{x}, \boldsymbol{y}) = \exp\left(-\frac{\|\boldsymbol{x} - \boldsymbol{y}\|}{\kappa}\right) \tag{5.59}$$

式中，κ 为参数。

(5) Sigmoid 核函数：

$$K(\boldsymbol{x}, \boldsymbol{y}) = \tanh(\boldsymbol{x}^{\mathrm{T}}\boldsymbol{y} + c) \tag{5.60}$$

式中，tanh 为双曲正切函数；c 为可选常数，一般为数据维数的倒数。

此外，核函数的组合亦是核函数。设 $K_1(\boldsymbol{x}, \boldsymbol{y})$ 和 $K_2(\boldsymbol{x}, \boldsymbol{y})$ 是核函数，则其线性组合 $K_3(\boldsymbol{x}, \boldsymbol{y})$ 也是核函数，表达式为

$$K_3(\boldsymbol{x}, \boldsymbol{y}) = \alpha K_1(\boldsymbol{x}, \boldsymbol{y}) + \beta K_2(\boldsymbol{x}, \boldsymbol{y}) \tag{5.61}$$

式中，α、β 为任意正数。

其直积 $K_4(\boldsymbol{x}, \boldsymbol{y})$ 也是核函数，表达式为

$$K_4(\boldsymbol{x}, \boldsymbol{y}) = K_1(\boldsymbol{x}, \boldsymbol{y}) \otimes K_2(\boldsymbol{x}, \boldsymbol{y}) \tag{5.62}$$

组合 $K_5(\boldsymbol{x}, \boldsymbol{y})$ 亦是核函数，表达式为

$$K_5(\boldsymbol{x}, \boldsymbol{y}) = h(\boldsymbol{x}) K_1(\boldsymbol{x}, \boldsymbol{y}) h(\boldsymbol{y}) \tag{5.63}$$

式中，$h(\boldsymbol{x})$ 为任意函数。

2. SVM 问题数学描述

对线性可分的二元分类问题，其分类决策边界是高维特征空间中的超平面，其解有无穷多个(如图 5.12 所示)。显然，可以在一定范围内平移分类决策边界(超平面)，只要该决策边界不达到或跨过各类别中距其最近的样本，均可正确地实现线性分类。通常，将上述平移裕量 d 称为分类间隔。

在所有的分类决策边界中，随着决策边界的方向不同，分类间隔亦发生变化。显然，存在一个最优的决策边界(超平面)，能够最大限度地将两个类别分离出来(即分类间隔最大)，使该最优决策边界(超平面)能最大限度地降低经验风险，即其泛化能力最强，抗噪声干扰能力最强。此时，该最优决策边界(超平面)到两类样本的距离相等，正好“居中”划分分类间隔 d。因此，线性分类最优超平面也称为最大间隔超平面。

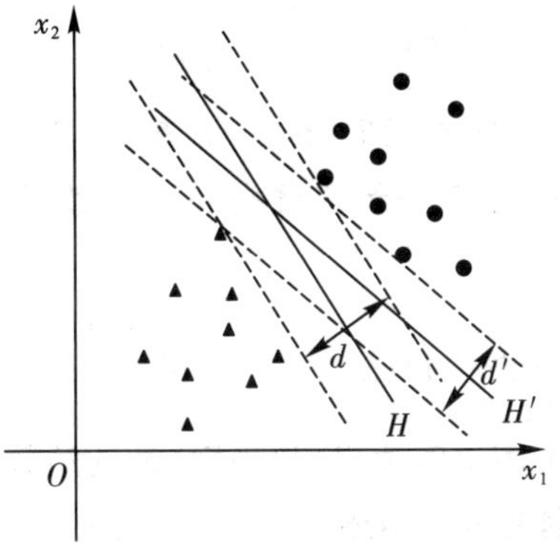

图 5.12 超平面、分类间隔与支持向量

分类间距与超平面的方向密切相关，而超平面的方向是由参数向量 $\boldsymbol{\theta}$ 确定的，可通过调整 $\boldsymbol{\theta}$ 的取值获得最大分类间距。同时，参数向量 $\boldsymbol{\theta}$ 是由距离决策边界最近的样本所决定的，而与训练集中其他样本无关。这些“最近样本”占整个训练集的比值很小，常将训练集中这些少量的“最近样本”称为“支持向量”。

设最优决策边界方程为

$$h(\boldsymbol{x};\boldsymbol{\theta},c)=\boldsymbol{\theta}^{\mathrm{T}}\boldsymbol{x}+c=0 \tag{5.64}$$

注意式(5.64)与式(5.2)以及逻辑回归中的 $h(\boldsymbol{x};\boldsymbol{\theta})=\boldsymbol{\theta}^{\mathrm{T}}\boldsymbol{x}$ 的表达是一致的，区别在于将原来的 w_0 改写为 c，并不再使用恒为 1 的 x_0。

因此，采用 SVM 进行二元分类时，可以通过符号函数 sign 将 $\boldsymbol{\theta}^{\mathrm{T}}\boldsymbol{x}+c$ 映射到不同的类别(设类别标签 y 分别为“-1”和“1”)上，则

$$y=\mathrm{sign}(\boldsymbol{\theta}^{\mathrm{T}}\boldsymbol{x}+c)=\begin{cases}1, & \boldsymbol{\theta}^{\mathrm{T}}\boldsymbol{x}+c>0\\-1, & \boldsymbol{\theta}^{\mathrm{T}}\boldsymbol{x}+c<0\end{cases} \tag{5.65}$$

这样，如果能确定 $\boldsymbol{\theta}$ 和 c，对于任意样本 $\boldsymbol{x}^{(i)}$，可以根据 $\boldsymbol{\theta}^{\mathrm{T}}\boldsymbol{x}^{(i)}+c$ 的正负号很快地确定其类别即 $y^{(i)}$。因此，可以将式(5.65)合写为更紧凑的形式：

$$E^{(i)}=y^{(i)}(\boldsymbol{\theta}^{\mathrm{T}}\boldsymbol{x}+c) \tag{5.66}$$

由于 $y^{(i)}$ 只有 1 和 -1 两种取值，因此上式实质为

$$E^{(i)}=|\boldsymbol{\theta}^{\mathrm{T}}\boldsymbol{x}+c| \tag{5.67}$$

因此，要使分类间隔最大，即要使样本尽量远离决策边界，使 $E^{(i)}$ 足够大。而对于样本数为 N 的整个训练集来说，其离决策边界的最大距离由离该边界最近的样本决定。因此，要使训练集的分类间隔最大，应使最近样本的分类间隔尽可能大，即 $\min\limits_{i=1,2,\cdots,N}E^{(i)}=\min\limits_{i=1,2,\cdots,N}|\boldsymbol{\theta}^{T}\boldsymbol{x}+c|$ 应尽可能大。

由几何知识可知，样本 $\boldsymbol{x}^{(i)}$ 距决策边界 $\boldsymbol{\theta}^{\mathrm{T}}\boldsymbol{x}+c=0$ 的距离为

$$D(\boldsymbol{x}^{(i)})=\frac{|\boldsymbol{\theta}^{\mathrm{T}}\boldsymbol{x}^{(i)}+c|}{\|\boldsymbol{\theta}\|} \tag{5.68}$$

式中，$\|\boldsymbol{\theta}\|$ 表示参数向量的 2-范式，即 $\|\boldsymbol{\theta}\|=\boldsymbol{\theta}^{\mathrm{T}}\boldsymbol{\theta}$。

设训练集的分类间隔为 d。由于训练集分类间隔由最近样本决定，且决策边界居中平分分类间隔，因此有

$$d=2\cdot\min_{i=1,2,\cdots,N}D(\boldsymbol{x}^{(i)})=2\cdot\frac{\min\limits_{i=1,2,\cdots,N}|\boldsymbol{\theta}^{\mathrm{T}}\boldsymbol{x}^{(i)}+c|}{\|\boldsymbol{\theta}\|} \tag{5.69}$$

SVM 的目标是，寻找一个离决策边界(超平面)最近的数据点的最大间隔，即要求 d 尽可能大。因此，SVM 分类问题的数学描述为

$$\max d,\ \text{s.t.}\ 2\cdot D(\boldsymbol{x}^{(i)})\geqslant d,\ i=1,2,\cdots,N \tag{5.70}$$

将式(5.68)和(5.69)代入，转化为

$$\max_{\boldsymbol{\theta},c}\frac{\min\limits_{i=1,2,\cdots,N}|\boldsymbol{\theta}^{\mathrm{T}}\boldsymbol{x}^{(i)}+c|}{\|\boldsymbol{\theta}\|},\ \text{s.t.}\ |\boldsymbol{\theta}^{\mathrm{T}}\boldsymbol{x}^{(i)}+c|\geqslant\min_{i=1,2,\cdots,N}|\boldsymbol{\theta}^{\mathrm{T}}\boldsymbol{x}^{(i)}+c|,\ i=1,2,\cdots,N \tag{5.71}$$

为使式(5.71)的解有唯一确定值，常令 $\min\limits_{i=1,2,\cdots,N}|\boldsymbol{\theta}^{\mathrm{T}}\boldsymbol{x}^{(i)}+c|=1$。这样，训练集的分类间隔 d 重新定义为

$$d=\frac{2}{\|\boldsymbol{\theta}\|} \tag{5.72}$$

SVM 分类问题的数学描述变为

$$\min_{\boldsymbol{\theta},c}\frac{1}{2}\boldsymbol{\theta}^{\mathrm{T}}\boldsymbol{\theta},\ \text{s.t.}\ |\boldsymbol{\theta}^{\mathrm{T}}\boldsymbol{x}^{(i)}+c|\geqslant 1,\ i=1,2,\cdots,N \tag{5.73}$$

式(5.73)就是 SVM 的基本形式。

3. 线性支持向量机

SVM 的基本形式是一个标准的二次规划问题，可直接利用现成的优化计算包求解，但求解效率慢。一般通过对每条约束引入拉格朗日乘子 α_i，将 SVM 问题转换为更易求解的“对偶问题”进行求解。在拉格朗日乘子法转换过程中还可引入核函数，便于将 SVM 算法推广到非线性分类问题。这样，式(5.73)的拉格朗日函数表达如下

$$L(\boldsymbol{\theta},c,\boldsymbol{\alpha})=\frac{1}{2}\boldsymbol{\theta}^{\mathrm{T}}\boldsymbol{\theta}+\sum_{i=1}^{N}\alpha_i(1-|\boldsymbol{\theta}^{\mathrm{T}}\boldsymbol{x}^{(i)}+c|)=\frac{1}{2}\boldsymbol{\theta}^{\mathrm{T}}\boldsymbol{\theta}+\sum_{i=1}^{N}\alpha_i[1-y^{(i)}(\boldsymbol{\theta}^{\mathrm{T}}\boldsymbol{x}^{(i)}+c)] \tag{5.74}$$

其对偶形式为

$$\max(\min L(\boldsymbol{\theta},c,\boldsymbol{\alpha})) \tag{5.75}$$

求 $L(\boldsymbol{\theta},c,\boldsymbol{\alpha})$的极小值。对 $L(\boldsymbol{\theta},c,\boldsymbol{\alpha})$ 求偏导，有

$$\frac{\partial L(\boldsymbol{\theta}, c, \boldsymbol{\alpha})}{\partial \boldsymbol{\theta}} = \boldsymbol{\theta} - \sum_{i=1}^{N} \alpha_i y^{(i)} \boldsymbol{x}^{(i)} = 0 \tag{5.76}$$

$$\frac{\partial L(\boldsymbol{\theta}, c, \boldsymbol{\alpha})}{\partial c} = \sum_{i=1}^{N} \alpha_i y^{(i)} = 0 \tag{5.77}$$

联立式(5.74)、(5.76)和式(5.77)，得

$$\min L(\boldsymbol{\theta}, c, \boldsymbol{\alpha}) = -\frac{1}{2}\sum_{i=1}^{N}\sum_{j=1}^{N}\alpha_i\alpha_j y^{(i)} y^{(j)} (\boldsymbol{x}^{(i)})^{\mathrm{T}}\boldsymbol{x}^{(j)} + \sum_{i=1}^{N}\alpha_i \tag{5.78}$$

其对偶问题为

$$\max_{\boldsymbol{\alpha}}\left\{-\frac{1}{2}\sum_{i=1}^{N}\sum_{j=1}^{N}\alpha_i\alpha_j y^{(i)} y^{(j)} (\boldsymbol{x}^{(i)})^{\mathrm{T}}\boldsymbol{x}^{(j)} + \sum_{i=1}^{N}\alpha_i\right\}, \text{ s. t. } \sum_{i=1}^{N}\alpha_i y^{(i)} = 0; \alpha_i \geqslant 0 \tag{5.79}$$

上式是一个二次规划问题，总能为二次规划问题找到全局极大值点$(\boldsymbol{x}^{(i)}, y^{(i)})$(即支持向量)及对应的$\alpha_i$，并由$\boldsymbol{\theta} = \sum_{i=1}^{N}\alpha_i y^{(i)}\boldsymbol{x}^{(i)}$计算得到$\boldsymbol{\theta}$。然后，将$\boldsymbol{\theta}$代入任意支持向量$(\boldsymbol{x}^{(i)}, y^{(i)})$得

$$c = y^{(i)} - \boldsymbol{\theta}^{\mathrm{T}}\boldsymbol{x}^{(i)} = y^{(i)} - \left(\sum_{j=1}^{N}\alpha_j y^{(j)}\boldsymbol{x}^{(j)}\right)^{\mathrm{T}}\boldsymbol{x}^{(i)} \tag{5.80}$$

这样，当使用已经训练好的模型进行测试时，只需要支持向量$(\boldsymbol{x}^{(i)}, y^{(i)})$而不需要显式地计算参数集$\boldsymbol{\theta}$。设测试样本为$(\boldsymbol{z}, y)$，则

$$y = \operatorname{sign}(\boldsymbol{\theta}^{\mathrm{T}}\boldsymbol{z} + c) = \operatorname{sign}\left(\sum_{j}\alpha_j y^{(j)} (\boldsymbol{x}^{(j)})^{\mathrm{T}}\boldsymbol{z} + c\right) \tag{5.81}$$

式中，$(\boldsymbol{x}^{(j)}, y^{(j)})$为支持向量。

4. 非线性支持向量机

将SVM算法应用于非线性分类问题，需引入核方法将原特征向量映射到高维空间中，将非线性问题转化为线性问题，再使用求解线性问题的方法，寻找变换后特征向量与目标之间的模型。

设原特征向量为$\boldsymbol{x}$，特征映射函数为$\phi(\cdot)$，则映射到高维空间形成新的特征向量为$\phi(\boldsymbol{x})$。用支持向量机方法在高维特征空间划分超平面所对应的模型可表达为

$$h(\boldsymbol{x}; \boldsymbol{\theta}, c) = \boldsymbol{\theta}^{\mathrm{T}}\phi(\boldsymbol{x}) + c \tag{5.82}$$

则有

$$\min_{\boldsymbol{\theta}, c}\frac{1}{2}\boldsymbol{\theta}^{\mathrm{T}}\boldsymbol{\theta}, \text{ s. t. } \left|\boldsymbol{\theta}^{\mathrm{T}}\phi(\boldsymbol{x}^{(i)}) + c\right| \geqslant 1, i = 1, 2, \cdots, N \tag{5.83}$$

其对偶问题为

$$\max_{\boldsymbol{\alpha}}\left\{-\frac{1}{2}\sum_{i=1}^{N}\sum_{j=1}^{N}\alpha_i\alpha_j y^{(i)} y^{(j)}\phi^{\mathrm{T}}(\boldsymbol{x}^{(i)})\phi(\boldsymbol{x}^{(j)}) + \sum_{i=1}^{N}\alpha_i\right\}, \text{ s. t. } \sum_{i=1}^{N}\alpha_i y^{(i)} = 0; \alpha_i \geqslant 0 \tag{5.84}$$

求解式(5.84)必然涉及高维空间内两个特征向量的内积$\phi^{\mathrm{T}}(\boldsymbol{x}^{(i)})\phi(\boldsymbol{x}^{(j)})$计算。由式(5.55)引入核函数$\boldsymbol{K}(\boldsymbol{x}^{(i)}, \boldsymbol{x}^{(j)}) = \phi^{\mathrm{T}}(\boldsymbol{x}^{(i)})\phi(\boldsymbol{x}^{(j)})$，可不显式定义和计算映射函数$\phi(\boldsymbol{x})$，

并巧妙地转换成原始特征的内积运算。

这样，式(5.84)改写为

$$\max_{\boldsymbol{\alpha}}\left\{-\frac{1}{2}\sum_{i=1}^{N}\sum_{j=1}^{N}\alpha_i\alpha_j y^{(i)}y^{(j)}\boldsymbol{K}(\boldsymbol{x}^{(i)},\ \boldsymbol{x}^{(j)})+\sum_{i=1}^{N}\alpha_i\right\},\ \text{s.t.}\ \sum_{i=1}^{N}\alpha_i y^{(i)}=0;\ \alpha_i\geqslant 0 \tag{5.85}$$

求解后即可得超平面为

$$\begin{aligned} h(\boldsymbol{x};\ \boldsymbol{\theta},\ c) &= \boldsymbol{\theta}^{\mathrm{T}}\phi(\boldsymbol{x})+c \\ &= \sum_{i=1}^{N}\alpha_i y^{(i)}\phi^{\mathrm{T}}(\boldsymbol{x}^{(i)})\phi(\boldsymbol{x})+c \\ &= \sum_{i=1}^{N}\alpha_i y^{(i)}\boldsymbol{\kappa}(\boldsymbol{x},\ \boldsymbol{x}^{(i)})+c \end{aligned} \tag{5.86}$$

截距项 c 通过核函数求解。设任一支持向量$(\boldsymbol{x}^{(i)},\ y^{(i)})$，则

$$\begin{aligned} c &= y^{(i)}-\boldsymbol{\theta}^{\mathrm{T}}\phi(\boldsymbol{x}^{(i)}) \\ &= y^{(i)}-\left[\sum_{j=1}^{N}\alpha_j y^{(j)}\phi(\boldsymbol{x}^{(j)})\right]^{\mathrm{T}}\phi(\boldsymbol{x}^{(i)}) \\ &= y^{(i)}-\sum_{j=1}^{N}\alpha_j y^{(j)}\boldsymbol{\kappa}(\boldsymbol{x}^{(i)},\ \boldsymbol{x}^{(j)}) \end{aligned} \tag{5.87}$$

这样，对任意未知的测试样本为$(\boldsymbol{z},\ y)$，则

$$y=\operatorname{sign}(\boldsymbol{\theta}^{\mathrm{T}}\boldsymbol{z}+c)=\operatorname{sign}\left[\sum_{i=1}^{N}\alpha_i y^{(i)}\boldsymbol{\kappa}(\boldsymbol{x},\ \boldsymbol{x}^{(i)})+c\right] \tag{5.88}$$

式中，$(\boldsymbol{x}^{(j)},\ y^{(j)})$为支持向量。

5.2 聚类学习算法

聚类是一种无监督的学习算法，追求的是簇内个体间距小，而簇间间距大。其数学定义如下：

对特征空间 H 中的 n 个样本，按照样本间的相似程度，将 H 划分为 K 个特征区域 H_i，$i=1,2,\cdots,K$，且使得各样本均能归入其中一个特征区域，且不会同时归入两个或多个特征区域，即

$$\begin{gathered} H_1\cup H_2\cup\cdots\cup H_K=H \\ H_i\cap H_j=0,\ i\neq j \end{gathered} \tag{5.89}$$

则称该过程为聚类。

聚类具有如下特点：

(1) 聚类是对整个样本集的划分，而不是对单个样本的识别。因此，K 等于1或者样本数目是毫无意义的。

（2）聚类的依据是“样本间的相似程度”，即满足“紧致性”要求：簇内样本间的相似程度要远大于簇间的相似程度。一般用各种距离函数表征这种相似程度，常见的有曼哈顿距离、欧氏距离、闵可夫斯基距离、切比雪夫距离等。样本间相似程度的度量标准不同，可能造成不同的聚类结果。

（3）每个样本均确定性地属于某一簇，不会同时属于两个或多个簇。

聚类是数据驱动的无监督学习算法，常有多种聚类结果出现。一个良好的聚类算法应该具有如下特征：

（1）良好的可伸缩性。既对数据量小、维度少的数据集有良好的聚类结果，对数据量大、维度多的数据集有良好性能。

（2）具有处理不同类型数据的能力，包括数值、图像、文本、序列等各种数据类型以及它们的混合形式。

（3）具有处理噪声数据的能力。能有效降低噪声对聚类结果的影响，在低质量的数据集中也能获得不错的聚类结果。

（4）对样本顺序不敏感。不受输入样本顺序影响，任意顺序的相同数据集能得到相同的聚类结果。

（5）在约束条件下，能够得到更高质量的聚类结果。

（6）易解释性和易使用性。即聚类的结果易于解释并为大家所接受，且便于使用。

5.2.1　*K* 均值聚类算法

K 均值是一种基于划分的聚类算法，其优点是计算速度快、易于理解，是最常用的一种聚类算法。

在 K 均值聚类中，样本的距离越近，则说明其相似度越高。通常以距离的倒数表征相似程度，常见的距离计算方法有欧氏距离（如式(5.90)所示）和曼哈顿距离（如式(5.91)所示）。

$$d=\left[\sum_{i=1}^{n}(x_i-y_i)^2\right]^{1/2} \tag{5.90}$$

$$d=\sum_{i=1}^{n}|x_i-y_i| \tag{5.91}$$

式中，$\boldsymbol{x}$、$\boldsymbol{y}$ 均为 n 维样本。

为保证算法的收敛性，K 均值聚类算法常用平方误差函数度量：

$$E=\sum_{i=1}^{K}\|\boldsymbol{x}^{(i)}-\boldsymbol{\mu}_c^{(i)}\|^2 \tag{5.92}$$

式中，$\boldsymbol{x}^{(i)}$ 表示第 i 个样本；$\boldsymbol{\mu}_c^{(i)}$ 表示第 i 个样本所属簇的聚类中心(Centroid)。这样，E 表示每个样本到其所在簇的聚类中心的距离的平方和。显然，E 越小，表明所有样本与其所在簇的整体距离越小，即样本聚类质量越好。因此，K 均值算法将 E 收敛到最小作为其终止条件。

如何求得 E 的最小值实现聚类呢？K 均值算法采用贪心算法进行求解。设样本集有 n 个样本 $\boldsymbol{x}^{(1)}$，$\boldsymbol{x}^{(2)}$，…，$\boldsymbol{x}^{(n)}$，聚类为 C_1，C_2，…，C_K 共 K 个簇，每个簇内样本数分别为 N_1，N_2，…，N_K。显然 $1<K<n$，$N_1+N_2+\cdots+N_K=n$。引入二值变量 $c_{ik}\in\{0, 1\}$，$i=1, 2, \cdots, n$，$k=1, 2, \cdots, K$，表示样本 $\boldsymbol{x}^{(i)}$ 是否属于簇 C_k；若是，则 $c_{ik}=1$，否则 $c_{ik}=0$。这样，式(5.92)改写为

$$E=\sum_{k=1}^{K}\sum_{i=1}^{N_k}c_{ik}\left(\boldsymbol{x}^{(ik)}-\boldsymbol{\mu}_c^{(k)}\right)^2 \tag{5.93}$$

欲求式(5.93)的极小值，令 $\dfrac{\partial E}{\partial \boldsymbol{\mu}_c^{(k)}}=0$，得

$$\boldsymbol{\mu}_c^{(k)}=\frac{\sum_{i=1}^{n}c_{ik}\boldsymbol{x}^{(i)}}{\sum_{i=1}^{n}c_{ik}} \tag{5.94}$$

式(5.94)分子为输入簇 C_k 的所有样本的累积和，分母为属于簇 C_k 的样本数量。故 $\boldsymbol{\mu}_c^{(k)}$ 为隶属于簇 C_k 的所有样本的均值，这就是 K 均值算法名称的由来。

欲使 E 最小，需将 c_{ik} 和 $\boldsymbol{\mu}_c^{(k)}$ 均优化到合适的值。K 均值算法采用迭代的方法优化，每次迭代分别优化 c_{ik} 和 $\boldsymbol{\mu}_c^{(k)}$。首先，设定 $\boldsymbol{\mu}_c^{(k)}$ 的初始值并固定 $\boldsymbol{\mu}_c^{(k)}$，优化 c_{ik}。由式(5.67)可知，当 $\boldsymbol{\mu}_c^{(k)}$ 固定时，E 是 c_{ik} 的线性函数。欲使 E 最小，则要求各样本均属于离其最近的簇，即对于样本 $\boldsymbol{x}^{(i)}$，$\min\limits_{s=1, 2, \cdots, K}\{(\boldsymbol{x}^{(i)}-\boldsymbol{\mu}_c^{(s)})^2\}$ 对应的簇号 s 恰好是 k 时，$c_{ik}=1$；否则 $c_{ik}=0$。

然后，固定 c_{ik}，优化 $\boldsymbol{\mu}_c^{(k)}$。当 c_{ik} 固定，按式(5.94)即可求得优化的 $\boldsymbol{\mu}_c^{(k)}$。

按上述两个步骤不断迭代，直到聚类中心 $\boldsymbol{\mu}_c^{(k)}$ 不再改变或者达到最大迭代次数为止。

例 5.3 应用 K 均值聚类算法对图 5.13(a)所示数据集进行聚类。

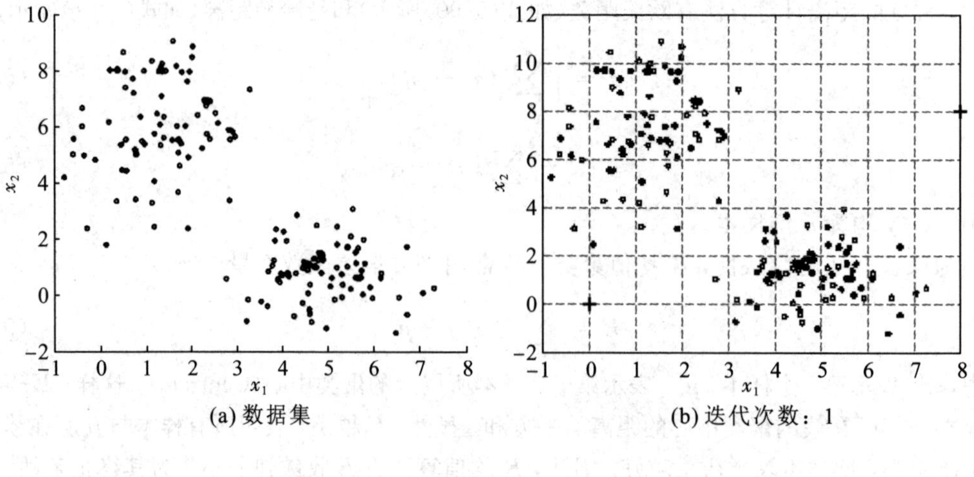

(a) 数据集　　(b) 迭代次数：1

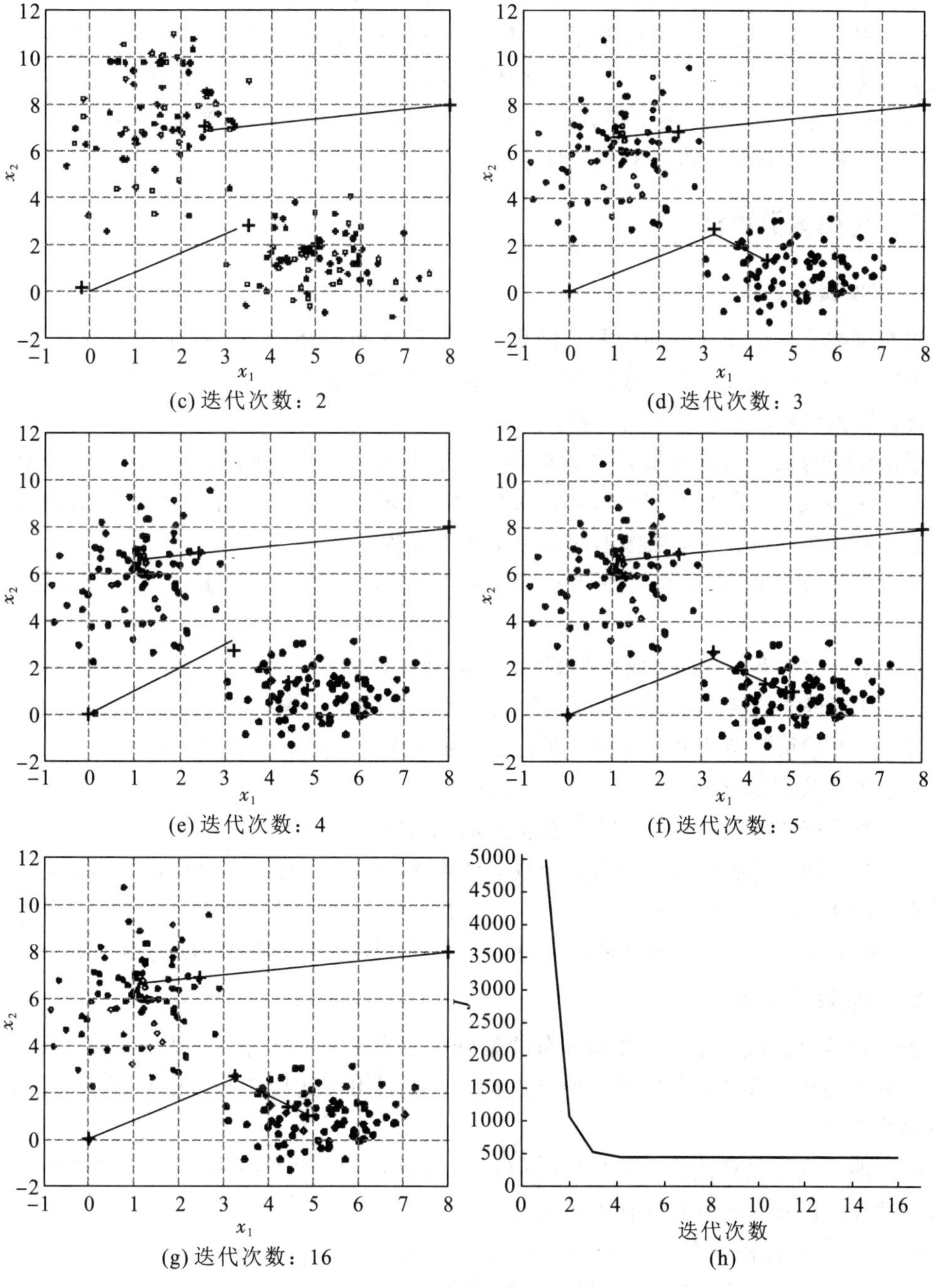

图 5.13　K 均值聚类算法迭代过程

解 采用Matlab软件实现K均值聚类过程：(1) 设定初始聚类中心，为更好地演示算法收敛过程，初始中心位置选择较差，如图5.13(b)所示；(2) 先固定$\boldsymbol{\mu}_c^{(k)}$，优化c_{ik}，再固定c_{ik}，优化$\boldsymbol{\mu}_c^{(k)}$，并不断迭代下去，直到达到设定迭代数目为止。具体的迭代过程参见图5.13。其中，图5.13(h)记录了平方误差函数E的收敛过程，可见K均值聚类算法收敛速度很快，在第4次迭代时就已经收敛到最优解。

5.2.2 其他聚类算法

1. 层次聚类算法

层次聚类算法试图在不同的聚类级别上，按照簇间的相似性，对样本集进行划分，从而形成"二叉树"的分类结构。这种聚类方式具有完整的层次结构，其顶端是所有的样本同属一类，其底端是每个样本各属一类。

层次聚类算法寻求最优聚类的策略如下：若在某个层次上聚类结果有较好的紧致性，而在其上一层或下一层聚类均会破坏这种紧致性，导致簇内样本间相似度大幅降低、簇间相似度大幅增加，则认为该层次上的聚类结果为最优。

层次聚类算法有"自下而上"的聚合策略和"自上而下"的分解策略之分。聚合策略流程如下：

(1) 令每个样本为一簇，设样本数量为n，则总簇数$k=n$；

(2) 计算簇间距离，并将距离最小的两个簇合并为新的簇，则总簇数$k=n-1$；

(3) 按上述策略继续聚合各簇，直至总簇数k或者簇间距离满足要求为止。

分解策略流程如下：

(1) 令所有样本为一簇，设样本数量为n，则总簇数$k=1$；

(2) 按不同的方法将该簇分为2个簇，计算簇间距离，将距离最大的分簇方法作为本层的聚类结果，则总簇数$k=2$；

(3) 按上述策略对新获得的簇一一分解，直至总簇数k或者簇间距离满足要求为止。

2. 密度聚类算法

密度聚类算法认为能通过样本分布的紧密程度来确定聚类结果。因此，密度聚类算法从样本密度的角度来考察各样本间的可连接性，并利用可连接样本不断扩展聚类簇，直至获得最终结果。

典型的密度聚类算法为DBSCAN算法。该算法认为，聚类结果的每一个"簇"均是由密度可达性导出的最大密度相连样本的集合。

DBSCAN算法将样本集中的样本分为三类对象：

(1) 核心对象：在样本集中，样本$\boldsymbol{x}$的近邻ρ范围内包含的样本数量超过预定的数量m，则称样本$\boldsymbol{x}$为核心对象。

（2）非核心对象：在样本集中，样本 $\boldsymbol{x}$ 的近邻 ρ 范围内包含的样本数量少于预定的数量 m，但该样本是核心对象的近邻，则称样本 $\boldsymbol{x}$ 为非核心对象。

（3）噪声样本：既不是核心对象，也不是非核心对象的样本称为噪声样本。

密度可达性和密度可连接性是 DBSCAN 算法的两个主要概念：

对于样本 $\boldsymbol{x}^{(1)}$ 与 $\boldsymbol{x}^{(2)}$，若 $\boldsymbol{x}^{(1)}$ 是核心对象，$\boldsymbol{x}^{(2)}$ 与 $\boldsymbol{x}^{(1)}$ 的距离小于 ρ，则称 $\boldsymbol{x}^{(2)}$ 由 $\boldsymbol{x}^{(1)}$ 密度可达。对于样本 $\boldsymbol{x}^{(1)}$ 与 $\boldsymbol{x}^{(n)}$，若存在一个密度可达的样本序列 $[\boldsymbol{x}^{(1)}, \boldsymbol{x}^{(2)}, \cdots, \boldsymbol{x}^{(n)}]$，其中，$\boldsymbol{x}^{(i+1)}$ 由 $\boldsymbol{x}^{(i)}$ 密度可达，则称 $\boldsymbol{x}^{(1)}$ 与 $\boldsymbol{x}^{(n)}$ 密度相连。对于不同密度的两个簇，如果簇间聚类小于 ρ，则称两个簇接近。在 DBSCAN 算法中，接近的两个簇会被融合为一个。

DBSCAN 算法流程如下：

（1）随机选择一个样本，判断是否为核心对象；

（2）如果是核心对象，检索该样本所有的密度可达样本，形成聚类簇或扩展已有聚类簇；

（3）如果是非核心对象，访问样本集中下一个样本；

（4）重复上述过程，直至样本集中每一个样本均被处理。

3. 模糊聚类

模糊聚类是基于模糊集合论和模糊逻辑推理的聚类算法，其与常规聚类最大的不同在于，将每个簇看成一个模糊集，依据每个样本属于每个簇的程度不同，样本对各簇都有不同的隶属度。显然，模糊聚类突破了聚类结果“无重复”的限制，为聚类算法提供了一种灵活性，能够描述样本类属的中介性。典型的模糊聚类为模糊 c 均值算法，感兴趣的读者请自行查阅。

复习思考题

1. 分类、聚类与回归有什么区别？
2. 二维异或问题能转化为高维的线性可分问题吗？
3. 引入模式到决策超平面距离后的线性判别函数与原判别函数相比有什么区别？
4. 如何定义逻辑回归算法的准则函数？
5. 简述感知器算法的具体步骤。其递推步长如何选择？
6. 线性不可分典型问题有哪些？非线性分类算法如何解决？
7. 简述朴素贝叶斯分类算法的工作过程。
8. 支持向量机的基本思想是什么？请举例说明支持向量机的应用。
9. 有没有其他寻优方法代替 K 均值聚类算法中使用的贪心策略？
10. 数字图像中的彩色图像是由 R、G、B 三通道多个像素点组成的，每个像素位置都有三个色彩数字记录。能否应用 K 均值聚类算法压缩图片？

第六章 数据维度归约方法

在机器学习中，需要处理的数据量一般都比较大。虽然当今计算机的处理能力在不断地提高，但在提高运算效率方面对数据量仍然有着一定的要求。这就意味着需要对大规模的数据进行一些归类和合并，使得原来的数据量能够得以“压缩”。同时，在这个过程中还不能丢弃数据本身的一些特征，以便能够对原来的数据集进行解释。这些就是对于数据维度进行归约的基本思想和要求。

在数据维度归约时，通常需要进行子集选取，希望其包含的维度尽可能小。在这个要求下，一般有两种处理方法。一种是前向选择方法，即首先从最小的子集开始选起，逐渐增加其维度，直到达到一定的上限。在此过程中，可以对特征数量进行调整，以便提高运算的速度。另外一种是后向型的选择，即从整个数据集开始，逐步进行削减，渐次排除那些对于整个数据集特征影响不大的量，一旦发现减少某个量对数据集的特征影响显著时即行停止。不管采用哪种方法，都应该尽量提高学习的泛化能力，这就需要使用不同的数据集进行学习。

数据维度归约中包含数据降维和特征提取两个内容，虽然从数据量上来看这两者的方向是一致的，但它们之间还是有一些区别。数据降维是将原始数据集映射到较低的维度上，数据维度降低了，但是其特征并不能减少；特征提取则是要选择能够代表这个数据集的特征，如果在数据集中存在一些“特征”，但是并不能真正代表这个数据集的特点，那么也要将其舍弃。从一个侧面看，特征提取是真正提取数据集的特征，而降维则是将一些数据压缩，特征并没有那么明显地突出表达出来。

6.1 单类数据降维

所谓的单类数据降维不是说仅仅只有一元的数据进行归约和降维，而是说数据集中体现的是某一类特征，这类特征具有一些相同的特点。在机器学习中，单类数据降维的内容相对比较多，也比较成熟，主要包含主成分分析、因子分析及相关分析等。这些方法大多基于统计理论，属于无监督学习的范畴。

6.1.1 主成分分析

主成分分析，顾名思义，是要在数据集中找到“主要的成分”，然后通过这些主成分来认识整个数据集的特点。很显然，主成分分析可以降低数据集的维度，实现对于数据量的压缩。在主成分分析中，体现数据集主成分的可以是其中的一个或几个变量，也可以是这几个变量的线性组合。这些变量或其线性组合所包含的信息量与原数据集中所有数据所包含的信息几乎相同，所以可以利用这些主成分来“代表”或“解释”原来的数据集。假设原来的数据集中有 n 个变量，通过主成分分析将变量个数减少为 k 个（$k<n$），那么就可以用这 k 个主成分作为代表，解释原来的数据集。在具体的统计和机器学习工作中，主成分分析一般用来解释数据集的方差/协方差的结构。

在数学上，主成分分析通常将数据集中的一组变量通过线性组合的方法转化成另一组线性无关的变量，然后对这些新的变量按照其方差的次序进行排列。方差最大的那个变量就称为第一主成分，然后随之递减分别称为第二主成分，……，第 k 主成分。其数学表达如下：

由 n 个变量所组成的数据集为：$\boldsymbol{X}=[X_1, X_2, \cdots, X_n]^{\mathrm{T}}$，其协方差阵为 $\boldsymbol{\Sigma}$，该协方差阵的特征值为 $\lambda_1, \lambda_2, \cdots, \lambda_n$，且有：$\lambda_1 \geqslant \lambda_2 \geqslant \cdots \geqslant \lambda_n \geqslant 0$，将数据集中的分量进行线性组合，产生新的变量：

$$\begin{cases} Y_1 = A_{11}x_1 + A_{12}x_2 + \cdots + A_{1n}x_n \\ Y_2 = A_{21}x_1 + A_{22}x_2 + \cdots + A_{2n}x_n \\ \quad\vdots \\ Y_n = A_{n1}x_1 + A_{n2}x_2 + \cdots + A_{nn}x_n \end{cases} \tag{6.1}$$

则新变量 $\boldsymbol{Y}$ 的方差/协方差阵为

$$\mathrm{Cov}(\boldsymbol{Y}) = \begin{bmatrix} \boldsymbol{\Sigma}_{11}^{Y} & \cdots & \boldsymbol{\Sigma}_{1n}^{Y} \\ \vdots & \ddots & \vdots \\ \boldsymbol{\Sigma}_{n1}^{Y} & \cdots & \boldsymbol{\Sigma}_{nn}^{Y} \end{bmatrix} \tag{6.2}$$

式中对角线元素为方差，即

$$\mathrm{var}(Y_{ii}) = [A_{i1} \quad A_{i2} \quad \cdots \quad A_{in}]\boldsymbol{\Sigma}[A_{i1} \quad A_{i2} \quad \cdots \quad A_{in}]^{\mathrm{T}},\ i=1, 2, \cdots, n \tag{6.3}$$

非对角线元素为协方差，即

$$\mathrm{Cov}(Y_{ij}) = [A_{i1} \quad A_{i2} \quad \cdots \quad A_{in}]\boldsymbol{\Sigma}[A_{j1} \quad A_{j2} \quad \cdots \quad A_{jn}]^{\mathrm{T}},\ i, j=1, 2, \cdots, n;\ 且\ i \neq j \tag{6.4}$$

所谓的主成分是指互不相关的线性组合，使其方差即式(6.3)尽可能大。

接下来需要求出方差/协方差阵的特征值和特征向量。已知初始数据集 $\boldsymbol{X}=[X_1, X_2, \cdots, X_n]^{\mathrm{T}}$ 的特征值为 $\lambda_1 \geqslant \lambda_2 \geqslant \cdots \geqslant \lambda_n \geqslant 0$，与之相对应的特征向量为：$e_1, e_2, \cdots, e_n$，而 $\boldsymbol{P}$ 是由特征向量所组成的正交阵，则根据矩阵理论的相关知识，有

$$\boldsymbol{\Sigma} = \boldsymbol{P}^{\mathrm{T}}\boldsymbol{\Lambda}\boldsymbol{P} \tag{6.5}$$

式中，$\boldsymbol{\Lambda}$ 为由特征值λ_1，λ_2，…，λ_n作为对角线元素的对角阵。则

$$\frac{\boldsymbol{Y}_i\boldsymbol{\Lambda}\boldsymbol{Y}_i^{\mathrm{T}}}{\boldsymbol{Y}_i\boldsymbol{Y}_i^{\mathrm{T}}}=\frac{\sum_{i=1}^{n}\lambda_i Y_i^2}{\sum_{i=1}^{n}Y_i^2} \tag{6.6}$$

由 $\lambda_1\geqslant\lambda_2\geqslant\cdots\geqslant\lambda_n\geqslant 0$，可知式(6.6)可写为

$$\frac{\sum_{i=1}^{n}\lambda_i Y_i^2}{\sum_{i=1}^{n}Y_i^2}\leqslant\lambda_1\frac{\sum_{i=1}^{n}Y_i^2}{\sum_{i=1}^{n}Y_i^2}=\lambda_1 \tag{6.7}$$

而特征向量 $\boldsymbol{e}_1$，$\boldsymbol{e}_2$，…，$\boldsymbol{e}_n$进行正交化和单位化后，有

$$\begin{aligned}\boldsymbol{e}_1\boldsymbol{\Sigma}\boldsymbol{e}_1^{\mathrm{T}}&=\mathrm{var}(Y_1)=\lambda_1\\ \boldsymbol{e}_2\boldsymbol{\Sigma}\boldsymbol{e}_2^{\mathrm{T}}&=\mathrm{var}(Y_2)=\lambda_2\\ &\vdots\\ \boldsymbol{e}_n\boldsymbol{\Sigma}\boldsymbol{e}_n^{\mathrm{T}}&=\mathrm{var}(Y_n)=\lambda_n\end{aligned} \tag{6.8}$$

因为进行正交化后特征向量两两之间相互正交，故有：$\boldsymbol{e}_i\boldsymbol{e}_j^{\mathrm{T}}=0$，$i\neq k$。这样不论特征值是否相等，新变量的方差阵一定是对角型矩阵，不会出现约当块(Jordan Block)。也就是新变量的协方差为零：

$$\mathrm{Cov}(Y_{ij})=\boldsymbol{e}_i\boldsymbol{\Sigma}\boldsymbol{e}_j^{\mathrm{T}}=0,\ i,\ j=1,\ 2,\ \cdots,\ n;\ 且\ i\neq j \tag{6.9}$$

由此可知，式(6.2)应为

$$\mathrm{Cov}(\boldsymbol{Y})=\begin{bmatrix}\lambda_1 & \cdots & 0\\ \vdots & \lambda_i & \vdots\\ 0 & \cdots & \lambda_n\end{bmatrix} \tag{6.10}$$

新变量所构成的新数据集方差阵的迹为

$$\begin{aligned}\mathrm{Tr}[\mathrm{Cov}(\boldsymbol{Y})]&=\lambda_1+\lambda_2+\cdots+\lambda_n\\ &=\sum_{i=1}^{n}\mathrm{Cov}(Y_{ii})=\sum_{i=1}^{n}\mathrm{Cov}(X_{ii})\end{aligned} \tag{6.11}$$

从式(6.11)也可以看出，旧数据集中数据的特征值和经过变换之后新数据集中数据的特征值并没有改变。这是因为在整个变换过程中进行的是非奇异线性变换，该变换不会改变特征值。从另外一个方面来讲，旧数据集中数据的“本质特性”并没有因为作了这种变换而发生变化。发生变化的仅仅是将原来数据的方差阵——非对角型的方差阵变为新数据的对角型方差阵了。

将新数据集中每组数据的方差与总的方差和作对比，就可以得出每组数据方差占数据

总体方差的比例，即

$$P_i = \frac{\lambda_i}{\lambda_1 + \lambda_2 \cdots + \lambda_n},\ i = 1,\ 2,\ \cdots,\ n \tag{6.12}$$

式中，P_i 即为每组数据方差占数据总体方差的比例。如果某个或某几个方差的比例很大，足以占到数据总体方差的绝大部分(例如占到 80%以上，可以根据情况人为指定)，就可以认为在数据集中这些因素是整个数据的“主成分”，可以用这些数据来代表整个数据集，用这些数据来解释整个数据集，那些占地很少的因素就几乎可以忽略不计了，这就是主成分分析的基本思想。下面从几何的角度来解释主成分分析的意义。

图 6.1 为一组三维数据在空间中的表示。这组数据比较杂乱，我们看不出在哪个方向上占优势。当然，在哪个方向上占优势主要是指在哪个坐标轴方向上占优势。于是，可以进行坐标变换，将数据集重新安置在新的坐标中。这时，就可以看出数据集中的数据主要集中在哪个坐标轴的方向上了，以此作为数据集的主成分。式(6.1)就是一个线性变换的过程。由线性代数及第二章的内容可知，在非奇异线性变换中，矩阵的特征值、特征向量不会改变，因此，主成分变换实际上就是“换了一个角度看问题”，本质上并不会改变数据集的根本属性。

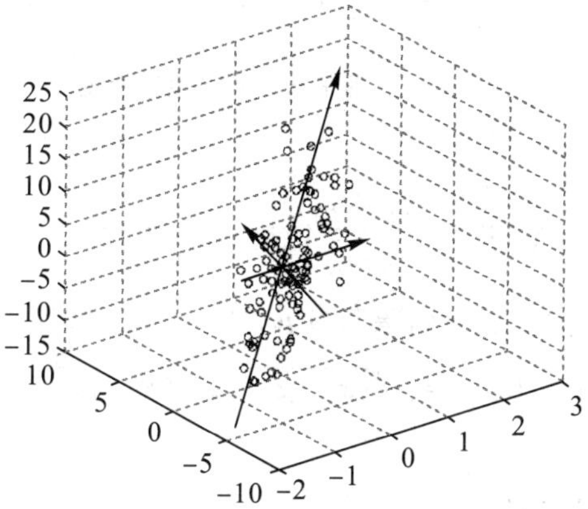

图 6.1　主成分分析的几何表示

为了能更清楚地用数学语言说明主成分分析的特点，不妨设数据集中的数据是满足正态分布的。数据集中数据是多维的(如果是一维数据，就没必要进行主成分分析了，该维数据就是主成分)，在分析时先以二维情况为例。在二维情况下，不妨设数据集中的数据满足正态分布，即

$$f(x) = \frac{1}{2\pi\ (\boldsymbol{\Sigma})^{1/2}} \mathrm{e}^{-[(x-\boldsymbol{\mu})^{\mathrm{T}} \boldsymbol{\Sigma}^{-1} (x-\boldsymbol{\mu})]/2} \tag{6.13}$$

式中，$\boldsymbol{\mu}$ 为二维数据的期望，即 $\boldsymbol{\mu}=\begin{bmatrix}\mu_1\\ \mu_2\end{bmatrix}=\begin{bmatrix}E(x_1)\\ E(x_2)\end{bmatrix}$；$\boldsymbol{\Sigma}$ 为这二维数据的协方差矩阵，即 $\boldsymbol{\Sigma}=\begin{bmatrix}\sigma_{11} & \sigma_{12}\\ \sigma_{21} & \sigma_{22}\end{bmatrix}$。参考式(6.2)，有 $\sigma_{12}=\sigma_{21}$。另可知

$$\boldsymbol{\Sigma}^{-1}=\frac{1}{\sigma_{11}\sigma_{22}-\sigma_{12}^2}\begin{bmatrix}\sigma_{22} & -\sigma_{21}\\ -\sigma_{12} & \sigma_{11}\end{bmatrix} \tag{6.14}$$

二维正态分布随机向量概率密度函数如图 6.2 所示。

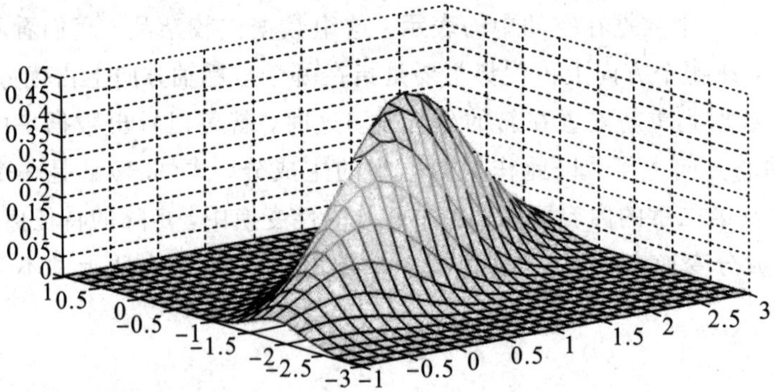

图 6.2　二维正态分布的概率密度

将各维数据标准化：

$$z_1=\frac{x_1-\mu_1}{\sqrt{\sigma_{11}}},\ z_2=\frac{x_2-\mu_2}{\sqrt{\sigma_{22}}} \tag{6.15}$$

对于数据向量 $\boldsymbol{x}=[x_1\quad x_2]^{\mathrm{T}}$，它与期望向量 $\boldsymbol{\mu}=[\mu_1\quad \mu_2]^{\mathrm{T}}$ 的广义距离为

$$D_{\boldsymbol{x},\boldsymbol{\mu}}=\sqrt{(\boldsymbol{x}-\boldsymbol{\mu})^{\mathrm{T}}\boldsymbol{\Sigma}^{-1}(\boldsymbol{x}-\boldsymbol{\mu})} \tag{6.16}$$

其平方为

$$\begin{aligned}&(\boldsymbol{x}-\boldsymbol{\mu})^{\mathrm{T}}\boldsymbol{\Sigma}^{-1}(\boldsymbol{x}-\boldsymbol{\mu})\\ &=[x_1-\mu_1\quad x_2-\mu_2]\frac{1}{\sigma_{11}\sigma_{22}-\sigma_{12}^2}\begin{bmatrix}\sigma_{22} & -\sigma_{21}\\ -\sigma_{12} & \sigma_{11}\end{bmatrix}\begin{bmatrix}x_1-\mu_1\\ x_2-\mu_2\end{bmatrix}\\ &=\frac{1}{\sigma_{11}\sigma_{22}-\sigma_{12}^2}[\sigma_{22}(x_1-\mu_1)^2-2\sigma_{12}(x_1-\mu_1)(x_2-\mu_2)+\sigma_{11}(x_2-\mu_2)^2]\end{aligned} \tag{6.17}$$

从图 6.2 及式(6.17)可以看出，概率密度的表面是一个椭球面。其中心为 $\boldsymbol{\mu}$，长短轴为协方差阵 $\boldsymbol{\Sigma}$。一般的数据集中，方差阵 $\boldsymbol{\Sigma}$ 并不是一个对角阵，这说明椭球的各“长短轴”并不在坐标轴的轴线上，很难对比这些“长短轴”的长度。于是进行坐标变换，将坐标进行旋转，使这些“长短轴”能够位于坐标轴上，然后对比椭球面“长短轴”的长度，长度越长则越

能代表这个数据集的主成分。

那么进行旋转变换以后，主成分(或其他成分)与原有的数据之间是什么关系呢？这就需要研究主成分与原有变量之间的相关程度，即相关系数。

根据上述分析，经坐标变换后的数据可以表示为

$$Y_1=\boldsymbol{e}_1^{\mathrm{T}}\boldsymbol{X},\quad Y_2=\boldsymbol{e}_2^{\mathrm{T}}\boldsymbol{X},\quad \cdots\quad Y_n=\boldsymbol{e}_n^{\mathrm{T}}\boldsymbol{X}$$

另设 $\boldsymbol{a}_k=[0,\cdots,0,1,0,\cdots 0]$(第 k 个元素为1)，则有 $X_k=\boldsymbol{a}_k\boldsymbol{X}$。由此可以求出原数据集中第 k 个分量 X_k 与经过变换后的新数据集中第 i 个分量 Y_i 之间的相关系数 ρ_{Y_i,X_k}。首先计算其协方差：

$$\mathrm{Cov}(X_k,Y_i)=\mathrm{Cov}(\boldsymbol{a}_k\boldsymbol{X},\boldsymbol{e}_i^{\mathrm{T}}\boldsymbol{X})=\lambda_i e_{ik} \tag{6.18}$$

式中，λ_i 为变换后新数据集的特征值。e_{ik} 为一标量，是行向量 $\boldsymbol{a}_k$ 与新数据集中第 i 个特征向量(列向量)的乘积，也就是保留了 $\boldsymbol{e}_i$ 这个特征向量的第 k 个分量，其余全部清零。

$$\rho_{Y_i,x_k}=\frac{\mathrm{Cov}(X_k,Y_i)}{\sqrt{\mathrm{Var}(X_k)}\sqrt{\mathrm{Var}(Y_i)}}=\frac{\lambda_i e_{ik}}{\sqrt{\lambda_i}\sqrt{\sigma_{ii}}}=\frac{\sqrt{\lambda_i}}{\sqrt{\sigma_{ii}}}e_{ik} \tag{6.19}$$

式中，σ_{ii} 为原数据集中方差阵对角线元素中第 i 个分量。

下面举例说明进行主成分分析的方法和步骤。

例 6.1　有数据集包含三维数据 $\boldsymbol{X}=[X_1,X_2,X_3]^{\mathrm{T}}$，其协方差阵为(由于需要有较多数据才能计算协方差阵，而且计算协方差阵并不是主成分分析的核心内容，故在此直接给出协方差阵)：

$$\boldsymbol{\Sigma}=\begin{bmatrix}8 & 2 & 0\\ 2 & 3 & 0\\ 0 & 0 & 5\end{bmatrix}$$

试给出对该数据集的主成分分析。

解　首先，计算协方差阵的特征值及其对应的特征向量。

特征值为

$\lambda_1=2.298$

$\lambda_2=5$

$\lambda_3=8.7$

对应的特征向量为

$\boldsymbol{e}_1=[0.331\quad -0.9436\quad 0]^{\mathrm{T}}$

$\boldsymbol{e}_2=[0\quad 0\quad 5]^{\mathrm{T}}$

$\boldsymbol{e}_3=[-0.9436\quad -0.331\quad 0]^{\mathrm{T}}$

经变换后的新变量为

$$Y_1=\boldsymbol{e}_1^{\mathrm{T}}\boldsymbol{X}=0.331X_1-0.9436X_2$$

$$Y_2=\boldsymbol{e}_2^{\mathrm{T}}\boldsymbol{X}=X_3$$

$$Y_3=\boldsymbol{e}_3^{\mathrm{T}}\boldsymbol{X}=-0.9436X_1-0.331X_2$$

从式中可以看出，X_3与其他两个向量不相关，应该为主成分之一。接下来可以验证式(6.8)和式(6.9)：

$$\begin{aligned}\mathrm{Var}(Y_1)&=\mathrm{Var}(\boldsymbol{e}_1^{\mathrm{T}}\boldsymbol{X})=\mathrm{Var}(0.331X_1-0.9436X_2)\\&=0.331^2\mathrm{Var}(X_1)-2\times0.331\times0.9436\mathrm{Cov}(X_1,X_2)+0.9436^2\mathrm{Var}(X_2)\\&=2.298=\lambda_1\end{aligned}$$

$$\mathrm{Cov}(Y_1,Y_2)=\mathrm{Cov}[0.331\mathrm{Cov}(X_1,X_3)-0.9436\mathrm{Cov}(X_2,X_3)]=0$$

可以看出，在新的数据集中，Y_1和Y_2不相关。新数据集的方差特征值之和为

$$\lambda_1+\lambda_2+\lambda_3=2.298+5+8.7=15.998$$

新数据集中各变量所占比重为

$$Y_1=\frac{\lambda_1}{\lambda_1+\lambda_2+\lambda_3}=0.144$$

$$Y_2=\frac{\lambda_2}{\lambda_1+\lambda_2+\lambda_3}=0.312$$

$$Y_3=\frac{\lambda_3}{\lambda_1+\lambda_2+\lambda_3}=0.544$$

从这里可以看出，新数据集中的Y_2和Y_3两个主成分占总体方差的0.856，具有很大的比重。可以在很大程度上代表数据的基本情况。进一步地，还可以得出新旧数据集中各分量的相关程度。旧数据中的X_3分量与新数据集中的Y_2分量相等，其相关系数为1。下面分析新变量中所占成分最大的Y_3与旧数据中两个分量的情况。

$$\rho_{Y_3,X_1}=\frac{e_{31}\sqrt{\lambda_3}}{\sqrt{\sigma_{11}}}=\frac{-0.9436\times\sqrt{8.7}}{\sqrt{8}}=-0.943$$

$$\rho_{Y_3,X_2}=\frac{e_{32}\sqrt{\lambda_3}}{\sqrt{\sigma_{22}}}=\frac{-0.331\times\sqrt{8.7}}{\sqrt{3}}=-0.564$$

从此两式可以看出，旧数据中的X_1分量占到新数据主成分Y_3的94.3%，而X_2分量仅占Y_3的56.4%。说明旧数据中的X_1分量对于新数据主成分Y_3的影响很大，而X_2分量对Y_3的影响则在其次。

在本题中，主成分分量$Y_2=X_3$与其他两个向量不相关，可直接分离出来，但更多情况下并不是这样。

例 6.2 有数据集包含三维数据$\boldsymbol{X}=[X_1, X_2, X_3]^{\mathrm{T}}$，其协方差阵为

$$\boldsymbol{\Sigma} = \begin{bmatrix} 8 & 2 & 1 \\ 2 & 3 & 0 \\ 1 & 0 & 5 \end{bmatrix}$$

解　先来计算协方差阵的特征值及其对应的特征向量。

特征值为

$$\lambda_1 = 2.256$$

$$\lambda_2 = 4.815$$

$$\lambda_3 = 8.929$$

对应的特征向量为

$$\boldsymbol{e}_1 = [0.3457 \quad -0.9298 \quad -0.126]^{\mathrm{T}}$$

$$\boldsymbol{e}_2 = [0.1788 \quad 0.1971 \quad -0.9639]^{\mathrm{T}}$$

$$\boldsymbol{e}_3 = [0.9211 \quad 0.3107 \quad 0.2344]^{\mathrm{T}}$$

经变换后的新变量为

$$Y_1 = \boldsymbol{e}_1^{\mathrm{T}} \boldsymbol{X} = 0.3457X_1 - 0.9298X_2 - 0.126X_3$$

$$Y_2 = \boldsymbol{e}_2^{\mathrm{T}} \boldsymbol{X} = 0.1788X_1 + 0.1971X_2 - 0.9639X_3$$

$$Y_3 = \boldsymbol{e}_3^{\mathrm{T}} \boldsymbol{X} = 0.9211X_1 + 0.3107X_2 + 0.2344X_3$$

很明显，这个例子和上一个例子不同，新变量没有不相关的情况。但是这并不妨碍从其中提取主成分。新数据集的方差特征值之和为

$$\lambda_1 + \lambda_2 + \lambda_3 = 2.256 + 4.815 + 8.929 = 16$$

新数据集中各变量所占比重为

$$Y_1 = \frac{\lambda_1}{\lambda_1 + \lambda_2 + \lambda_3} = 0.141$$

$$Y_2 = \frac{\lambda_2}{\lambda_1 + \lambda_2 + \lambda_3} = 0.3$$

$$Y_3 = \frac{\lambda_3}{\lambda_1 + \lambda_2 + \lambda_3} = 0.558$$

从这里可以看出，新数据集中的 Y_2 和 Y_3 两个主成分占总体方差的 0.858，也具有很大的比重。可以发现除了新变量的相关性之外，本例和前一个例子区别并不大，主要是因为数据变化并不太大。当然还可以继续分析新变量与旧数据中两个分量的情况。由于数据差别不大，此处就不再进行分析了。

主成分应该占到多少比重？在实际的工作中并没有一定的严格要求，可以根据实际情况自行制定。

除了通过计算进行主成分分析以外，还常常采用图形化的表示方法。这里主要指碎石

图，如图 6.3 所示。碎石图的横坐标为经过变换后的新数据“成分”，纵坐标为经主成分分析后各分量的特征值。碎石图可以很形象直观地反映出各个变量在总体中所占的比重。从图 6.3 可以看出，第一个成分所占比重最大；前两个成分基本上就可以解释该组数据了。

除了使用碎石图来直观观察主成分分析中各成分所占比例的情况外，通常还使用$Q-Q$图来观测和检验新的数据变量与原数据变量之间的相关性。Q 是指统计数据中的分位数(Quantile)。$Q-Q$ 图在主成分分析中主要用来检查新数据变量与原数据间的相关性，如图 6.4 所示。如果在变换前后两个数据变量的概率分布基本相似，那么 $Q-Q$ 图中的点趋于处在 $y=x$ 直线上；如果变换前后两组数据的分布是线性相关的，那么图中的点会趋近于某一条直线；如果不相关的话，就不会趋于一条直线。当然，在主成分分析中不会出现这种情况。在主成分分析中，可以使用 $Q-Q$ 图来直观地考察式(6.19)的大致情况。

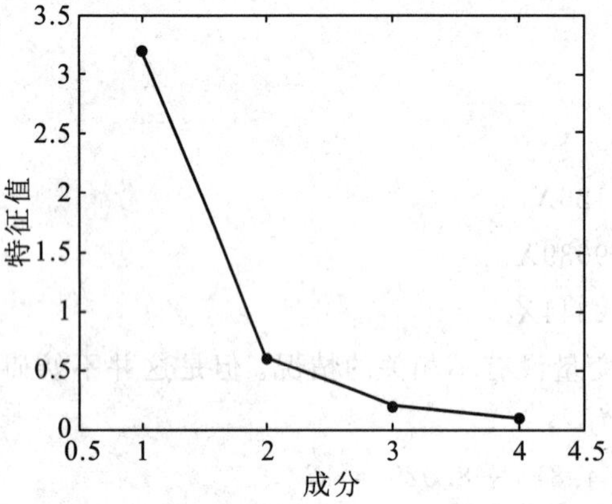

图 6.3 碎石图示意

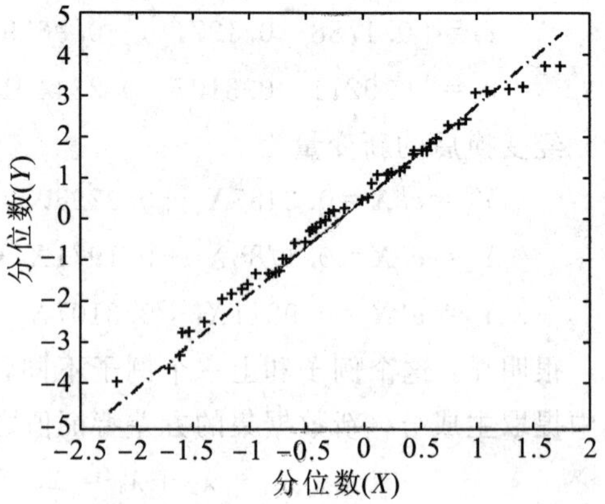

图 6.4 Q－Q 图示意

主成分分析方法并不是一个非常新的方法，然而在新兴的机器学习方面却有很重要的应用。这是因为：它只以方差来对信息量进行衡量，不受数据集以外其他因素的影响；而且在进行正交变换以后，新数据集的各量之间相互正交，消除了旧数据集中数据的耦合影响，在机器学习中对于数据降维非常有效。但主成分分析方法也有一些问题，主要表现在：与旧数据集相比，经过变换后所形成的新数据集的物理意义不够清晰，而且某些非主成分的数据可能会包含一些重要信息，如果仅使用主成分分析进行数据解释的话，可能会丢失原有数据的一些信息。

6.1.2 因子分析

因子分析与主成分分析有一定的相似之处，是用一组构造的变量来描述数据集中各变量之间的协方差的关系。一般来讲，这些构造的变量不能被观测，称为“因子”。因子分析的主要思想是：如果数据集中有一些变量之间的相关性很高，说明它们之间很相似，拥有相同的“结构”，那么就将其归为一类，使用一个结构变量来代表这组变量，这个结构变量就是因子，分析的过程就称为因子分析。可以看出，经过这样的分析过程后同样也实现了数据维度的归约。

因子分析起初应用于心理学和教育学方面，在 20 世纪初由英国心理学家 C. E. 斯皮尔曼(Charles Edward Spearman)提出。他在进行心理教育研究时，对学生的各科成绩进行考察，发现在文学、英语、数学等文化课方面成绩好的学生存在很强的相关性；而在体育方面成绩好的学生也存在一定的相关性，于是就提出可以使用“智力”、“健康”的因子来对这些成绩进行表示和衡量。这种方法曾经在历史上有过争议，但随着计算机的不断发展，因子分析的优势逐渐显现出来，如今已经跻身机器学习重要的分析方法之列。

下面讨论因子分析的方法和过程。

对于数据集 $\boldsymbol{X}$，其中的数据有 n 个分量：$\boldsymbol{X}=[X_1, X_2, \cdots, X_n]^{\mathrm{T}}$；各分量的均值为：$\boldsymbol{\mu}=[\mu_1, \mu_2, \cdots, \mu_n]^{\mathrm{T}}$；协方差矩阵为 $\boldsymbol{\Sigma}$。设定数据集有 m 个因子：$f_1, f_2, \cdots, f_m$。将数据集中的各数据分量中心化，并用因子线性表达，有

$$\begin{aligned} X_1-\mu_1 &= a_{11}f_1+a_{12}f_2+\cdots+a_{1m}f_m+\varepsilon_1 \\ X_2-\mu_2 &= a_{21}f_1+a_{22}f_2+\cdots+a_{2m}f_m+\varepsilon_2 \\ \vdots \quad & \qquad\qquad \cdots\cdots\cdots\cdots \qquad\qquad \vdots \\ X_n-\mu_n &= a_{n1}f_1+a_{n2}f_2+\cdots+a_{nm}f_m+\varepsilon_n \end{aligned} \tag{6.20}$$

与式(6.1)相比，式(6.20)多了误差项 $\varepsilon_1, \varepsilon_2, \cdots, \varepsilon_n$，这是主成分分析与因子分析的区别之一。因子分析中，因子的数量在很大程度上是人为指定的，而不仅仅是旋转变换，因此数据集中的数据各分量可能会存在不同程度的误差。将式(6.20)写成矩阵表达形式：

$$\boldsymbol{X}-\boldsymbol{\mu}=\boldsymbol{AF}+\boldsymbol{\varepsilon} \tag{6.21}$$

式中，$\boldsymbol{A}$ 称为因子载荷阵($n\times m$)，其各分量 a_{ij} 为第 i 个变量在第 j 个因子上的载荷。$\boldsymbol{F}$ 为因子向量($m\times 1$)，$\boldsymbol{\varepsilon}$ 为误差向量($n\times 1$)。对于这种线性表达，有一定的条件约束，即

$$E(\boldsymbol{F})=0,\ \mathrm{Cov}(\boldsymbol{F})=I \tag{6.22}$$

$$E(\boldsymbol{\varepsilon})=0,\ \mathrm{Cov}(\boldsymbol{\varepsilon})=E(\boldsymbol{\varepsilon}\boldsymbol{\varepsilon}^{\mathrm{T}})=\boldsymbol{\Psi}=\begin{bmatrix}\psi_1 & 0 & \cdots & 0\\ 0 & \psi_2 & \cdots & 0\\ \vdots & \vdots & \ddots & \vdots\\ 0 & 0 & \cdots & \psi_n\end{bmatrix} \tag{6.23}$$

$$\mathrm{Cov}(\boldsymbol{\varepsilon}, \boldsymbol{F})=0 \tag{6.24}$$

式(6.22)说明各因子之间是相互正交的，因此这种条件下的因子分析也称为正交因子分析。如果该条件不满足，就成为了斜交因子分析。斜交因子分析也是一种数据的分析方法，但分析过程比较繁复困难，在机器学习领域应用较少，此处不作讨论。式(6.23)表明进行因子分析的各分量估计值是无偏估计，而且各分量之间的偏差也不相关。式(6.24)表明

因子与误差之间也不相关。

对于数据集中数据经中心化后的方差结构，有

$$\begin{aligned}\boldsymbol{\Sigma} &= E[(\boldsymbol{x}-\boldsymbol{\mu})(\boldsymbol{x}-\boldsymbol{\mu})^{\mathrm{T}}] = E[(\boldsymbol{AF}+\boldsymbol{\varepsilon})(\boldsymbol{AF}+\boldsymbol{\varepsilon})^{\mathrm{T}}] \\ &= E[\boldsymbol{AFF}^{\mathrm{T}}\boldsymbol{A}^{\mathrm{T}} + \boldsymbol{AF\varepsilon}^{\mathrm{T}} + \boldsymbol{\varepsilon}^{\mathrm{T}}\boldsymbol{AF} + \boldsymbol{\varepsilon\varepsilon}^{\mathrm{T}}] \\ &= \boldsymbol{AA}^{\mathrm{T}} + \boldsymbol{\Psi}\end{aligned} \tag{6.25}$$

数据经中心化后与因子之间的协方差结构：

$$\begin{aligned}\mathrm{Cov}(x-\mu, \boldsymbol{F}) &= E[(\boldsymbol{x}-\boldsymbol{\mu})\boldsymbol{F}^{\mathrm{T}}] = E[(\boldsymbol{AF}+\boldsymbol{\varepsilon})\boldsymbol{F}^{\mathrm{T}}] \\ &= E[\boldsymbol{AFF}^{\mathrm{T}} + \boldsymbol{\varepsilon F}^{\mathrm{T}}] = \boldsymbol{A}\end{aligned} \tag{6.26}$$

考察式(6.25)，有

$$\mathrm{Var}(X_i) = \sigma_{ii} = a_{i1}^2 + a_{i2}^2 + \cdots a_{im}^2 + \psi_i \tag{6.27}$$

$$\mathrm{Cov}(X_i, X_k) = \sigma_{ik} = a_{i1}^2 + a_{i2}^2 + \cdots a_{im}^2 \tag{6.28}$$

由式(6.27)可以看出，经中心化后的各分量的方差由两部分组成：一部分是由因子载荷的平方和所组成的，即 $a_{i1}^2 + a_{i2}^2 + \cdots a_{im}^2$，称为共性方差；另一部分是由误差的方差所给出的，即 ψ_i，称为特殊方差。共性方差可以表示为

$$h_i^2 = a_{i1}^2 + a_{i2}^2 + \cdots a_{im}^2 \quad (i = 1, 2, \cdots, n) \tag{6.29}$$

于是由式(6.27)有

$$\mathrm{Var}(X_i) = \sigma_{ii} = h_i^2 + \psi_i \quad (i = 1, 2, \cdots, n) \tag{6.30}$$

在得到方差的基本结构后，接下来的任务就是求取因子载荷和误差方差。前面提到，因子分析与主成分分析有一定的相似之处，因此求取这些参数的方法之一就是借助于主成分分析的方法。首先利用主成分分析方法的相应结论求取因子载荷的系数，然后再得出特殊方差。

对于式(6.25)先忽略其特殊方差，就剩下 $\boldsymbol{AA}^{\mathrm{T}}$ 阵，容易得知这是一个 $n\times n$ 的对称阵，不妨将其记作 R。将 R 的 n 个特征值进行排列，即 $\lambda_1 \geqslant \lambda_2 \geqslant \cdots \lambda_n \geqslant 0$，对应的特征向量所组成的矩阵为：$\boldsymbol{P}=[e_1, e_2, \cdots, e_n]$，由特征值组成的对角阵为，$\boldsymbol{\Lambda}=\mathrm{diag}(\lambda_1, \lambda_2, \cdots, \lambda_n)$。根据矩阵特征值分解，有

$$\begin{aligned}\boldsymbol{AA}^{\mathrm{T}} &= R = \boldsymbol{P\Lambda P}^{\mathrm{T}} = \sum_{i=1}^{n} \lambda_i \boldsymbol{e}_i \boldsymbol{e}_i^{\mathrm{T}} \\ &= \begin{bmatrix}\sqrt{\lambda_1}\,\boldsymbol{e}_1 & \sqrt{\lambda_2}\,\boldsymbol{e}_2 & \cdots & \sqrt{\lambda_n}\,\boldsymbol{e}_n\end{bmatrix}\begin{bmatrix}\sqrt{\lambda_1}\,\boldsymbol{e}_1^{\mathrm{T}} \\ \sqrt{\lambda_2}\,\boldsymbol{e}_2^{\mathrm{T}} \\ \vdots \\ \sqrt{\lambda_n}\,\boldsymbol{e}_n^{\mathrm{T}}\end{bmatrix}\end{aligned} \tag{6.31}$$

式(6.31)中，各特征向量可以看作是数据集的因子，而 $\sqrt{\lambda_i}$ 为尺度因子。对照式

(6.19)，$\sqrt{\lambda_i}$可以看作是第i个因子的主成分系数。更进一步地，尺度因子$\sqrt{\lambda_i}$很小时，可以将其略去，将因子的数量缩减为p个，这时式(6.31)化为

$$R_{n\times n} \approx \begin{bmatrix} \sqrt{\lambda_1}\boldsymbol{e}_1 & \sqrt{\lambda_2}\boldsymbol{e}_2 & \cdots & \sqrt{\lambda_p}\boldsymbol{e}_p \end{bmatrix}_{n\times p} \begin{bmatrix} \sqrt{\lambda_1}\boldsymbol{e}_1^{\mathrm{T}} \\ \sqrt{\lambda_2}\boldsymbol{e}_2^{\mathrm{T}} \\ \vdots \\ \sqrt{\lambda_p}\boldsymbol{e}_p^{\mathrm{T}} \end{bmatrix}_{p\times n} \tag{6.32}$$

从式(6.32)中可以看出，在缩减了$n-p$个因子后，共性方差阵仍然保持了n阶方阵的形式。这样因子分析和主成分分析就几乎一致了，在保持数据维度归约的基础上，对于方差分析并没有影响。

此时如果想进一步提高精度的话，可以考虑将特殊方差考虑进来，由式(6.25)有

$$\begin{aligned}\boldsymbol{\Sigma} &= \boldsymbol{A}\boldsymbol{A}^{\mathrm{T}} + \boldsymbol{\Psi} \\ &= \begin{bmatrix} \sqrt{\lambda_1}\boldsymbol{e}_1 & \sqrt{\lambda_2}\boldsymbol{e}_2 & \cdots & \sqrt{\lambda_p}\boldsymbol{e}_p \end{bmatrix} \begin{bmatrix} \sqrt{\lambda_1}\boldsymbol{e}_1^{\mathrm{T}} \\ \sqrt{\lambda_2}\boldsymbol{e}_2^{\mathrm{T}} \\ \vdots \\ \sqrt{\lambda_p}\boldsymbol{e}_p^{\mathrm{T}} \end{bmatrix} + \begin{bmatrix} \psi'_1 & 0 & \cdots & 0 \\ 0 & \psi'_2 & \cdots & 0 \\ \vdots & \vdots & \ddots & \vdots \\ 0 & 0 & \cdots & \psi'_n \end{bmatrix}\end{aligned} \tag{6.33}$$

式中，$\psi'_i = \sigma_{ii} - \sum_{j=1}^{p} a_{ij}^2$，$i = 1, 2, \cdots, n$。需要说明的是，这时的特殊方差已经和原先的特殊方差有所不同了。以上过程可以总结如下：

因子分析的因子载荷矩阵为

$$\hat{\boldsymbol{A}} = \begin{bmatrix} \sqrt{\lambda_1}\boldsymbol{e}_1 & \sqrt{\lambda_2}\boldsymbol{e}_2 & \cdots & \sqrt{\lambda_p}\boldsymbol{e}_p \end{bmatrix} \tag{6.34}$$

因子分析的特殊方差矩阵为

$$\hat{\boldsymbol{\Psi}} = \begin{bmatrix} \psi'_1 & 0 & \cdots & 0 \\ 0 & \psi'_2 & \cdots & 0 \\ \vdots & \vdots & \ddots & \vdots \\ 0 & 0 & \cdots & \psi'_n \end{bmatrix} \tag{6.35}$$

因子分析中，因子的数量可以由人为指定，也可以根据主成分分析的方法来选定。根据主成分分析方法来选定时，通常考察因子对于样本方差的贡献大小，即可以参照式(6.12)来进行，将贡献小的因子忽略。由于这种参数确定方法与主成分分析方法非常类似，因此也称为因子分析的主成分解。

除了上述的主成分分析方法外，因子分析还可以使用极大似然估计的方法进行。极大似然估计方法需要获得估计对象的概率分布(或概率密度)函数的情况。在实际的估计分析

过程中，常常将因子向量(有时也称作公共因子)$\boldsymbol{F}$ 和误差向量 $\boldsymbol{\varepsilon}$(也称特殊因子)的分布情况设定为正态分布。当两者为联合正态分布时，可以得到其似然函数为

$$L(\boldsymbol{\mu}, \boldsymbol{\Sigma}) = (2\pi)^{-\frac{np}{2}} \left|\boldsymbol{\Sigma}\right|^{-\frac{n}{2}} \exp\left\{-\frac{1}{2}\mathrm{tr}\left[\boldsymbol{\Sigma}^{-1}\left(\sum_{i=1}^{n}(x_i-\bar{x})(x_i-\bar{x})^{\mathrm{T}}+n(\bar{x}-\mu)(\bar{x}-\mu)^{\mathrm{T}}\right)\right]\right\}$$

$$= (2\pi)^{-\frac{(n-1)p}{2}} \left|\boldsymbol{\Sigma}\right|^{-\frac{n-1}{2}} \exp\left\{-\frac{1}{2}\mathrm{tr}\left[\boldsymbol{\Sigma}^{-1}\sum_{i=1}^{n}(x_i-\bar{x})(x_i-\bar{x})^{\mathrm{T}}\right]\right\}$$

$$\times (2\pi)^{-\frac{p}{2}} \left|\boldsymbol{\Sigma}\right|^{-\frac{1}{2}} \exp\left\{-\frac{n}{2}\mathrm{tr}\left[(\bar{x}-\mu)^{\mathrm{T}}\boldsymbol{\Sigma}^{-1}(\bar{x}-\mu)\right]\right\} \tag{6.36}$$

所求的极大似然估计就是要在式(6.33)的条件下，使式(6.36)能够达到最大值。在此基础上，需要考虑约束条件：

$$\mathbf{A}\boldsymbol{\Psi}\mathbf{A}^{\mathrm{T}} = \boldsymbol{\Delta} \tag{6.37}$$

从而可以得出极大似然估计值 $\hat{\boldsymbol{A}}$ 和 $\hat{\boldsymbol{\Psi}}$。

考虑到极大似然估计的不变性，共性方差的极大似然估计为

$$\hat{h}_i^2 = \hat{a}_{i1}^2 + \hat{a}_{i2}^2 + \cdots \hat{a}_{im}^2 \quad (i = 1, 2, \cdots, n) \tag{6.38}$$

而归因于某个因子 i 的样本占总方差的比例为

$$P = \frac{\hat{a}_{1i}^2 + \hat{a}_{2i}^2 + \cdots \hat{a}_{mi}^2}{s_{11} + s_{22} + \cdots s_{mm}}$$

$$= \frac{\hat{a}_{1i}^2 + \hat{a}_{2i}^2 + \cdots \hat{a}_{mi}^2}{\mathrm{tr}S} \tag{6.39}$$

下面试举一例来说明因子分析方法的情况(以主成分解为例)。

例 6.3 某数据集的相关系数矩阵如下：

$$\boldsymbol{R} = \begin{bmatrix} 1 & 0.905 & 0.638 & 0.052 & 0.037 \\ 0.905 & 1 & 0.602 & 0.131 & 0.186 \\ 0.638 & 0.602 & 1 & 0.067 & 0.085 \\ 0.052 & 0.131 & 0.067 & 1 & 0.89 \\ 0.037 & 0.186 & 0.085 & 0.89 & 1 \end{bmatrix}$$

试求其因子分析。

解 首先求出其特征值：

$$\lambda_1 = 2.523,\ \lambda_2 = 1.814;$$

$$\lambda_3 = 0.467,\ \lambda_4 = 0.135,\ \lambda_5 = 0.061$$

相对应的特征向量为

$$\boldsymbol{e}_1=\begin{bmatrix}0.5603\\0.5760\\0.4867\\0.2355\\0.2488\end{bmatrix},\ \boldsymbol{e}_2=\begin{bmatrix}-0.2487\\-0.1570\\-0.1872\\0.6652\\0.6603\end{bmatrix},$$

$$\boldsymbol{e}_3=\begin{bmatrix}0.3301\\0.4069\\-0.8516\\-0.0131\\-0.0072\end{bmatrix},\ \boldsymbol{e}_4=\begin{bmatrix}0.4258\\-0.3981\\-0.0297\\0.6000\\-0.5471\end{bmatrix},\ \boldsymbol{e}_5=\begin{bmatrix}0.5779\\-0.5653\\-0.0441\\-0.3767\\0.4502\end{bmatrix}$$

从计算结果可以看出，其中两个特征值 $\lambda_1=2.523$，$\lambda_2=1.814$ 比其他 3 个特征值大得多，因此可以将其作为公共因子。这两个公共因子累积占到样本总方差的比例为

$$\frac{\lambda_1+\lambda_2}{n}=\frac{2.523+1.814}{5}=0.867$$

由式(6.33)有

$$\boldsymbol{A}\boldsymbol{A}^{\mathrm{T}}+\boldsymbol{\Psi}=\begin{bmatrix}0.89 & -0.335\\0.915 & -0.211\\0.773 & -0.252\\0.374 & 0.896\\0.395 & 0.889\end{bmatrix}\begin{bmatrix}0.89 & 0.915 & 0.773 & 0.374 & 0.395\\-0.335 & -0.211 & -0.252 & 0.896 & 0.889\end{bmatrix}$$

$$+\begin{bmatrix}0.096 & 0 & 0 & 0 & 0\\0 & 0.118 & 0 & 0 & 0\\0 & 0 & 0.339 & 0 & 0\\0 & 0 & 0 & 0.058 & 0\\0 & 0 & 0 & 0 & 0.053\end{bmatrix}$$

$$=\begin{bmatrix}1 & 0.885 & 0.773 & 0.033 & 0.054\\0.885 & 1 & 0.761 & 0.153 & 0.174\\0.773 & 0.761 & 1 & 0.063 & 0.081\\0.033 & 0.153 & 0.063 & 1 & 0.945\\0.054 & 0.174 & 0.081 & 0.945 & 1\end{bmatrix}$$

可以看出，使用两个因子的模型就可以对整个数据集进行描述。其共性方差：

$$(0.904,0.882,0.661,0.942,0.947)$$

表明这两个因子在数据集中的各变量方差占有很大比例。可以将因子分析的结果用表格表示出来，如表 6.1 所示。

表 6.1 例 6.3 的因子分析表

变 量	因子载荷估计		共性方差	特殊方差
	f_1	f_2	h_i^2	ψ_i
变量 1	0.89	−0.335	0.904	0.096
变量 2	0.915	−0.211	0.882	0.118
变量 3	0.7735	−0.252	0.661	0.339
变量 4	0.3745	0.896	0.942	0.058
变量 5	0.3955	0.889	0.947	0.053
特征值	2.523	1.814	—	—
样本总方差累积比例	0.504	0.867		

在因子分析中，除了要得出公共因子机器变量的分组以外，在很多情况下还需要能够给出每个因子的含义。而且因子载荷阵不是唯一的，还需要对其进行旋转变换，使因子的分布尽量地靠近各坐标轴，这样可以更直观地看到因子分析的结构。

由矩阵理论的基本知识可以知道，进行旋转变换实际上也是一种线性变换，只需要对原来的矩阵乘以一个变换矩阵就可以了。

对于因子分析过程中的矩阵 $\boldsymbol{A}$，有

$$\boldsymbol{A}_{n\times p}^{*} = \boldsymbol{A}_{n\times p}\boldsymbol{T}_{p\times p} \tag{6.40}$$

其中，有

$$\boldsymbol{T}\boldsymbol{T}^{\mathrm{T}} = \boldsymbol{T}^{\mathrm{T}}\boldsymbol{T} = \boldsymbol{I} \tag{6.41}$$

式(6.41)可以保证因子载荷阵旋转前后的范数保持不变。这样，式(6.33)就变为了

$$\boldsymbol{A}\boldsymbol{A}^{\mathrm{T}} + \boldsymbol{\Psi} = \boldsymbol{A}\boldsymbol{T}\boldsymbol{T}^{\mathrm{T}}\boldsymbol{A}^{\mathrm{T}} + \boldsymbol{\Psi} = \boldsymbol{A}^{*}\boldsymbol{A}^{*\mathrm{T}} + \boldsymbol{\Psi} \tag{6.42}$$

从上式可以看出，特殊方差并没有改变；同时由于有式(6.41)保证了共性方差也没有改变，仅仅是作了一个绕坐标原点的旋转(在随后的分析中将会看到这一点)。

从表 6.1 中可以看到，对于因子 f_1 其载荷均为正值，说明五个变量的整体响应基本位于同一方向上；而对于因子 f_2 来讲，其载荷有正有负，说明变量对于响应出现了两种情况，故而将其称为两极因子。在进行因子旋转时，可以将例 6.3 的两个因子作为相应的坐标值(f_1，f_2)标在二维坐标上(可将 f_1 作为横坐标值，f_2 作为纵坐标值)，如图 6.5 所示。

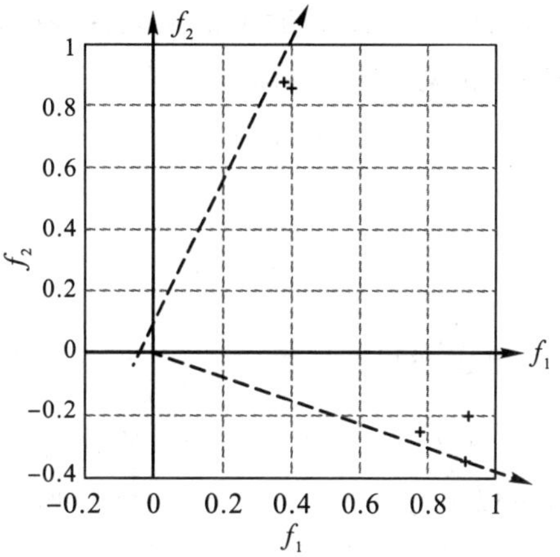

图 6.5　例 6.3 的因子旋转

将二维坐标顺时针旋转 21°可得到一个新的坐标系，如图 6.5 所示。图中，实线为原坐标系，虚线为旋转过后的坐标系。由矩阵理论的知识可知，顺时针旋转的坐标变换阵为

$$T = \begin{bmatrix} \cos\theta & \sin\theta \\ -\sin\theta & \cos\theta \end{bmatrix} \tag{6.43}$$

由此可以得到新的载荷阵为

$$A^* = AT = \begin{bmatrix} 0.89 & -0.335 \\ 0.915 & -0.211 \\ 0.773 & -0.252 \\ 0.374 & 0.896 \\ 0.395 & 0.889 \end{bmatrix} \begin{bmatrix} \cos 21° & \sin 21° \\ -\sin 21° & \cos 21° \end{bmatrix} = \begin{bmatrix} 0.9512 & 0.0057 \\ 0.9301 & 0.1305 \\ 0.8127 & 0.0415 \\ 0.0290 & 0.9709 \\ 0.0511 & 0.9719 \end{bmatrix} \tag{6.44}$$

这样一来，所有的载荷配对点全部都落在了第一象限，而且非常靠近两个坐标轴分布，显示出了独特的方向性。同样地，可将旋转变换后的载荷情况绘制成表 6.2。从该表中的数据可以清楚地看到因子的优势情况，如带框的数据就说明了这一点。而且与图 6.5 也是吻合的。此外，由表 6.2 中看出共性方差和特殊方差都没有改变，这是由式(6.42)予以保证的。

表 6.2　例 6.3 经旋转后的因子分析表

变量	因子载荷估计		共性方差	特殊方差
	f_1	f_2	h_i^2	ψ_i
变量 1	0.9512	0.0057	0.904	0.096
变量 2	0.9301	0.1305	0.882	0.118
变量 3	0.8127	0.0415	0.661	0.339
变量 4	0.0290	0.9709	0.942	0.058
变量 5	0.0511	0.9719	0.947	0.053

那么，具体应该旋转多大的角度呢？一般是由最大方差准则来决定的。所谓的最大方差准则是指要使旋转后的 $\boldsymbol{A}^*$ 阵的总方差达到最大，即

$$\underset{\boldsymbol{\theta}}{\operatorname{argmax}}[\operatorname{Var}(a_{ik}^{*2})] \tag{6.45}$$

由式(6.45)有

$$\begin{aligned}\operatorname{Var}(a_{ik}^{*2}) &= E[(a_{ik}^{*2})^2]-[E(a_{ik}^{*2})]^2 \\ &= \frac{1}{n^2}\left[n\sum_{i=1}^{n} a_{ik}^{*4}-\left(\sum_{i=1}^{n} a_{ik}^{*2}\right)^2\right], \quad (k=1, 2, \cdots, p)\end{aligned} \tag{6.46}$$

式(6.46)中并不显含旋转角度，这需要一些特殊的算法。这些算法比较繁复，而且已经由很多软件实现了，读者可以自行查阅。需要指出的是，所使用算法不同，得到旋转角度的结果也不相同，但对于因子分析所带来的便利是相同的。

在对因子分布的情况有了直观感性的认识后，还需要给出对因子的估计，这称为因子得分。从估计理论的角度来看，虽然不能把因子得分看作是普通的参数估计，但可以进行类比：因子得分是对不能直观进行观测的因子的“参数”估计。

式(6.21)所给出的因子分析表达式中，$\boldsymbol{\varepsilon}$ 为误差向量。可以考虑将误差向量平方和最小化，利用最小二乘估计的思想来求取因子得分。由式(6.21)作变换有

$$\boldsymbol{\varepsilon}=\boldsymbol{X}-\boldsymbol{\mu}-\boldsymbol{AF} \tag{6.47}$$

误差平方和为

$$\sum_{i=1}^{n}\varepsilon_i^2=\boldsymbol{\varepsilon}^{\mathrm{T}}\boldsymbol{\varepsilon}=(\boldsymbol{X}-\boldsymbol{\mu}-\boldsymbol{AF})^{\mathrm{T}}(\boldsymbol{X}-\boldsymbol{\mu}-\boldsymbol{AF}) \tag{6.48}$$

使其最小化，有

$$\min_{\widehat{\boldsymbol{F}}}\sum_{i=1}^{n}\varepsilon_i^2=\left.\frac{\partial\sum_{i=1}^{n}\varepsilon_i^2}{\partial f_i}\right|_{f_i=\widehat{f}_i}=0 \tag{6.49}$$

根据矩阵理论的相关知识，可以求得

$$\widehat{\boldsymbol{F}}=(\boldsymbol{A}^{\mathrm{T}}\boldsymbol{A})^{-1}\boldsymbol{A}^{\mathrm{T}}(\boldsymbol{X}-\boldsymbol{\mu}) \tag{6.50}$$

对比式(2.49)可以得知，这是一个最小二乘解。还可以在此基础上对结果进行修正，例如可以添加一个权系数，构成加权最小二乘估计。在实际的处理过程中通常取误差方差阵的倒数作为权矩阵，这样的估计结果如下：

$$\min_{\widehat{\boldsymbol{F}}}\sum_{i=1}^{n}\frac{\varepsilon_i^2}{\psi_i}=\left.\frac{\partial\sum_{i=1}^{n}\frac{\varepsilon_i^2}{\psi_i}}{\partial f_i}\right|_{f_i=\widehat{f}_i}=0 \tag{6.51}$$

求得

$$\hat{\boldsymbol{F}} = (\boldsymbol{A}^{\mathrm{T}}\boldsymbol{\Psi}^{-1}\boldsymbol{A})^{-1}\boldsymbol{A}^{\mathrm{T}}\boldsymbol{\Psi}^{-1}(\boldsymbol{X}-\boldsymbol{\mu}) \tag{6.52}$$

除了通过最小二乘类方法可以得到因子得分以外，还可以通过其他方法得到，例如回归方法、极大似然估计的方法等。在得出因子得分后，可以构建各个因子与数据集中数据的线性表达，并借此绘制出因子得分图，如图 6.6 所示。从因子得分图中可以很直观地看到数据集中相关因子的分布情况。当然，如果有三个因子的话，也可以绘制三维图形。四个以上的因子可以两两绘制进行分析。

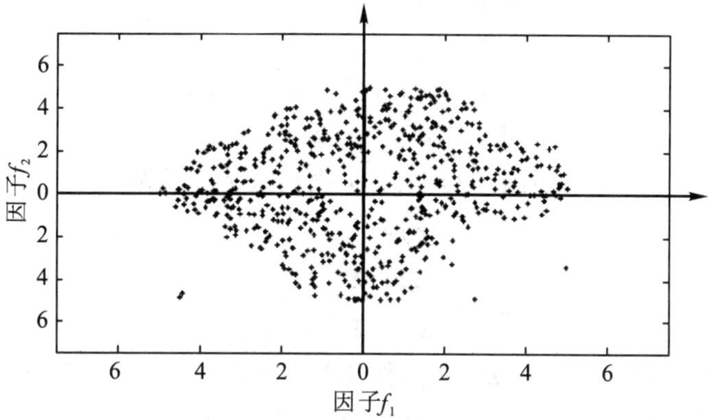

图 6.6　因子得分图示例

在因子分析中，因子数量的选择具有一定的主观性。本书中的例子都是刻意选择的，非常具有代表性，但在很多情况下数据并不会呈现出如此有特点和“一目了然”的情况，因子分析所得出的结果也需要依靠人为的“领悟”来给出对因子的解释。在这一点上，因子分析似乎与精确的科学分析有一定的距离，但不能否认的是，因子分析作为一种数据降维的方法在统计分析和机器学习中是非常有效的工具。

6.1.3　相关分析

相关分析主要是研究两组数据集之间的关系，并能够给出定量的说明。相关分析是对两组变量的线性组合进行研究：首先得到一对线性组合，其相关系数最大；然后再从其他的数据中选出最大相关系数的一组；接着进行往复循环迭代，渐次进行完毕。这些逐次选出的线性相关的组合称为典型变量(向量)，其相关系数称为典型相关系数。因此，相关分析也称作典型相关分析。目前，相关分析是研究两组数据集相关关系的非常有效的方法。

设有两个数据集 $\boldsymbol{X}$、$\boldsymbol{Y}$，其中数据集 $\boldsymbol{X}$ 有 p 个分量，数据集 $\boldsymbol{Y}$ 有 q 个分量，不妨考虑 $p<q$，且两组数据选取的样本数相同，均为 n，即

$$\boldsymbol{X}=\begin{bmatrix} x_{11} & x_{12} & \cdots & x_{1p} \\ x_{21} & x_{22} & \cdots & x_{2p} \\ \vdots & \vdots & \ddots & \vdots \\ x_{n1} & x_{n2} & \cdots & x_{np} \end{bmatrix}_{n\times p}, \quad \boldsymbol{Y}=\begin{bmatrix} y_{11} & y_{12} & \cdots & y_{1q} \\ y_{21} & y_{22} & \cdots & y_{2q} \\ \vdots & \vdots & \ddots & \vdots \\ y_{n1} & y_{n2} & \cdots & y_{nq} \end{bmatrix}_{n\times q}$$

另，在上述两个数据集中，还可以看作是由随机向量组成的，即

$$\boldsymbol{x}=(x_1,\ x_2,\ \cdots\ x_p)^{\mathrm{T}},\quad \boldsymbol{y}=(y_1,\ y_2,\ \cdots\ y_q)^{\mathrm{T}}$$

这两组随机向量(数据集)的数字特征如下：

$$\begin{gathered} E(\boldsymbol{X})=\mu_x,\ \mathrm{Cov}(\boldsymbol{X})=\boldsymbol{\Sigma}_{xx} \\ E(\boldsymbol{Y})=\mu_y,\ \mathrm{Cov}(\boldsymbol{Y})=\boldsymbol{\Sigma}_{yy} \\ \mathrm{Cov}(\boldsymbol{X},\boldsymbol{Y})=\boldsymbol{\Sigma}_{xy}=\boldsymbol{\Sigma}_{yx} \end{gathered} \tag{6.53}$$

将这两个数据集合并为一个数据集$(\boldsymbol{\chi})_{n\times(p+q)}$，则其数字特征为

$$E(\boldsymbol{\chi})=[\mu_x \quad \mu_y] \tag{6.54}$$

$$\boldsymbol{\Sigma}=\begin{bmatrix} \boldsymbol{\Sigma}_{xx} & \boldsymbol{\Sigma}_{xy} \\ \boldsymbol{\Sigma}_{yx} & \boldsymbol{\Sigma}_{yy} \end{bmatrix}_{(p+q)\times(p+q)} \tag{6.55}$$

相关分析的基本任务是要在 $\boldsymbol{\Sigma}_{xy}$ 中选择几个协方差来表达数据集 $\boldsymbol{X}$ 和 $\boldsymbol{Y}$ 之间的关系，再将原先的两个随机向量分别进行线性组合，形成新的向量：

$$\begin{cases} \boldsymbol{U}=\boldsymbol{a}^{\mathrm{T}}\boldsymbol{x}=a_1x_1+a_2x_2+\cdots+a_px_p \\ \boldsymbol{V}=\boldsymbol{b}^{\mathrm{T}}\boldsymbol{y}=b_1y_1+b_2y_2+\cdots+b_qy_q \end{cases} \tag{6.56}$$

则新向量的(协)方差为

$$\begin{gathered} \mathrm{Var}(\boldsymbol{U})=\mathrm{Var}(\boldsymbol{a}^{\mathrm{T}}\boldsymbol{x})=\boldsymbol{a}^{\mathrm{T}}\boldsymbol{\Sigma}_{xx}\boldsymbol{a} \\ \mathrm{Var}(\boldsymbol{V})=\mathrm{Var}(\boldsymbol{b}^{\mathrm{T}}\boldsymbol{y})=\boldsymbol{b}^{\mathrm{T}}\boldsymbol{\Sigma}_{yy}\boldsymbol{b} \\ \mathrm{Cov}(\boldsymbol{U},\boldsymbol{V})=\mathrm{Cov}(\boldsymbol{a}^{\mathrm{T}}\boldsymbol{x},\boldsymbol{b}^{\mathrm{T}}\boldsymbol{y})=\boldsymbol{a}^{\mathrm{T}}\boldsymbol{\Sigma}_{xy}\boldsymbol{b} \end{gathered} \tag{6.57}$$

相关分析就是求取系数向量 $\boldsymbol{a}$ 和 $\boldsymbol{b}$，使得相关系数：

$$\rho=\frac{\boldsymbol{a}^{\mathrm{T}}\boldsymbol{\Sigma}_{xy}\boldsymbol{b}}{\sqrt{\boldsymbol{a}^{\mathrm{T}}\boldsymbol{\Sigma}_{xx}\boldsymbol{a}}\ \sqrt{\boldsymbol{b}^{\mathrm{T}}\boldsymbol{\Sigma}_{yy}\boldsymbol{b}}} \tag{6.58}$$

能够取得最大。同时还需要保持：

$$\begin{cases} \mathrm{Var}(\boldsymbol{U})=\mathrm{Var}(\boldsymbol{a}^{\mathrm{T}}\boldsymbol{x})=\boldsymbol{a}^{\mathrm{T}}\boldsymbol{\Sigma}_{xx}\boldsymbol{a}=1 \\ \mathrm{Var}(\boldsymbol{V})=\mathrm{Var}(\boldsymbol{b}^{\mathrm{T}}\boldsymbol{y})=\boldsymbol{b}^{\mathrm{T}}\boldsymbol{\Sigma}_{yy}\boldsymbol{b}=1 \end{cases} \tag{6.59}$$

及

$$\begin{cases} \mathrm{Cov}(U_k,U_l)=0, & k\neq l \\ \mathrm{Cov}(V_k,V_l)=0, & k\neq l \\ \mathrm{Cov}(U_k,V_l)=0, & k\neq l \end{cases} \tag{6.60}$$

这样问题就成为了在式(6.59)的条件约束下，求式(6.58)的最大值的条件极值问题。由此得出的 $\boldsymbol{U}$ 和 $\boldsymbol{V}$ 称为典型相关变量，其相关系数称为典型相关系数。

根据高等数学的相关知识，条件极值问题的求解一般使用拉格朗日乘子法进行。因此可以构造辅助函数：

$$J = \frac{\boldsymbol{a}^{\mathrm{T}}\boldsymbol{\Sigma}_{xy}\boldsymbol{b}}{\sqrt{\boldsymbol{a}^{\mathrm{T}}\boldsymbol{\Sigma}_{xx}\boldsymbol{a}}\ \sqrt{\boldsymbol{b}^{\mathrm{T}}\boldsymbol{\Sigma}_{yy}\boldsymbol{b}}} + \lambda(\boldsymbol{a}^{\mathrm{T}}\boldsymbol{\Sigma}_{xx}\boldsymbol{a} - 1) + \tau(\boldsymbol{b}^{\mathrm{T}}\boldsymbol{\Sigma}_{yy}\boldsymbol{b} - 1) \tag{6.61}$$

式中，λ、τ 为拉格朗日乘子。考虑到数据标准化的情况，可以使用相关系数代替方差，于是式(6.61)变为

$$J = \boldsymbol{a}^{\mathrm{T}}\boldsymbol{R}_{xy}\boldsymbol{b} + \lambda(\boldsymbol{a}^{\mathrm{T}}\boldsymbol{R}_{xx}\boldsymbol{a} - 1) + \tau(\boldsymbol{b}^{\mathrm{T}}\boldsymbol{R}_{yy}\boldsymbol{b} - 1) \tag{6.62}$$

对式(6.62)求极值，有

$$\begin{cases} \dfrac{\partial J}{\partial \boldsymbol{a}} = \boldsymbol{R}_{xy}\boldsymbol{b} + \lambda\boldsymbol{R}_{xx}\boldsymbol{a} = 0 \\ \dfrac{\partial J}{\partial \boldsymbol{b}} = \boldsymbol{R}_{yx}\boldsymbol{a} + \tau\boldsymbol{R}_{yy}\boldsymbol{b} = 0 \end{cases} \tag{6.63}$$

对第 1 式左乘 $\boldsymbol{a}^{\mathrm{T}}$，第 2 式左乘 $\boldsymbol{b}^{\mathrm{T}}$，有

$$\begin{cases} \lambda = -\boldsymbol{a}^{\mathrm{T}}\boldsymbol{R}_{xy}\boldsymbol{b} \\ \tau = -\boldsymbol{b}^{\mathrm{T}}R_{\mathrm{yx}}\boldsymbol{a} \end{cases} \tag{6.64}$$

因为拉格朗日乘子均为标量系数，因此，

$$\lambda = -\boldsymbol{a}^{\mathrm{T}}\boldsymbol{R}_{xy}\boldsymbol{b} = \lambda^{\mathrm{T}} = -(\boldsymbol{a}^{\mathrm{T}}\boldsymbol{R}_{xy}\boldsymbol{b})^{\mathrm{T}} = -\boldsymbol{b}^{\mathrm{T}}\boldsymbol{R}_{xy}^{T}\boldsymbol{a} = -\boldsymbol{b}^{\mathrm{T}}\boldsymbol{R}_{yx}\boldsymbol{a} = \tau \tag{6.65}$$

令 $\gamma=\lambda=\tau$ 并代入式(6.63)求解，可得

$$\begin{cases} \gamma^2\boldsymbol{a} = \boldsymbol{R}_{xx}^{-1}\boldsymbol{R}_{xy}\boldsymbol{R}_{yy}^{-1}\boldsymbol{R}_{yx}\boldsymbol{a} \\ \gamma^2\boldsymbol{b} = \boldsymbol{R}_{yy}^{-1}\boldsymbol{R}_{yx}\boldsymbol{R}_{xx}^{-1}\boldsymbol{R}_{xy}\boldsymbol{b} \end{cases} \tag{6.66}$$

从以上两式可以看出，γ 为矩阵 $\sqrt{\boldsymbol{R}_{xx}^{-1}\boldsymbol{R}_{xy}\boldsymbol{R}_{yy}^{-1}\boldsymbol{R}_{yx}}$ 的特征值，且介于 0 和 1 之间，为相关系数。需要指出的是矩阵 $\boldsymbol{R}_{xx}^{-1}\boldsymbol{R}_{xy}\boldsymbol{R}_{yy}^{-1}\boldsymbol{R}_{yx}$ 与矩阵 $\boldsymbol{R}_{yy}^{-1}\boldsymbol{R}_{yx}\boldsymbol{R}_{xx}^{-1}\boldsymbol{R}_{xy}$ 并不是对称阵，因此其特征向量也不相同。

将矩阵 $\boldsymbol{R}_{xx}^{-1}\boldsymbol{R}_{xy}\boldsymbol{R}_{yy}^{-1}\boldsymbol{R}_{yx}$ 的特征向量记为 $\boldsymbol{\xi}=[\xi_1, \xi_2, \cdots, \xi_n]$，将矩阵 $\boldsymbol{R}_{yy}^{-1}\boldsymbol{R}_{yx}\boldsymbol{R}_{xx}^{-1}\boldsymbol{R}_{xy}$ 的特征向量记为 $\boldsymbol{\zeta}=[\zeta_1, \zeta_2, \cdots, \zeta_n]$。然后将这两组特征向量分别组合在一起形成一个个特征向量对，即(ξ_1，ζ_1)，(ξ_2，ζ_2)，…，(ξ_n，ζ_n)，就是典型相关变量的典型系数。

典型相关变量一般由人为定义，但相关系数并没有指出原始变量对于典型相关分析的贡献情况。下面就来讨论这一问题。根据式(6.56)，令 $\boldsymbol{A}=\boldsymbol{a}^{\mathrm{T}}$、$\boldsymbol{B}=\boldsymbol{b}^{\mathrm{T}}$，并考虑 V 中前 m 个典型变量，有

$$\mathrm{Cov}(\boldsymbol{U}, \boldsymbol{X}) = \mathrm{Cov}(\boldsymbol{AX}, \boldsymbol{X}) = \boldsymbol{A}\boldsymbol{\Sigma}_{xx} \tag{6.67}$$

又由式(6.59)可得

$$\rho_{U,X}=\frac{\mathrm{Cov}(\boldsymbol{U},\boldsymbol{X})}{\sqrt{\mathrm{Var}(X)}}=\frac{\mathrm{Cov}(\boldsymbol{AX},\boldsymbol{X})}{\sqrt{\mathrm{Var}(X)}}=\boldsymbol{A\Sigma}_{xx}Q_{xx}^{-1} \tag{6.68}$$

式中，Q_{xx}^{-1}为矩阵$(\sqrt{\mathrm{Var}(X)})^{-1}$的对角线元素。于是有

$$\rho_{U,Y}=\boldsymbol{A\Sigma}_{xy}Q_{yy}^{-1},\ \rho_{V,X}=\boldsymbol{B\Sigma}_{xy}Q_{xx}^{-1},\ \rho_{V,Y}=\boldsymbol{B\Sigma}_{yy}Q_{yy}^{-1} \tag{6.69}$$

由变换$\boldsymbol{U}=\boldsymbol{AX}$及式(6.59)可知，相关分析也是一种旋转变换，是方差阵的一种正交变换。

例 6.4　有两组标准化变量$\boldsymbol{Z}_1$、$\boldsymbol{Z}_2$，其中，$\boldsymbol{Z}_1=[Z_{11},Z_{12}]^{\mathrm{T}}$，$\boldsymbol{Z}_2=[Z_{21},Z_{22}]^{\mathrm{T}}$。这两组变量合并成为一组变量，有：$\boldsymbol{Z}=[\boldsymbol{Z}_1,\boldsymbol{Z}_2]^{\mathrm{T}}$。其方差阵为

$$\mathrm{Cov}(\boldsymbol{Z})=\begin{bmatrix}\boldsymbol{\Sigma}_{11} & \boldsymbol{\Sigma}_{12}\\ \boldsymbol{\Sigma}_{21} & \boldsymbol{\Sigma}_{22}\end{bmatrix}=\begin{bmatrix}1 & 0.3 & 0.5 & 0.7\\ 0.3 & 1 & 0.4 & 0.6\\ 0.5 & 0.4 & 1 & 0.2\\ 0.7 & 0.6 & 0.2 & 1\end{bmatrix}$$

试对其进行相关分析。

解　根据相关理论，对于标准化变量使用相关系数代替方差。可先计算得

$$\boldsymbol{R}_{11}^{-1/2}=\begin{bmatrix}1.0361 & -0.1591\\ -0.1591 & 1.0361\end{bmatrix}$$

$$\boldsymbol{R}_{22}^{-1}=\begin{bmatrix}1.0417 & -0.2083\\ -0.2083 & 1.0417\end{bmatrix}$$

则

$$\boldsymbol{R}_{11}^{-1/2}\boldsymbol{R}_{12}\boldsymbol{R}_{22}^{-1}\boldsymbol{R}_{21}\boldsymbol{R}_{11}^{-1/2}=\begin{bmatrix}0.5091 & 0.4011\\ 0.4011 & 0.3169\end{bmatrix}$$

求得其特征值：

$$\lambda_1=0.8255,\ \lambda_2=0.0006$$

对应的特征向量为

$$\boldsymbol{e}_1=\begin{bmatrix}0.7852\\ 0.6193\end{bmatrix},\ \boldsymbol{e}_2=\begin{bmatrix}-0.6193\\ 0.7852\end{bmatrix}$$

由此可求出

$$\boldsymbol{a}_1=\boldsymbol{R}_{11}^{-1/2}\boldsymbol{e}_1=\begin{bmatrix}0.7151\\ 0.5168\end{bmatrix}$$

先求出$\boldsymbol{b}_1$的大致线性范围：

$$\boldsymbol{b}_1\propto\boldsymbol{R}_{22}^{-1}\boldsymbol{R}_{21}\boldsymbol{a}_1=\begin{bmatrix}0.4189\\ 0.7268\end{bmatrix}$$

将其归一化后，有

$$\boldsymbol{b}_1=\frac{1}{\sqrt{0.8255}}\times\begin{bmatrix}0.4189\\0.7268\end{bmatrix}=\begin{bmatrix}0.4608\\0.7995\end{bmatrix}$$

由此可得，第一对典型变量为

$$U_1=\boldsymbol{a}_1^{\mathrm{T}}\boldsymbol{Z}_1=0.7151Z_{11}+0.5168Z_{12}$$

$$V_1=\boldsymbol{b}_1^{\mathrm{T}}\boldsymbol{Z}_1=0.4608Z_{21}+0.7995Z_{22}$$

其典型相关系数为

$$R_1=\sqrt{\lambda_1}=\sqrt{0.8255}=0.91$$

$$R_2=\sqrt{\lambda_2}=\sqrt{0.0006}=0.0245$$

从这两个典型相关系数可以看出，第一组典型相关系数是这两组变量的最大相关系数；而第二组典型相关系数无疑很小，反映了这两组变量之间没有太多的相关性。

接着进行典型变量与各成分变量之间相关系数的计算。

$$\boldsymbol{R}_{U_1,\,\boldsymbol{z}_1}=\boldsymbol{a}_1^{\mathrm{T}}\boldsymbol{R}_{11}=[0.7151\quad 0.5168]\begin{bmatrix}1 & 0.3\\0.3 & 1\end{bmatrix}=[0.87\quad 0.731]$$

$$\boldsymbol{R}_{V_1,\,\boldsymbol{z}_2}=\boldsymbol{b}_1^{\mathrm{T}}\boldsymbol{R}_{11}=[0.4608\quad 0.7995]\begin{bmatrix}1 & 0.2\\0.2 & 1\end{bmatrix}=[0.62\quad 0.89]$$

$$\boldsymbol{R}_{U_1,\,\boldsymbol{z}_2}=\boldsymbol{a}_1^{\mathrm{T}}\boldsymbol{R}_{11}=[0.7151\quad 0.5168]\begin{bmatrix}0.5 & 0.7\\0.4 & 0.6\end{bmatrix}=[0.564\quad 0.81]$$

$$\boldsymbol{R}_{V_1,\,\boldsymbol{z}_1}=\boldsymbol{b}_1^{\mathrm{T}}\boldsymbol{R}_{11}=[0.4608\quad 0.7995]\begin{bmatrix}0.5 & 0.4\\0.7 & 0.6\end{bmatrix}=[0.79\quad 0.664]$$

可以看出，典型变量实际上是各变量的综合。如果综合良好的话，则各变量之间的联系可以使用其相关系数来描述。典型相关分析可以度量两组变量之间的联系强度，可以将两组变量的高维关系缩减到几对典型变量来表示，在数据降维分析方面有广泛的应用。

6.2　非线性降维算法简介

前面几节所涉及的降维都是在线性的范畴内展开的，属于线性降维算法。但是在很多情况下，需要进行非线性降维处理。在非线性数据降维算法中，流形学习算法较为常用。所谓流形，是对一般几何空间的描述，在局部具有欧几里德空间的性质。流形学习降维的基本思路与线性降维思路类似，也是通过一定的映射关系将高维空间的数据降到低维空间来进行处理，所不同的是，使用的变换方法不再是线性变换了，也不是仅仅进行坐标旋转。流形学习所需要的数学知识比较多，这里仅作概略性的介绍。

6.2.1 等距映射

等距映射(ISOMAP，Isometric Mapping)涉及多维标度变换(MDS，Multi-Dimensional Scaling)的问题，它可以保持所处理空间上的欧氏距离。多维标度变换将原始数据“映射”到低维空间的坐标系中，在此过程中需要保持降维引起的变形最小。而变形的程度则通过衡量原始数据点之间的距离来进行。多维标度变换所涉及的问题是：如果有 N 个数据“点”在高维空间中，而对这些数据不便进行分析，需要将其变换到低维空间，那么在多维标度变换过程中需要使得原来高维空间中数据“点”之间的“距离”与变换后低维空间中数据“点”之间的“距离”基本保持对应关系或者能够相互匹配。

对于有 N 个数据“点”的情况，可以得知其共有 $M=N(N-1)/2$ 个“距离”。先设定这些距离均不相等，然后进行升序排列，即

$$L_{i_1k_1} < L_{i_2k_2} < \cdots < L_{i_MM} \tag{6.70}$$

然后寻找一个映射结构，使各点之间的距离结构保持排序不变，并使其维数降低，成为一种新的低维的排序(也可构成降序排列)：

$$d_{i_1k_1} < d_{i_2k_2} < \cdots < d_{i_MM} \tag{6.71}$$

这里需要说明的有两点：

(1) 变换后的维度需要比变换前的维度低。

(2) 在变换过程中主要强调的是排序。也就是说要在变换前后保持严格的排序结构，至于变换前后的值的大小则不予考虑，只要保持严格的单调关系就可以了。

那么怎样衡量原始数据和变换后的数据距离的结构(相似性)能够保持严格单调呢？Kruskal. J. B 提出了一个衡量其偏离匹配程度的量，将其称为“应力”：

$$S=\left[\frac{\sum\sum_{i<k}(d_{ik}-\hat{d}_{ik})^2}{\sum\sum_{i<k}d_{ik}^2}\right]^{1/2} \tag{6.72}$$

以此来衡量非单调性的情况。应力的大小和拟合优度密切相关，基本呈负相关：拟合优度越好应力就小，反之则越大。

多维标度变换算法一般有以下几个步骤：

Step1：对于 N 个数据，求出其间的 $N(N-1)/2$ 个距离，然后按照式(6.70)排序。

Step2：设定一组降维后的初值点，这组点 d_{ik} 满足式(6.71)的单调性要求，然后使应力指标最小。

Step3：如果应力指标最小则转下一步，如应力没有达到最小则调整 d_{ik} 进行迭代。

Step4：对于最小应力进行作图，并选择最佳维数。

从以上的分析来看，多维标度变换仍然是一种线性变换。在非线性降维处理过程中，

要保持式(6.70)到式(6.71)的欧氏距离单调性有很大困难，因此需要引入等距映射Isometric Mapping (ISOMAP)算法。等距映射是一种改进的多维标度变换方法。这种方法将原来高维空间中的欧氏距离换成了流形上的测地线距离。测地线距离是大地测量学中的名词，可以定义为空间中两点的局域最短或最长的路径，主要运用在地图的测绘上。这种变换就如同将一个三维的地球仪映射到两维平面的地图一样，如图6.7所示。在这种映射变换中，各地之间的距离保持了严格的单调性，但是其距离定义已经远不是欧氏距离了，而且这种变换也是很典型的非线性变换。这种数学流形理论涉及较多的知识，有兴趣的读者可以自行查阅相关文献。

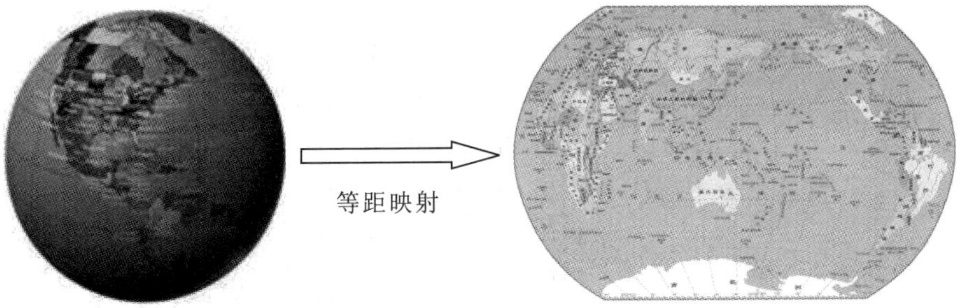

图6.7　等距映射(测地线)示意图

等距映射的降维方法就是用测地线距离来代替欧氏距离，然后运用多维标度变换的方法进行的。在有了上述的准备后就可以进行等距映射的数据降维了。

等距映射的算法步骤如下：

Step1：首先建立一个近邻图G。然后按照多维标度变换的方法进行排序，在此过程中距离的定义可以使用欧氏距离。

Step2：利用测地线距离的方法进行非线性的等距映射，建立低维情况下的距离关系。

Step3：按照多维标度变换的方法对应力指标进行最小化迭代运算。

Step4：得到相应的降维结果(如有必要可以进行逆变换，还原为高维情况下的简化结果)。

等距映射是一种无监督的学习算法，同时也是降维学习算法，可以通过降维方法在低位空间内揭示数据集的基本特征。尤为突出的是在变换过程中使用了非线性变换，使用流形学习算法完成非线性的映射关系，在此基础上与线性多维标度变换相互结合，实现了很好的降维效果。但应该看到的是，在等距变换中使用的数学工具比较多，需要有较好的数学基础才能达到预期的目标。

6.2.2　拉普拉斯特征映射

拉普拉斯特征映射(LE，Laplacian Eigenmaps)是建立在谱图理论上的一种降维算法，需要借助离散的拉普拉斯算子进行。这种算子实际上是一个矩阵，这种矩阵在电路理论里也叫导纳矩阵或基尔霍夫矩阵。拉普拉斯特征映射谱图如图 6.8 所示。

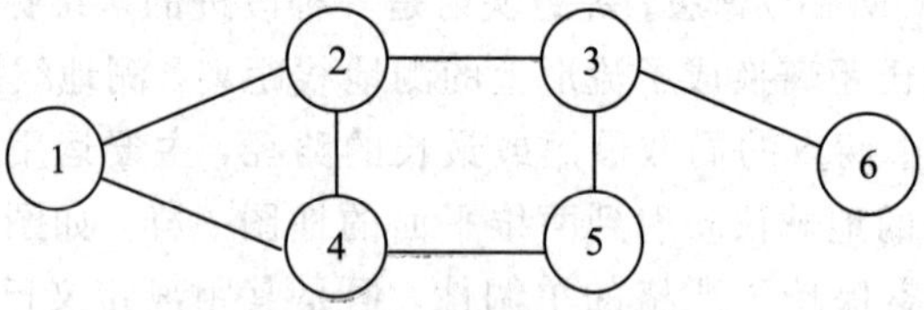

图 6.8　拉普拉斯特征映射介绍用图

图中各个顶点给出标号，各个顶点连接的数目称为度，于是可以得出该图的度矩阵 $\boldsymbol{D}$ 如下：

$$
\boldsymbol{D}=\begin{array}{c|cccccc} & 1 & 2 & 3 & 4 & 5 & 6\\ \hline 1 & 2 & 0 & 0 & 0 & 0 & 0\\ 2 & 0 & 3 & 0 & 0 & 0 & 0\\ 3 & 0 & 0 & 3 & 0 & 0 & 0\\ 4 & 0 & 0 & 0 & 3 & 0 & 0\\ 5 & 0 & 0 & 0 & 0 & 2 & 0\\ 6 & 0 & 0 & 0 & 0 & 0 & 1 \end{array} \tag{6.73}
$$

度矩阵 $\boldsymbol{D}$ 是一个对角阵。再定义邻接矩阵 $\boldsymbol{W}$，也称为权重矩阵，用来表示顶点之间的连接情况，如果两个顶点相连，则对应的元素为 1。如果连接的强度有分别的话，则乘以权重系数 w_{ij}，有

$$
\boldsymbol{W}=\begin{array}{c|cccccc} & 1 & 2 & 3 & 4 & 5 & 6\\ \hline 1 & 0 & 1 & 0 & 1 & 0 & 0\\ 2 & 1 & 0 & 1 & 1 & 0 & 0\\ 3 & 0 & 1 & 0 & 0 & 1 & 1\\ 4 & 1 & 1 & 0 & 0 & 1 & 0\\ 5 & 0 & 0 & 1 & 1 & 0 & 0\\ 6 & 0 & 0 & 1 & 0 & 0 & 0 \end{array} \tag{6.74}
$$

拉普拉斯矩阵定义为：$\boldsymbol{L}=\boldsymbol{D}-\boldsymbol{W}$。则有

$$
\boldsymbol{L}=\boldsymbol{D}-\boldsymbol{W}=\begin{bmatrix} 2 & -1 & 0 & -1 & 0 & 0\\ -1 & 3 & -1 & -1 & 0 & 0\\ 0 & -1 & 3 & 0 & -1 & -1\\ -1 & -1 & 0 & 3 & -1 & 0\\ 0 & 0 & -1 & -1 & 2 & 0\\ 0 & 0 & -1 & 0 & 0 & 1 \end{bmatrix} \tag{6.75}
$$

由此可以看出，拉普拉斯矩阵为对称阵，对角线元素为顶点的度数，非对角线元素均

为一1。而且，该矩阵中各行、列的元素之和均为0。

拉普拉斯特征映射的基本思想是使用图论的方法来描述流形，然后通过图的嵌入来进行低维表示。在保持图的局部邻接关系不变的条件下，将高维数据向低维空间进行映射。

设原样本集 $X=(x_1, x_2, \cdots, x_n)$，经过拉普拉斯特征映射后的样本集为 $Y=(y_1, y_2, \cdots, y_n)$。为了使数据在流形上的学习能够得到平滑的输入输出函数，可引入高斯核函数：

$$f_\theta(x)=\sum_{i=1}^{n}\theta_i K(x, x_i) \tag{6.76}$$

其中，

$$K(x, c)=\exp\left(-\frac{\|x-c\|^2}{2h^2}\right) \tag{6.77}$$

优化学习的目标函数由下式给出：

$$J=\min_\theta\left[\frac{1}{2}\sum_{i=1}^{n}(f_\theta(x_i)-y_i)^2+\frac{\lambda}{2}\|\theta\|^2+\frac{\nu}{4}\sum_{i, j=1}^{n+n'}w_{ij}(f_\theta(x_i)-f_\theta(x_j))^2\right] \tag{6.78}$$

式中，前两项为正则化最小二乘学习，第三项为拉普拉斯特征映射学习。λ 为拉格朗日乘子，w_{ij} 为权重系数，ν 是一个非负系数，用来调整流形学习的平滑性。将拉普拉斯矩阵的运算关系代入，则式(6.78)第三项可以得到如下结果：

$$\begin{aligned}\sum_{i, j=1}^{n+n'}w_{ij}(f_\theta(x_i)-f_\theta(x_j))^2&=\sum_{i, j=1}^{n+n'}[D_{ii}f_\theta^2(x_i)-2w_{ij}f_\theta(x_i)f_\theta(x_j)+D_{jj}f_\theta^2(x_j)]\\&=2\sum_{i, j=1}^{n+n'}L_{ij}f_\theta(x_i)f_\theta(x_j)\end{aligned} \tag{6.79}$$

式中，$\boldsymbol{D}$ 为度矩阵，D_{ii} 为度矩阵对角线元素。将式(6.79)代入式(6.78)可得到更为简洁的形式：

$$J=\min_\theta\left[\frac{1}{2}\|\boldsymbol{K\theta}-\boldsymbol{Y}\|^2+\frac{\lambda}{2}\|\boldsymbol{\theta}\|^2+\frac{\nu}{2}\boldsymbol{\theta}^{\mathrm{T}}\boldsymbol{KLK\theta}\right] \tag{6.80}$$

对上式求导，可以得到

$$\boldsymbol{\theta}=(\boldsymbol{K}^2+\lambda\boldsymbol{I}+\nu\boldsymbol{KLK})^{-1}\boldsymbol{KY} \tag{6.81}$$

有了上述准备后，就可以使用如下步骤构建拉普拉斯特征映射进行降维学习。

Step1：输入数据集样本，构建邻接图。

Step2：计算邻接图各边的权重，不相互连接的记为0；其他权重(核函数)取为

$$w_{ij}=\exp\left(-\frac{\|x_i-x_j\|^2}{\sigma^2}\right)$$

计算拉普拉斯矩阵；

Step3：求解特征向量方程 $\boldsymbol{L}y=\lambda\boldsymbol{D}y$。

Step4：将原数据集中的数据进行特征映射降维，将最小的 n 个非零特征值对应的特征向量作为降维结果输出。

从广义的角度来看，拉普拉斯特征映射也是一种“等距”的映射。其思想是原数据集中相互之间有关联的点能够在进行降维后仍然保持尽可能地接近，能够反映出原数据集中数据的非线性流形结构。

6.2.3 局部线性嵌入

在处理非线性问题时，常常采用分段线性化的方法：将全局的非线性情况逐段进行分割，然后在局部小范围内进行线性化处理。局部线性嵌入(LLE，Locally Linear Embedding)的降维方法与这种分段小范围线性化的思想很类似。这种方法将流形上的每个局部小范围进行线性化近似，并使用大量数据对其进行描述，这样一来，每个数据点都可以用其近邻数据的线性加权和(线性组合)来表示。距离该数据点远的数据样本对于局部的线性关系并没有影响。高维空间的线性关系映射到低维空间保持不变，仅仅是实现了维数的降低。

首先要确定局部邻域的大小。讨论原来高维数据空间中的点 x_i 与该点的 k 个近邻点的关系，可以使用最小二乘法获得其重构的权重系数 w_{ij}。可将均方差作为性能指标函数，有

$$J(w) = \sum_{i=1}^{n} \left\| x_i - \sum_{j=1}^{k} w_{ij} x_j \right\|^2 \tag{6.82}$$

式中，n 为高维空间中的数据点数，k 为高维空间中该点的邻接点。对权重系数 w_{ij} 进行归一化，并作为约束条件。在约束条件的约束下，对式(6.82)的性能指标进行优化，求取权重的表达。将式(6.82)进行变形，有

$$J(w) = \sum_{i=1}^{n} \left\| \sum_{j=1}^{k} w_{ij} x_i - \sum_{j=1}^{k} w_{ij} x_j \right\|^2 = \sum_{i=1}^{n} \left\| \sum_{j=1}^{k} w_{ij} (x_i - x_j) \right\|^2 \tag{6.83}$$

根据范数的等价性，可以将上式中的范数看作 2 -范数。为了计算方便，可以将式(6.83)写作向量/矩阵形式，有

$$J(w) = \sum_{i=1}^{n} \boldsymbol{W}_i^{\mathrm{T}} \boldsymbol{Y}_i \boldsymbol{W}_i \tag{6.84}$$

式中，$\boldsymbol{Y}_i = (x_i - x_j)^{\mathrm{T}}(x_i - x_j)$。在权重系数的约束条件下，并使用拉格朗日乘子法，可以求权重极值，有

$$\left.\frac{\partial J'(w)}{\partial w}\right|_{w=0} = \frac{\partial\left[\sum_{i=1}^{n} \boldsymbol{W}_i^{\mathrm{T}} \boldsymbol{Y}_i \boldsymbol{W}_i + \lambda(\boldsymbol{W}_i \boldsymbol{I} - \boldsymbol{I})\right]}{\partial w} = 0 \tag{6.85}$$

求得 $\boldsymbol{W}_i = \lambda \boldsymbol{Y}_i^{-1} \boldsymbol{I}$。代入即可得到优化指标函数的值。

综上所述，局部线性嵌入学习的流程如下：

Step1：输入数据集样本，确定邻接数目，计算和原始数据集样本点最靠近的 k 个邻接点。

Step2：得到局部方差矩阵，并利用式(6.85)求出其权重系数。

Step3：求出最小特征值所对应的特征向量。

Step4：由相应的特征向量构建低维空间的样本数据。

直观得知，n 个邻接点可以生成 $n-1$ 维空间，因此可以利用局部线性嵌入进行降维。n 的选择会影响学习的效果：如果 n 的值太小，可能会使邻接图不再连通；如果 n 选择的值太大，则局部线性的条件不成立，线性嵌入与原数据集相比就没有足够的相似度。局部线性嵌入是小范围、局部的线性，全局是用非线性的方法处理高维的数据，保证了原始数据集的基本结构。

与等距映射(ISOMAP)相比，局部线性嵌入保持了数据的局部结构。在降维学习过程中，首先考虑局部近邻点及邻域的信息；而等距映射则使原数据集中各数据点之间的测地线距离关系映射到低维空间中保持不变，等距映射更像是一种全局算法。

对于全局算法来讲，流形结构应该是凸的，这样才能保证降维算法对于那些距离较远的点的有效性。初始数据集上相距较远的点的测地线距离计算比较花费时间，可能会影响到计算的快速性。而对局部算法来讲，由于进行了局部划分，因此只考虑近邻点之间的关系，保证了局部结构不变。如果有非凸结构也不会影响到该方法的使用，有较强的适应性。从另一方面来讲，对于高维稀疏数据集，近邻区域如果不在一个平面上的话，则会产生比较大的误差。

需要指出的是，非线性流形学习需要在邻域中进行样本的密集采集，这样才能保持降维学习的有效性。但是这一点在很多情况下实施得并不是很理想，在很大程度上影响了流形学习的降维效果。

6.3　多类数据特征选择与提取

多类数据特征选择与提取是一种降维学习，但其也具有自身的特点。除了降维效果之外，主要是需要对于多类数据提取其特征，既包含从原来的数据集中筛选其固有特征，也包含根据数据集自身的特点归纳总结出“新”的特征(这一点与因子分析有些类似)。特征提取的算法主要基于对多类数据进行适当的变换或映射，而特征选择是要从一组特征中，选择最能够代表原来数据集的主要、有效特征。

1. 特征提取

特征选择与提取涉及对数据相似性的对比，这就涉及分类的问题，分类问题在前面的章节已经作过讨论，这里除了进行回顾，并讨论其对于特征选择和提取的意义外，还要引入一些新的内容。对于特征的区分，通常的做法是考量其“距离”，根据其相距的“远近”来进行分析。但是在实际的工作中，常常存在特征识别的错误，也就是错误的分类，因此需要对出现错误分类的概率进行评价，这就涉及了基于散度准则的特征提取、基于熵最小化准则的特征提取等。

1）基于距离度量的特征提取

基于距离度量的特征提取方法在很大程度上与基于距离度量的分类方法类似，前已述及，这里不再重复。

2）基于散度准则的特征提取

多类数据的特征提取与选择可以先简化为两类数据的情况。对于两类数据，首先设两类数据服从正态分布，其概率密度函数为 $p(X_1)$、$p(X_2)$，期望分别为 μ_1、μ_2，方差为 $\boldsymbol{\Sigma}_1$、$\boldsymbol{\Sigma}_2$。可得到其对数似然比为

$$l_{1,2}=\frac{1}{2}\ln\left|\frac{\boldsymbol{\Sigma}_2}{\boldsymbol{\Sigma}_1}\right|-\frac{1}{2}\mathrm{tr}[\boldsymbol{\Sigma}_1^{-1}(x-\mu_1)(x-\mu_1)^{\mathrm{T}}]+\frac{1}{2}\mathrm{tr}[\boldsymbol{\Sigma}_2^{-1}(x-\mu_2)(x-\mu_2)^{\mathrm{T}}] \tag{6.86}$$

定义其类间的散度矩阵为

$$\begin{aligned}J&=\int(p(x_1)-p(x_2))l_{1,2}\\&=\frac{1}{2}\mathrm{tr}(\boldsymbol{\Sigma}_1^{-1}\boldsymbol{\Sigma}_2+\boldsymbol{\Sigma}_2^{-1}\boldsymbol{\Sigma}_1-\boldsymbol{I})+\frac{1}{2}(\mu_1-\mu_2)^{\mathrm{T}}(\boldsymbol{\Sigma}_1^{-1}+\boldsymbol{\Sigma}_2^{-1})(\mu_1-\mu_2)\end{aligned} \tag{6.87}$$

在两类数据的均值相等、方差不等的情况下，有

$$J=\frac{1}{2}\mathrm{tr}(\boldsymbol{\Lambda}+\boldsymbol{\Lambda}^{-1}-2\boldsymbol{I})=\frac{1}{2}\sum_{i=1}^{n}\left(\lambda_i+\frac{1}{\lambda_i}-2\right) \tag{6.88}$$

式中，$\boldsymbol{\Lambda}$ 为 $\boldsymbol{\Sigma}_1^{-1}\boldsymbol{\Sigma}_2$ 的特征值矩阵。然后按照下式排序：

$$\lambda_1+\frac{1}{\lambda_1}\geqslant\lambda_2+\frac{1}{\lambda_2}\geqslant\cdots\geqslant\lambda_n+\frac{1}{\lambda_n} \tag{6.89}$$

可以将前 k 个特征向量作为特征提取的依据。

对于多重分类的情况，可以先求出一个候选集合，然后根据搜索算法逐一求出。

3）基于熵最小化准则的特征提取

“熵”在热力学和信息论中都是很重要的一个概念，用来表示混乱或者不确定性的程度。在特征提取的范畴内也用来衡量数据的特征差别。设给定的标准分布为 $w(x_i)$，而某多维数据集的概率分布函数为 $p(x_i)$，则其偏离标准分布的程度可以用熵来表示，即

$$H(p,w)=-\sum p(x_i)\log\left[\frac{p(x_i)}{w(x_i)}\right] \tag{6.90}$$

由上式可知，熵是个非负数。熵越小说明整个数据集与标准分布的差别越大，而数据集与标准分布相同时，熵达到最大值(即为0)。对于两类分布，可以定义判别熵：

$$V(p,q)=H(p,q)+H(q,p) \tag{6.91}$$

在进行特征提取时，利用判别熵对数据间的分离程度进行衡量：在给定的数据集中，求取其特征使得判别熵能够达到最小，以便分离出其数据集中的特征。

2. 特征选择

在提取数据集的特征后，就需要对提取出的特征进行选择，从而进一步进行数据降维。这样就要求从提取出的特征中再次选出最能够代表数据集的特征。在这个过程中需要解决两个问题：其一是选择的标准；其二是合适的算法。在前面的一些算法中，往往会将特征值进行排序。那么最大的特征值(或者特征值组合)是否最能够代表数据集的特征呢？一般来讲很难达到这样的效果，需要对其进行筛选得出最优解。这就涉及优化搜索的算法。

1）分支定界算法

分支定界算法是一种自上而下的优化算法，搜索的过程是一种树形搜索。设从数据集中所提取的特征数目为 D，而最终选择的特征数目为 d。在开始搜索时，每次进行筛选就去掉一个特征，然后逐级进行迭代，这样总共进行 $D-d$ 级搜索，而每次进行完搜索后其可分性判据是单调递减的。如果发现单调性发生变化，则该节点下的特征数据就可以略去。图 6.9 是该算法的简要流程图。

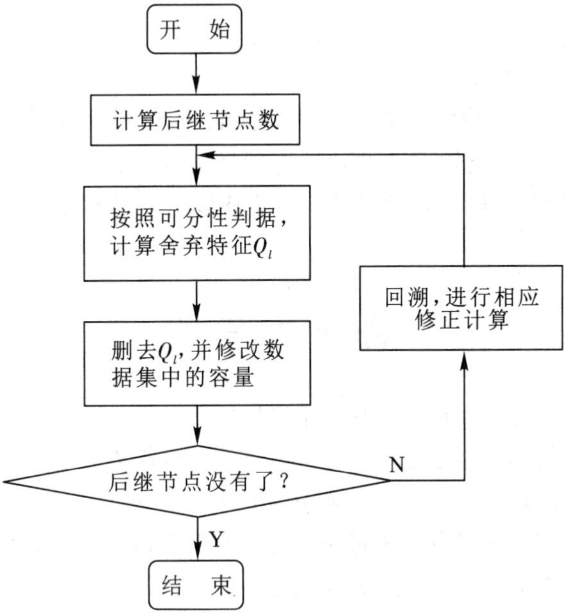

图 6.9　分支定界算法简要流程图

分支定界法具有穷举效率高、可回溯运算的特点，但是在某些情况下计算量很大，在算法实现上有一定的困难。因此在实际应用中还常常用到很多次优搜索的算法。

2）单独最优特征组合方法

根据提取的各个特征单独使用时的判据值进行排列，取前 n 个作为选择结果，称为单独最优特征组合方法。当然这样做不一定能获得全局最优的结果，但在一定程度上体现了次优的特性。

3）*顺序前进法*

顺序前进法是一种自下向上的搜索算法。在算法进行时，每次从未入选的特征中选一个特征加入现有的特征，然后使所得到的可分性判据最大，最后达到要求的特征选择数量为止。这种方法考虑了新选择特征与已选特征的相关性，与单独特征组合方法相比有较大的优势，但其缺点在于无法进行回溯运算和非优剔除。当然这种方法也可以一次性加入多个特征，为广义顺序前进法。

4）*顺序后退法*

顺序后退法是顺序前进法的逆方法，每次剔除一个或几个特征，直至达到要求为止。

5）*增减代序法*

将顺序前进法和顺序后退法两种方法相互结合起来，一次性选入 n 个特征，然后再剔除 m 个特征；或者逐次进行，称为增减代序法。这样既考虑到了入选和剔除特征的相关性，又可以控制计算量的规模。

除了这些经典的搜索算法之外，还可以利用智能型的搜索算法，例如神经网络、遗传算法等，此处就不再一一赘述了。

数据维度归约是要在保持原有数据集基本特征的条件下，尽最大可能地缩减数据量，提取数据集的本质特点，并能够对这些特点进行理解和解释。也就是说，不仅要使数据维度降低，而且在对大量的数据进行归约后，能够获取这些数据集的特点，这在模式识别领域有很重要的意义。

复习思考题

1. 在机器学习中，为什么要进行数据维度归约？
2. 简述主成分分析的基本思想，这种分析方法的优缺点是什么？
3. 主成分分析中的碎石图及 Q－Q 图分别代表何种意义？
4. 因子分析的基本思想是什么？它与主成分分析有何区别和联系？
5. 简述因子分析中的坐标旋转的基本思想。
6. 在非线性数据降维中，等距映射的“等距”应作何理解？
7. 局部线性嵌入方法与等距映射方法有何异同？
8. 基于熵最小化准则的特征提取的基本思想是什么？

第七章　图　方　法

图方法是以概率图模型为工具来表达变量相关关系的一种知识表示方法，一般用“节点”表示一个或一组随机变量，节点间的“边”表示变量间的概率相关关系。概率图模型能可视化地表示变量之间的相互影响，且能利用条件独立性将大量变量上的推断分解成一组涉及少量变量的局部计算。图模型常分为两类，一类是使用有向无环图表示变量间的相关关系，如贝叶斯网络；另一类是使用无向图表示变量间的相关关系，如马尔可夫网络。

7.1　贝叶斯网络

贝叶斯网络是1985年由美国加州大学的Pearl首先提出的一种模拟人类推理过程中因果关系的概率图模型。贝叶斯网络在语音识别、自然语言处理、机器翻译、故障诊断等领域应用广泛。

7.1.1　贝叶斯网络理论

1. 贝叶斯网络的概念

贝叶斯网络亦称概率网络或者信念网络，其拓扑结构是一个有向无环图，图中每个节点表示一个随机变量，节点间的有向边表示随机变量间的依赖关系，该依赖关系的强度用条件概率表示。这样，每个节点均对应一个条件概率表，用以描述该节点与各子节点的条件依赖关系。对于无条件依赖关系的根节点，用先验概率代替条件概率。

贝叶斯网络也可以形式化定义为

$$BN = (G, \theta) \tag{7.1}$$

式中，BN 为建立在随机变量集 $X=\{X_1, X_2, \cdots, X_N\}$ 上的贝叶斯网络；G 为有向无环图，图中每个节点对应一个随机变量；θ 为随机节点间的依赖关系，若子节点（变量）X_i 在 G 中的父节点（变量）集为 $\mathrm{par}(X_i)$，则 θ 中附有各个变量的条件概率表，即

$$\theta = \{p(X_i \mid \mathrm{par}(X_i))\} \tag{7.2}$$

下面以“小明驴行”为例，给出简单的贝叶斯网络示例。假设小明同学在“天气晴朗”和“驴友邀请”情况下会“外出驴行”，而“外出驴行”又常伴随“野外露营”和“野外聚餐”等活动。因此，对于小明驴行问题可以用贝叶斯网络描述，如图7.1所示。

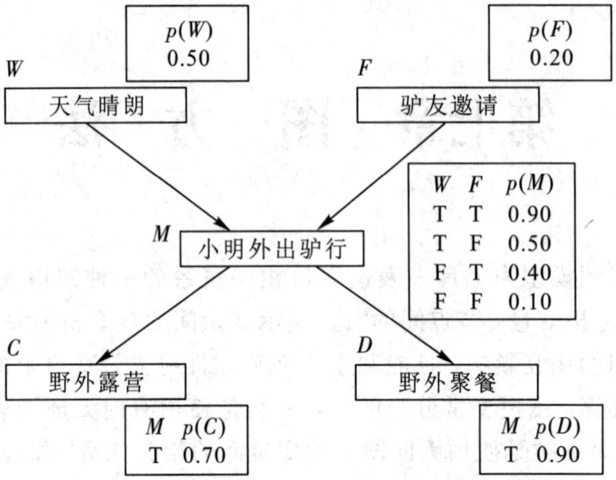

图 7.1 一个单连通贝叶斯网络的例子

图中，分别用大写字母 W、F、M、C、D 表示节点"天气晴朗"驴友邀请""小明外出驴行""野外露营""野外聚餐"；各节点右侧为各自的条件概率表，其中根节点用先验概率代替；各节点均取布尔变量，用小写字母 w、f、m、c、d 表示节点逻辑值为真，用小写字母 $\neg w$、$\neg f$、$\neg m$、$\neg c$、$\neg d$ 表示节点逻辑值为假。

贝叶斯网络既可以看成随机变量间的条件依赖关系表示，也可以看成全联合概率分布的表示。

1）条件依赖关系表示

由贝叶斯的拓扑结构可知，该网络的每个节点只受整个节点集中少数节点的直接影响，而不受这些节点之外的其他节点的直接影响。例如，在图 7.1 中，节点"野外露营"只受节点"小明外出驴行"的直接影响，而与节点"天气晴朗"和"驴友邀请"无关。因此，贝叶斯网络可以认为是一种线性复杂度的方法。设贝叶斯网络包含的随机布尔变量个数为 N，若每个随机变量最多受 L 个变量的直接影响，则贝叶斯网络最多可由 $N\times 2^L$ 个数据描述。

上述局部化特征是贝叶斯网络能够简化运算的重要原因。造成这种局部化特征的根本原因在于贝叶斯网络中的节点之间大部分是条件独立的，因此如何判别条件独立性对于贝叶斯网络意义重大。下面是常用的判别条件独立关系的 2 个准则，二者等价：

(1) 父节点的子节点与父节点的非后代节点条件独立。如图 7.1 所示，节点"小明外出驴行"为父节点，其子节点"野外聚餐"就与父节点的非后代节点"天气晴朗"和"驴友邀请"条件独立。

(2) 任一节点与其马尔可夫覆盖以外的所有节点均条件独立。节点本身与其父节点、子节点以及子节点的其他父节点一起构成马尔可夫覆盖。如图 7.1 所示，节点"驴友邀请"无父节点，其子节点是"小明外出驴行"，子节点的其他父节点还有节点"天气晴朗"。这样，

“驴友邀请”“小明外出驴行”“天气晴朗”一起构成一个马尔可夫覆盖，在马尔可夫覆盖以外的节点“野外露营”和“野外聚餐”与节点“驴友邀请”就是条件独立的。

2）全联合概率分布表示

如何利用贝叶斯网络的条件依赖关系或者说局部化特性来简化该网络的计算呢？通常利用全联合概率分布公式的乘法法则：

$$\begin{aligned}p(x_1, x_2, \cdots, x_N) &= p(x_N|x_1, x_2, \cdots, x_{N-1})\times p(x_{N-1}|x_1, x_2, \cdots, x_{N-2})\\&\quad\times\cdots\times p(x_2|x_1)\times p(x_1)\\&=\prod_{i=1}^{N} p(x_i|x_1, x_2, \cdots, x_{i-1})\end{aligned}\tag{7.3}$$

式中，$p(x_1, x_2, \cdots, x_N)$为随机变量集 $X=\{X_1, X_2, \cdots, X_N\}$的全联合概率分布。全联合概率分布是指随机变量集中每个变量 $X_i=x_i$ 时的合取概率，即

$$p(x_1, x_2, \cdots, x_N)=p(X_1=x_1\wedge X_2=x_2\wedge\cdots\wedge X_N=x_N)\tag{7.4}$$

由贝叶斯网络的条件依赖关系可知，子节点 $X_i=x_i$ 的条件概率仅受其父节点的直接影响。因此，若用 $\mathrm{par}(X_i)$表示所有父节点的取值，$p(X_i|\mathrm{par}(X_i))$表示节点 $X_i=x_i$ 的一个条件概率分布函数，则随机变量集 X 中所有节点的贝叶斯网络的联合概率分布可表示为

$$p(x_1, x_2, \cdots, x_N)=\prod_{i=1}^{N} p(X_i|\mathrm{par}(X_i))\tag{7.5}$$

这样，利用贝叶斯网络的联合概率分布表示，仅需考虑具有条件依赖关系的父节点的概率分布，大大降低了全联合概率分布的计算复杂度。

2. 贝叶斯网络的构造

贝叶斯网络主要根据随机变量间的条件依赖关系来构建，其构建过程如下：首先建立根节点，根节点可以有多个，但必须不依赖于其他节点；然后构建依赖于已有节点的子节点，不断重复这一过程，直至叶节点为止；最后列出每一个节点的条件概率表，其中对根节点以先验概率代替。

7.1.2 贝叶斯网络推理

1. 贝叶斯网络推理概念

设 BN 为建立在随机变量集 $X=\{X_1, X_2, \cdots, X_N\}$上的贝叶斯网络，$X_\mathrm{Q}$ 为待查询变量，$\{X_\mathrm{E}\}$为证据变量集，$\{X_\mathrm{F}\}$为非证据变量，且满足关系 $X=X_\mathrm{Q}\cup\{X_\mathrm{E}\}\cup\{X_\mathrm{F}\}$。则在特定的证据事件 $s=\{X_\mathrm{E}^{(1)}=x'^{(1)}_\mathrm{E}, X_\mathrm{E}^{(2)}=x'^{(2)}_\mathrm{E}, \cdots\}$（其中 $x'^{(i)}_\mathrm{E}$ 只有两个布尔值 $x_\mathrm{E}^{(i)}$ 和 $-x_\mathrm{E}^{(i)}$，分别表示真和假）情况下以联合概率分布公式方法计算变量 X_Q 后验概率 $p(X_\mathrm{Q}|s)$的过程，

即称为贝叶斯网络推理。

贝叶斯网络推理的步骤如下：

(1) 确定各节点初始条件的概率分布。

(2) 根据各证据节点的概率分布，利用贝叶斯网络的联合概率分布公式更新节点的条件概率分布，并得到最终推理结果。

贝叶斯网络推理主要有精确推理和近似推理两大类型。其中，精确推理主要针对具有单连通特性的贝叶斯网络模型，其对查询变量后验概率计算的精确度更高；近似推理则主要针对多通道特性贝叶斯网络模型。所谓单连通是指任意两个节点之间至多只有一条无向路径连接，而多连通则不止一条。可见，多连通贝叶斯网络比单连通网络具有更高的复杂度。为了提高多连通贝叶斯网络的推理效率，在不影响推理正确性前提下，可适当降低推理精确度，即进行近似推理。

2. 贝叶斯网络的精确推理

贝叶斯网络的精确推理最常见的方法是枚举法，即对未观察到的非证据变量枚举其可能的取值，然后利用联合概率分布公式推理待查询变量的后验概率：

$$p(X_Q|s)=\alpha\sum_{X_F}p(X_Q, s, X_F) \tag{7.6}$$

式中，α 为归一化系数，以保证 X_Q 的所有取值的后验概率之和为 1，可通过枚举 $X_Q=x_Q$ 和 $X_Q=\neg x_Q$ 求得。

例 7.1 对图 7.1 所示的贝叶斯网络，现观察到了证据事件 $s=\{c, \neg d\}$，求在该情况下"驴友邀请"的概率 $p(F|c, \neg d)$ 是多少。

解 图 7.1 为单连通贝叶斯网络，按精确推理方法求解，即

$$p(F|c, \neg d)=\alpha\sum_{W}\sum_{M}p(F, s, W, M)$$

其中，F 有两个布尔值 f 和 $\neg f$。因此，利用联合概率分布公式对两种取值情况分别处理，再求出归一化系数 α。

$$\begin{aligned}
p(f|c, \neg d) &= \alpha\sum_{W}\sum_{M}p(f, s, W, M)\\
&= \alpha\sum_{W}\sum_{M}p(f)p(W)p(M|W, f)p(c|M)p(d|M)\\
&= \alpha p(f)\{p(w)p(m|w, f)p(c|m)p(d|m)\\
&\quad + p(w)p(\neg m|w, f)p(c|\neg m)p(d|\neg m)\\
&\quad + p(\neg w)p(m|\neg w, f)p(c|m)p(d|m)\\
&\quad + p(\neg w)p(\neg m|\neg w, f)p(c|\neg m)p(d|\neg m)\\
&= 0.084\alpha
\end{aligned}$$

$$
\begin{aligned}
p(\neg f|c,\neg d) &= \alpha\sum_{W}\sum_{M}p(\neg f, s, W, M)\\
&= \alpha\sum_{W}\sum_{M}p(\neg f)p(W)p(M|W,\neg f)p(c|M)p(d|M)\\
&= \alpha p(\neg f)\{p(w)p(m|w,\neg f)p(c|m)p(d|m)\\
&\quad +p(w)p(\neg m|w,\neg f)p(c|\neg m)p(d|\neg m)\\
&\quad +p(\neg w)p(m|\neg w,\neg f)p(c|m)p(d|m)\\
&\quad +p(\neg w)p(\neg m|\neg w,\neg f)p(c|\neg m)p(d|\neg m)\}\\
&= 0.168\alpha
\end{aligned}
$$

由 $p(f|c,\neg d)+p(\neg f|c,\neg d)=1$，得 $\alpha=\frac{1}{0.252}$。故

$$
p(F|c,\neg d)=(p(f|c,\neg d),\ p(\neg f|c,\neg d))=(0.333,\ 0.667)
$$

3. 贝叶斯网络的近似推理

贝叶斯网络的近似推理最常见的方法是马尔可夫链蒙特卡洛法，即引入随机抽样来计算未知变量的条件概率分布，将条件概率分布作为一个随机样本生成器，利用它来生成样本，然后通过这些样本对预测的条件概率进行估计。当生产样本的数目足够多时，可以通过归一化获得变量的条件概率的近似值。常用 Gibbs 采样器进行随机采样。

马尔可夫链蒙特卡洛法的具体推理过程如下：

(1) 随机生成未知变量的取值，并将该取值与证据变量一起作为问题的初始状态。

(2) 对各个未知变量依次采样：先根据问题的当前状态计算该未知变量取值改变的概率；再将该概率与一个 0 到 1 之间的随机数进行比较，若概率值小于随机数，则保持未知变量取值不变；若概率值大于随机数，则改变未知变量的取值。

(3) 反复执行上述采样，直到认为生成的样本足够多为止。通过归一化手段估计所求条件概率的近似值。

下面以例 7.2 具体说明。

例 7.2 图 7.2 展示了一个多连通贝叶斯网络模型。已知小明不仅野外聚餐，而且心情愉悦，如何推测小明是否外出驴行？

解 设 M、C、D、P 分别代表随机变量“外出驴行”、“野外露营”、“野外聚餐”、“心情愉悦”，m、c、d、p 分别表示这些变量取真，$\neg m$、$\neg c$、$\neg d$、$\neg p$ 分别表示这些变量取假。分析题目，对于节点 M，其与节点 C 和 D 一起构成马尔可夫覆盖，即节点 M 依赖节点 C 和 D；对于节点 C，其与节点 M、P、D 亦构成马尔可夫覆盖，节点 C 依赖于节点 M、P、D。同时，节点 D、P 是证据变量，取值已知，而节点 M、C 是未知变量，取值未知。根据马尔可夫链蒙特卡洛法，先随机生成问题的初始状态。假设 $M=m$，$C=c$，则问题初始状态为

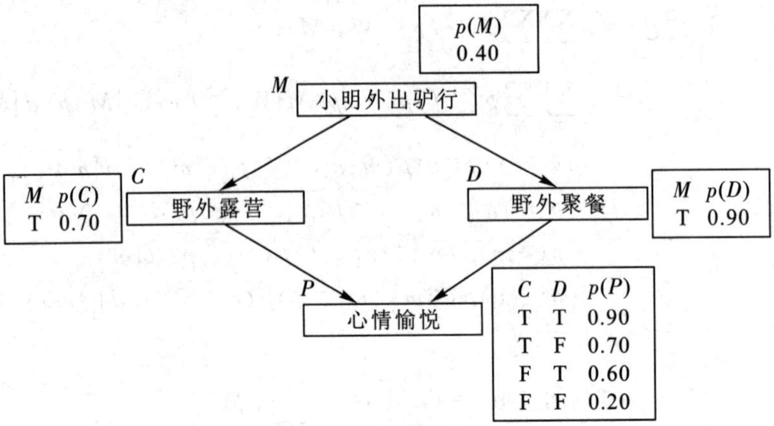

图 7.2 一个多连通贝叶斯网络的例子

$\{m, c, d, p\}$。然后，反复对未知变量 M 和 C 进行采样：

(1) 先对 M 采样。首先计算 $p(M|c, d)$，由贝叶斯网络的联合概率分布公式有

$$p(m|c, d)=\frac{p(m, c, d)}{p(c, d)}=\frac{p(m)\cdot p(c|m)\cdot p(d|m)}{p(m)\cdot p(c|m)\cdot p(d|m)+p(\neg m)\cdot p(c|\neg m)\cdot p(d|\neg m)}$$

$$=\frac{0.4\times 0.7\times 0.9}{0.4\times 0.7\times 0.9+0.6\times 0.3\times 0.1}$$

$$=0.93$$

然后生成一个 0 到 1 之间的随机数 r。若 r 大于 0.93，则保持原状态不变，依然为 $\{m, c, d, p\}$；若 r 小于 0.93，则 M 取值变为 $\neg m$，问题的状态变为 $\{\neg m, c, d, p\}$。

(2) 再对 C 采样。方法同上。

反复对 M 和 C 交替采样，直到达到预定的状态样本数为止。最后，通过归一化方法求得 $p(M|d, p)$ 的近似值。

7.2 决策树理论

决策树(Decision Tree)是一种直观运用概率分析的图解法。在机器学习中，决策树是一个典型的监督学习算法，其涉及的 C4.5 和 CART 算法在 2006 年国际数据挖掘大会上被列入十大数据挖掘算法。

7.2.1 定义与结构

决策树是在已知各种情况发生概率的基础上，通过构成决策树来求取净现值的期望值大于等于零的概率，评价项目风险，判断其可行性的决策分析方法。决策树具有层次数据

结构，通过“节点”与“边”构成在形式上类似于一棵树的枝干，故称决策树。决策树的思想很朴素，类似于人们平时选择决策的过程。例如，小明去超市购买牛奶，他会根据牛奶的特点并结合自己的喜好去判断和决策，可以把小明的判断决策过程画成一棵树，如图 7.3 所示。

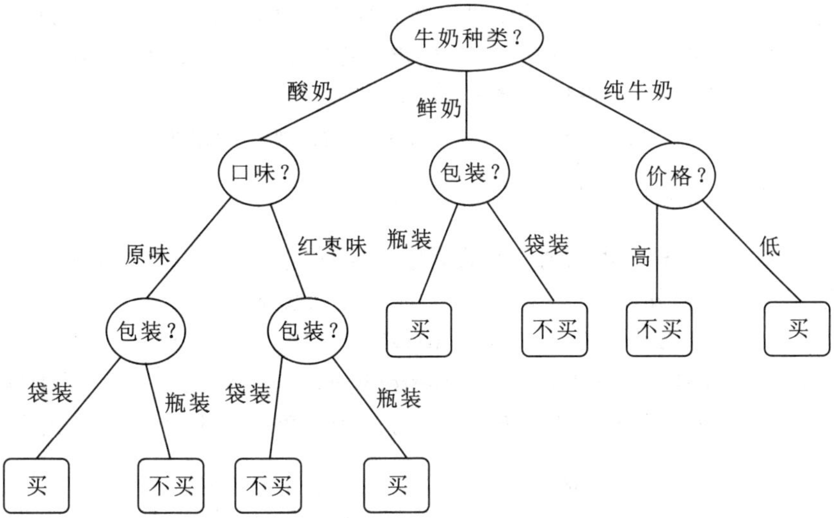

图 7.3 “购买牛奶”决策树示例

决策树问题定义如下：

对于给定的样本集 $S=\{(\boldsymbol{x}_1, y_1), (\boldsymbol{x}_2, y_2), \cdots, (\boldsymbol{x}_M, y_M)\}$ 和特征集 $A=\{a_1, a_2, \cdots, a_N\}$，输出一个与样本集矛盾最小的决策树 Tree$(S, A)$。其中，$y_i$ 为样本的分类标签，$i=1, 2, \cdots, M$；a_n 为特征集中的一个特征，$n=1, 2, \cdots, N$；$\boldsymbol{x}_i=[x_1, x_2, \cdots, x_N]$表示样本 i 的特征向量，其维度为 N，$i=1, 2, \cdots, M$；x_n 表示对应的特征 a_n 的取值，$n=1, 2, \cdots, N$。

决策树通常包含决策节点、分支和叶节点。决策节点表示在样本的一个属性上进行划分；分支表示对于决策节点进行划分的输出；叶节点表示经过分支到达的最终类别。从决策树的根节点出发，自上而下，每个决策节点都会进行一次划分，直至到达叶节点被分类为止。可见，决策树是一个利用树的模型进行决策的多分类模型，简单有效，易于理解。

7.2.2 特征选择准则

如何选择特征来划分特征空间，是决策树方法需要解决的首要问题。一般，通过从特征集 $A=\{a_1, a_2, \cdots, a_N\}$ 中挑选出能最大程度减小样本集不确定性程度的特征，即 $a_n^*=\underset{a_n}{\operatorname{argmax}} G_{a_n}\{S, a_n\}$来解决。其中，$G_{a_n}\{S, a_n\}$表示选择特征使样本集减少的不确定性程度。不同的决策树算法对于 $G_{a_n}\{S, a_n\}$的定义方式不同，即不同的算法有不同的特征选择准则，下面结合常用决策树算法来分析。

1. 信息增益准则

ID3 算法使用信息增益作为选择划分节点的依据，而信息增益又是建立在信息熵概念之上的。信息熵借用热力学概念，是度量一个属性信息量的指标，在决策树中用来衡量样本集纯度。熵越大，表明所含信息越多，不确定性程度就越大；反之，熵越小，所含信息也越少，不确定性程度就越小。设样本集 $S=\{(\boldsymbol{x}_1, y_1), (\boldsymbol{x}_2, y_2), \cdots, (\boldsymbol{x}_M, y_M)\}$，$y_i$ 为样本的分类标签，p_i 为 y_i 出现的概率，$i=1, 2, \cdots, M$，则 S 的熵为

$$\text{Entropy}(S) = \text{Entropy}(p_1, p_2, \cdots, p_M) = -\sum_{i=1}^{M} p_i \,\text{lb}\, p_i \tag{7.7}$$

信息增益则定义为样本集在划分前的信息熵与划分后的信息熵的差值。设划分前样本集为 S，选择特征 a_n 划分，则按特征 a_n 划分 S 的信息增益为

$$\text{Gain}(S, a_n) = \text{Entropy}(S) - \text{Entropy}_{a_n}(S) \tag{7.8}$$

式中，$\text{Entropy}(S)$为样本集 S 的信息熵；$\text{Entropy}_{a_n}(S)$为按特征 a_n 划分后子集的信息熵。假如特征 a_n 有 L 个不同取值，则可将 S 划分为 L 个子集 $S_1, S_2, \cdots, S_L$，则

$$\text{Entropy}_{a_n}(S) = \sum_{i=1}^{L} \frac{|S_i|}{|S|} \text{Entropy}(S_i) \tag{7.9}$$

可见，信息增益 $\text{Gain}(S, a_n)$越大，表明按特征 a_n 划分后的子集越纯，越有利于将不同的样本分开。这样，ID3 算法选择特征划分特征空间的方法是，选择获得的信息增益最大的特征来划分特征空间并生成决策树。

2. 信息增益率准则

信息增益准则对于每个分支节点都会乘以其权重。也就是说，由于权重之和为 1，所以分支节点分得越多即每个节点数据越小，纯度可能越高。这样会导致该准则算法(如 ID3)倾向于选择具有大量可能值的特征。

C4.5 算法引入特征的分裂信息来调节信息增益：

$$\text{Split}(a_n) = -\sum_{i=1}^{L} \frac{|S_i|}{|S|} \,\text{lb}\, \frac{|S_i|}{|S|} \tag{7.10}$$

分裂信息 $\text{Split}(a_n)$确定每个实例指派到某个分支所需的位数，分支越多，该值越大。

C4.5 算法以信息增益率为特征选择的依据。信息增益率定义如下：

$$\text{GainRatio}(a_n) = \frac{\text{Gain}(S, a_n)}{\text{Split}(a_n)} \tag{7.11}$$

信息增益率将分裂信息作为分母，特征取值数目越大，分裂信息越大，从而部分抵消了特征取值数目带来的影响。但是，事物往往具有两面性，有时候，采用信息增益率作为选择依据会倾向于取值数目较少的特征。为了解决这个问题，可以先找出信息增益在平均值以上的属性，再从中选择信息增益率最高的。

3. Gini 指数准则

CART 算法使用 Gini 指数作为特征空间划分的依据。Gini 指数是建立在 Cini 系数概念之上的。Cini 系数定义如下：

$$\mathrm{Gini}(S)=1-\sum_{i=1}^{M}p_i^2 \tag{7.12}$$

形象地说，Gini 系数代表了从 S 中随机选择两个样本其类别不一致的概率。

因此，特征 a_n 的 Gini 指数定义为

$$\mathrm{GiniIndex}(S,\ a_n)=\sum_{i=1}^{L}\frac{|S_i|}{|S|}\mathrm{Gini}(S_i) \tag{7.13}$$

可见，Gini 指数越小，说明样本集纯度越高，可以通过选择 Gini 指数小的特征来划分子节点。值得注意的是，ID3、C4.5 算法采取的是多支划分方法，即特征标签有多少种可能取值，就设计多少个分支；而 CART 算法采用二分递归分割方法，即对特征标签只产生二元划分，生成的决策树均是二叉树。

7.2.3 “过拟合”问题

1. 大树与小树

在决策树算法中，往往倾向于得到一个规模更小的树，原因如下：

(1) 可解释性。一个仅包含几个决策节点的决策树往往比规模较大的树更容易分析和解释，也更容易修正。

(2) 小规模决策树能更好地移除不相关和冗余特征，这对于一些特征获取困难或者特征获取代价高昂领域十分有用。

(3) 大规模决策树容易造成分支过多，可能会把训练集自身的部分特点当作所有样本数据都具有的普遍性质导致“过拟合”。

因此，在决策树算法中，往往倾向于构建更小规模的树，即通过去除部分分支(子树)来简化决策树，防止“过拟合”现象，从而提高决策树的泛化能力。

2. 剪枝处理

在决策树中，去除一部分对未知检验样本的分类精度没有帮助的分支(子树)并用叶节点替换，生成更简单、更容易理解的树的过程称为剪枝。剪枝的主要策略有两种：

(1) 预剪枝。预剪枝策略指在决策树生成过程中，每个节点在划分前都先进行估计，如果不能提升决策树泛化性能，就停止划分，并将当前节点设置为叶节点。那么怎样确定决策树的泛化性能呢？一种简单有效的方法就是，留出一部分训练样本当作测试集，在每次划分前比较划分前后测试集的预测精度。另一种方法是基于一些统计检验，比如 χ^2 检验等。预剪枝本质上是一种“贪心”操作，通过禁止部分划分的展开来降低过拟合风险，减少

训练所需的时间；但是，这些划分暂时无法提升精度，却在后续划分可能可以提升精度。因此，预剪枝可能带来“欠拟合”风险。

(2) 后剪枝。后剪枝策略指先正常构建一个决策树，然后用所选的精度准则以回溯方式去除树中冗余的分支(子树)。“回溯”按照广度优先搜索(先生成的节点先扩展)的反序进行，依次对决策树内部节点进行剪枝。后剪枝既降低了过拟合风险，也降低了欠拟合风险，剪枝效果比预剪枝好。但是，后剪枝计算量大，花费时间也更多。

7.2.4 连续值处理

在前述讨论中，样本集中的特征取值都是分类数据(离散值)。那么，当样本中的特征取值为连续情况该如何进行分支处理？监督离散化是一种较好的处理方法，该法基于统计学习方法，通过熵、卡方检验等方法来判断相邻区间是否合并，即通过选取极大化区间纯度的临界值来进行划分。C4.5 和 CART 算法对连续值的处理办法即属于监督离散化方法。其中，C4.5 算法使用信息熵作为区间纯度的度量标准，CART 算法使用 Gini 系数作为区间纯度的度量标准。ID3 算法样本的特征被限制为离散值，不在本节讨论范围中。

1. C4.5 算法连续值处理

设连续特征 a 在样本集 S 中出现了 L 个不同的值，则采用 C4.5 算法对连续特征 a 处理如下：

首先，对 a 出现的 L 个取值按从小到大进行排序；

然后，选取不超过排序后两个相邻取值的平均值的最大取值作为分裂点，使所有的临界值都出现在样本集中，可产生 $L-1$ 个候选分裂点；

最后，对于每个分裂点计算其信息增益率，选取信息增益率最高的候选分裂点作为特征 a 的分裂点，比较 a 和其他特征的信息增益，确定该节点的划分。

2. CART 算法连续值处理

采用 CART 算法对连续特征 a 处理如下：

首先，对 a 出现的 L 个取值按从小到大进行排序；

然后，选取排序后的样本集中两个相邻取值的平均值作为分裂点，共有 $L-1$ 个候选分裂点；

最后，计算每个候选分裂点的 Gini 指标，选取 Gini 指标最低的候选分裂点作为特征 a 的分裂点，比较 a 和其他特征的 Gini 指标，确定该节点的划分。

7.2.5 决策树生成

首先，构造根节点，将所有的样本放在根节点。

然后，根据信息增益准则、信息增益率准则或 Gini 指数准则等特征选择准则选择一个最优特征进行样本集的分割，使得分割后的各个子集在当前条件下有最好的分类。注意，对于 Gini 指数准则，分割的子集必须为 2 个。

第三，如果子集中所有样本均被正确分类，则对此子集构造叶节点；如果仍有部分子集中的样本不能被正确分类，则对这部分子集选择新的最优特征，并继续对其分割子集，构造相应的节点。

第四，对所有节点递归地调用上述方法，直到所有样本都能被正确分类或者所有特征都已被用完。

最后，生成决策树，使样本集中每一个样本都被分到对应的叶节点中。

注意，当样本集的特征数远远超过构建决策树所需特征数时，可以在构建前先进行特征筛选，选择那些对样本集有足够分类能力的特征划分节点。

7.2.6 算法实例

常见决策树有 ID3、C4.5、CART 等算法，下面给出具体的实例。

1. ID3 算法实例

例 7.3 表 7.1 展示了一个“购买牛奶”的样本集。该样本集有 4 个属性，分别为“种类”“口味”“包装”“价格”。样本的分类标签分别为“购买”和“不买”。请用 ID3 算法构造决策树将样本分类。

表 7.1 “购买牛奶”的样本集

样本	种类	口味	包装	价格	类
1	酸奶	红枣味	瓶装	高	不买
2	酸奶	红枣味	瓶装	高	不买
3	早餐奶	草莓味	盒装	低	不买
4	酸奶	原味	瓶装	低	购买
5	早餐奶	原味	袋装	低	购买
6	纯牛奶	原味	袋装	高	不买
7	酸奶	红枣味	瓶装	低	购买
8	纯牛奶	原味	盒装	低	购买
9	酸奶	原味	盒装	低	不买
10	纯牛奶	原味	盒装	低	购买
11	纯牛奶	原味	盒装	高	不买
12	早餐奶	红枣味	盒装	低	购买

续表

样本	种类	口味	包装	价格	类
13	早餐奶	红枣味	袋装	低	不买
14	纯牛奶	原味	袋装	高	购买
15	酸奶	原味	瓶装	低	购买
16	纯牛奶	原味	盒装	低	不买
17	酸奶	原味	瓶装	高	购买
18	纯牛奶	原味	盒装	低	购买
19	酸奶	草莓味	瓶装	高	购买
20	早餐奶	红枣味	盒装	低	购买

解 因为初始时刻属于“不买”和“购买”两类的个数分别为8个和12个，所以初始时刻的熵值为

$$\text{Entropy}(S)=-\frac{8}{20}\text{lb}\frac{8}{20}-\frac{12}{20}\text{lb}\frac{12}{20}=0.9710$$

若选取“种类”作为拟划分特征，则

$$\begin{aligned}\text{Entropy}(S,\text{种类})&=\frac{8}{20}\left[-\frac{3}{8}\text{lb}\frac{3}{8}-\frac{5}{8}\text{lb}\frac{5}{8}\right]+\frac{5}{20}\left[-\frac{2}{5}\text{lb}\frac{2}{5}-\frac{3}{5}\text{lb}\frac{3}{5}\right]\\&\quad+\frac{7}{20}\left[-\frac{3}{7}\text{lb}\frac{3}{7}-\frac{4}{7}\text{lb}\frac{4}{7}\right]\\&=0.9693\end{aligned}$$

若选取“口味”作为拟划分特征，则

$$\begin{aligned}\text{Entropy}(S,\text{口味})&=\frac{6}{20}\left[-\frac{3}{6}\text{lb}\frac{3}{6}-\frac{3}{6}\text{lb}\frac{3}{6}\right]+\frac{12}{20}\left[-\frac{4}{12}\text{lb}\frac{4}{12}-\frac{8}{12}\text{lb}\frac{8}{12}\right]\\&\quad+\frac{2}{20}\left[-\frac{1}{2}\text{lb}\frac{1}{2}-\frac{1}{2}\text{lb}\frac{1}{2}\right]\\&=0.9510\end{aligned}$$

若选取“包装”作为拟划分特征，则

$$\begin{aligned}\text{Entropy}(S,\text{包装})&=\frac{7}{20}\left[-\frac{2}{7}\text{lb}\frac{2}{7}-\frac{5}{7}\text{lb}\frac{5}{7}\right]+\frac{9}{20}\left[-\frac{4}{9}\text{lb}\frac{4}{9}-\frac{5}{9}\text{lb}\frac{5}{9}\right]\\&\quad+\frac{4}{20}\left[-\frac{2}{4}\text{lb}\frac{2}{4}-\frac{2}{4}\text{lb}\frac{2}{4}\right]\\&=0.9481\end{aligned}$$

若选取“价格”作为拟划分特征，则

$$\text{Entropy}(S,\text{价格})=\frac{7}{20}\left[-\frac{4}{7}\text{lb}\frac{4}{7}-\frac{3}{7}\text{lb}\frac{3}{7}\right]+\frac{13}{20}\left[-\frac{4}{13}\text{lb}\frac{4}{13}-\frac{9}{13}\text{lb}\frac{9}{13}\right]$$
$$=0.9236$$

可见，Entropy(S，价格)最小，即有关“价格”的信息对于分类提供了最大的信息量，Gain(S，价格)最大。因此，选择“价格”作为最优特征划分特征空间，将样本集划分为 2 个子集，生成 2 个节点。

对新生成的节点依次利用上面过程直到叶节点为止，其生成的决策树如图 7.4 所示。

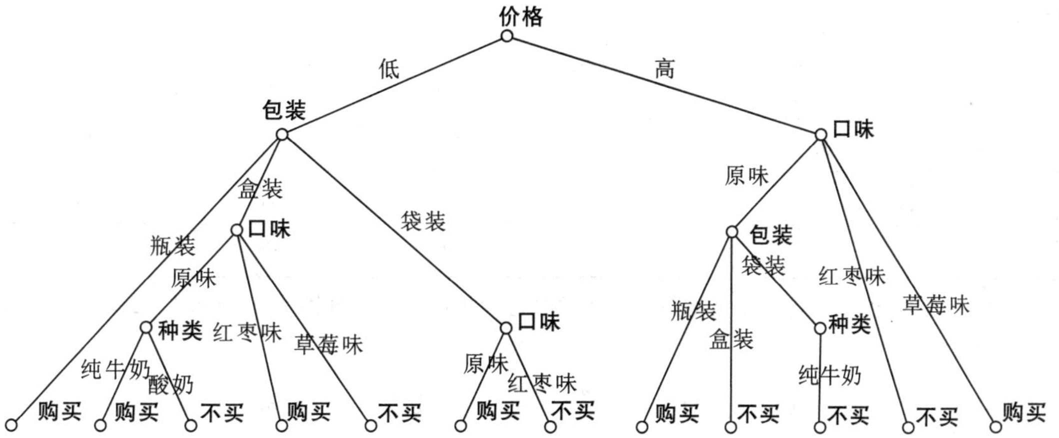

图 7.4　例 7.3 生成的决策树

2. C4.5 算法实例

例 7.4　某校随机抽取了部分毕业生就业信息，如表 7.2 所示，希望通过 C4.5 算法分析该信息，寻找可能影响毕业生竞争力的因素，从而在今后学生培养工作中加以改进。

表 7.2　“就业信息”的样本集

序号	性别	绩点	毕设成绩	学生干部	就业情况
1	男	2.0 以下	及格	否	未
2	男	2.0～2.9	中	否	已
3	女	3.0～3.9	良	是	已
4	女	2.0～2.9	中	否	已
5	男	4.0 以上	优	否	已
6	男	2.0～2.9	中	否	已

续表

序号	性别	绩点	毕设成绩	学生干部	就业情况
7	女	4.0以上	优	否	已
8	男	2.0～2.9	及格	是	已
9	女	3.0～3.9	中	是	已
10	男	2.0～2.9	中	否	未
11	女	2.0以下	中	否	已
12	男	2.0～2.9	及格	否	已
13	男	3.0～3.9	良	否	已
14	男	2.0～2.9	中	否	未
15	女	2.0～2.9	中	否	未

解 因为初始时刻就业情况属于“未”和“已”两类的个数分别为4个和11个，所以初始时刻的熵值为

$$\text{Entropy}(S) = -\frac{4}{15}\text{lb}\frac{4}{15} - \frac{11}{15}\text{lb}\frac{11}{15} = 0.8366$$

(1) 若选取“性别”作为拟划分特征，则

$$\text{Entropy}(S, \text{性别}) = \frac{9}{15}\left[-\frac{3}{9}\text{lb}\frac{3}{9} - \frac{6}{9}\text{lb}\frac{6}{9}\right] + \frac{6}{15}\left[-\frac{1}{6}\text{lb}\frac{1}{6} - \frac{5}{6}\text{lb}\frac{5}{6}\right] = 0.8110$$

采用“性别”划分的信息增益：

$$\text{Gain}(S, \text{性别}) = \text{Entropy}(S) - \text{Entropy}(S, \text{性别}) = 0.0257$$

采用“性别”划分的分裂信息：

$$\text{Split}(\text{性别}) = -\frac{9}{15}\text{lb}\frac{9}{15} - \frac{6}{15}\text{lb}\frac{6}{15} = 0.9710$$

故该特征信息增益比：

$$\text{GainRatio}(\text{性别}) = \frac{\text{Gain}(S, \text{性别})}{\text{Split}(\text{性别})} = 0.0264$$

(2) 若选取“绩点”作为拟划分特征，则

$$\begin{aligned}\text{Entropy}(S, \text{绩点}) &= \frac{2}{15}\left[-\frac{1}{2}\text{lb}\frac{1}{2} - \frac{1}{2}\text{lb}\frac{1}{2}\right] + \frac{8}{15}\left[-\frac{3}{8}\text{lb}\frac{3}{8} - \frac{5}{8}\text{lb}\frac{5}{8}\right] \\ &\quad - \frac{3}{15}\text{lb}\frac{3}{3} - \frac{2}{15}\text{lb}\frac{2}{2} \\ &= 0.6424\end{aligned}$$

采用"绩点"划分的信息增益：

$$\text{Gain}(S, 绩点) = \text{Entropy}(S) - \text{Entropy}(S, 绩点) = 0.1943$$

采用"绩点"划分的分裂信息：

$$\text{Split}(绩点) = -\frac{2}{15}\,\text{lb}\,\frac{2}{15} - \frac{8}{15}\,\text{lb}\,\frac{8}{15} - \frac{3}{15}\,\text{lb}\,\frac{3}{15} - \frac{2}{15}\,\text{lb}\,\frac{2}{15} = 1.7232$$

故该特征信息增益比：

$$\text{GainRatio}(绩点) = \frac{\text{Gain}(S, 绩点)}{\text{Split}(绩点)} = 0.1127$$

(3) 若选取"毕设成绩"作为拟划分特征，则

$$\begin{aligned}\text{Entropy}(S, 毕设成绩) &= \frac{2}{15}\text{lb}\,\frac{2}{2} + \frac{2}{15}\text{lb}\,\frac{2}{2} + \frac{8}{15}\left[-\frac{3}{8}\,\text{lb}\,\frac{3}{8} - \frac{5}{8}\,\text{lb}\,\frac{5}{8}\right] \\ &\quad + \frac{3}{15}\left[-\frac{1}{3}\,\text{lb}\,\frac{1}{3} - \frac{2}{3}\,\text{lb}\,\frac{2}{3}\right] \\ &= 0.6927\end{aligned}$$

采用"毕设成绩"划分的信息增益：

$$\text{Gain}(S, 毕设成绩) = \text{Entropy}(S) - \text{Entropy}(S, 毕设成绩) = 0.1440$$

采用"毕设成绩"划分的分裂信息：

$$\text{Split}(毕设成绩) = -\frac{2}{15}\,\text{lb}\,\frac{2}{15} - \frac{2}{15}\,\text{lb}\,\frac{2}{15} - \frac{8}{15}\,\text{lb}\,\frac{8}{15} - \frac{3}{15}\,\text{lb}\,\frac{3}{15} = 1.7232$$

故该特征信息增益比：

$$\text{GainRatio}(毕设成绩) = \frac{\text{Gain}(S, 毕设成绩)}{\text{Split}(毕设成绩)} = 0.0835$$

(4) 若选取"学生干部"作为拟划分特征，则

$$\text{Entropy}(S, 学生干部) = \frac{3}{15}\,\text{lb}\,\frac{3}{3} + \frac{12}{15}\left[-\frac{4}{12}\,\text{lb}\,\frac{4}{12} - \frac{8}{12}\,\text{lb}\,\frac{8}{12}\right] = 0.7346$$

采用"学生干部"划分的信息增益：

$$\text{Gain}(S, 学生干部) = \text{Entropy}(S) - \text{Entropy}(S, 学生干部) = 0.1020$$

采用"学生干部"划分的分裂信息：

$$\text{Split}(学生干部) = -\frac{3}{15}\,\text{lb}\,\frac{3}{15} - \frac{12}{15}\,\text{lb}\,\frac{12}{15} = 0.7219$$

故该特征信息增益比：

$$\text{GainRatio}(学生干部) = \frac{\text{Gain}(S, 学生干部)}{\text{Split}(学生干部)} = 0.1413$$

由上述过程可知，"学生干部"具有最大的信息增益比。因此，选择"学生干部"作为最优特征划分特征空间，将样本集划分为 2 个子集，生成 2 个节点。

对新生成的节点依次利用上面过程直到叶节点为止，其生成的决策树如图 7.5 所示。

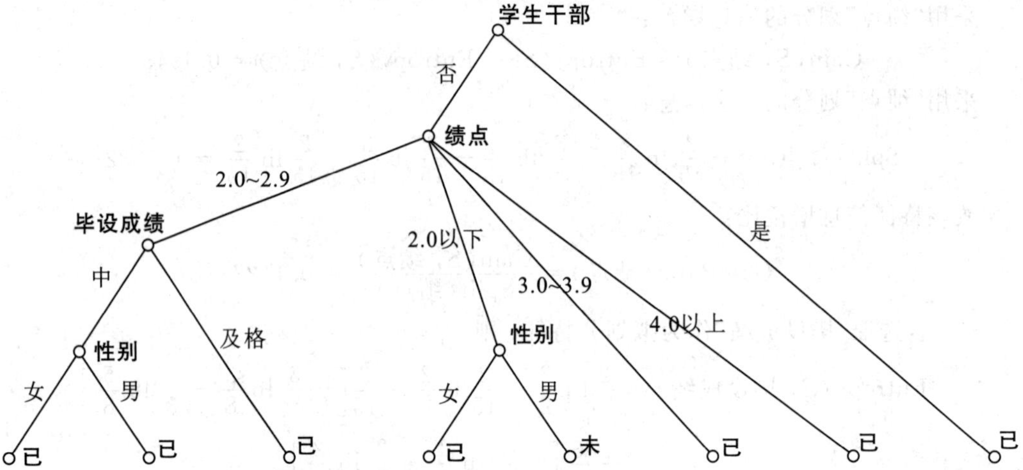

图 7.5 例 7.4 生成的决策树

3. CART 算法实例

例 7.5 有如表 7.3 所示的鸢尾花样本集，请建立关于鸢尾花的 CART 决策树。

表 7.3 鸢尾花样本集

序号	花萼长度	花萼宽度	花瓣长度	花瓣宽度	种类
1	6.80	2.80	4.80	1.40	versicolor
2	6.70	3.00	5.00	1.70	versicolor
3	6.00	2.90	4.50	1.50	versicolor
4	5.70	2.60	3.50	1.00	versicolor
5	5.50	2.40	3.80	1.10	versicolor
6	5.50	2.40	3.70	1.00	versicolor
7	5.80	2.70	3.90	1.20	versicolor
8	6.00	2.70	5.10	1.60	versicolor
9	5.40	3.00	4.50	1.50	versicolor
10	6.00	3.40	4.50	1.60	versicolor
11	6.70	3.10	4.70	1.50	versicolor
12	6.30	2.30	4.40	1.30	versicolor
13	5.60	3.00	4.10	1.30	versicolor
14	5.50	2.50	4.00	1.30	versicolor
15	5.50	2.60	4.40	1.20	versicolor

续表一

序号	花萼长度	花萼宽度	花瓣长度	花瓣宽度	种类
16	6.10	3.00	4.60	1.40	versicolor
17	5.80	2.60	4.00	1.20	versicolor
18	5.00	2.30	3.30	1.00	versicolor
19	5.60	2.70	4.20	1.30	versicolor
20	5.70	3.00	4.20	1.20	versicolor
21	5.70	2.90	4.20	1.30	versicolor
22	6.20	2.90	4.30	1.30	versicolor
23	5.10	2.50	3.00	1.10	versicolor
24	5.70	2.80	4.10	1.30	versicolor
25	6.30	3.30	6.00	2.50	virginica
26	5.80	2.70	5.10	1.90	virginica
27	7.10	3.00	5.90	2.10	virginica
28	6.30	2.90	5.60	1.80	virginica
29	6.50	3.00	5.80	2.20	virginica
30	7.60	3.00	6.60	2.10	virginica
31	4.90	2.50	4.50	1.70	virginica
32	7.30	2.90	6.30	1.80	virginica
33	6.70	2.50	5.80	1.80	virginica
34	7.20	3.60	6.10	2.50	virginica
35	6.50	3.20	5.10	2.00	virginica
36	6.40	2.70	5.30	1.90	virginica
37	6.80	3.00	5.50	2.10	virginica
38	5.70	2.50	5.00	2.00	virginica
39	5.80	2.80	5.10	2.40	virginica
40	6.40	3.20	5.30	2.30	virginica
41	6.50	3.00	5.50	1.80	virginica
42	7.70	3.80	6.70	2.20	virginica
43	7.70	2.60	6.90	2.30	virginica

续表二

序号	花萼长度	花萼宽度	花瓣长度	花瓣宽度	种类
44	6.00	2.20	5.00	1.50	virginica
45	6.90	3.20	5.70	2.30	virginica
46	5.60	2.80	4.90	2.00	virginica
47	7.70	2.80	6.70	2.00	virginica
48	6.30	2.70	4.90	1.80	virginica
49	6.70	3.30	5.70	2.10	virginica
50	7.20	3.20	6.00	1.80	virginica

解　如表 7.3 所示，涉及的鸢尾花共有两类，其中 versicolor 类共 24 个样本，virginica 类共 26 个样本。故初始时刻 Gini 系数为

$$\text{Gini}(S)=1-\left(\frac{24}{50}\right)^2-\left(\frac{26}{50}\right)^2=0.4992$$

若选取“花萼长度”作为拟划分特征，首先对该特征进行递增排序，然后视各相邻值的左值为分裂点，对每个可能的分裂点计算其 Gini 指数。例如，考虑花萼长度为 6.4 为分裂点情形，将数据分为两个子集。其中，左子集花萼长度≤6.4 有 versicolor 类样本 21 个，virginica 类样本 11 个；右子集花萼长度>6.4 有 versicolor 类样本 3 个，virginica 类样本 15 个。因此，花萼长度为 6.4 的 Gini 指数为

$$\text{Entropy}(S,\text{性别})=\frac{9}{15}\left[-\frac{3}{9}\text{lb}\frac{3}{9}-\frac{6}{9}\text{lb}\frac{6}{9}\right]+\frac{6}{15}\left[-\frac{1}{6}\text{lb}\frac{1}{6}-\frac{5}{6}\text{lb}\frac{5}{6}\right]=0.8110$$

$$\begin{aligned}\text{GiniIndex}(S,sl=6.4)&=\frac{|S_{\text{左}}|}{|S|}\text{Gini}(S_{sl\leqslant 6.4})+\frac{|S_{\text{右}}|}{|S|}\text{Gini}(S_{sl>6.4})\\&=\frac{21+11}{50}\left[1-\left(\frac{21}{21+11}\right)^2-\left(\frac{11}{21+11}\right)^2\right]\\&\quad+\frac{3+15}{50}\left[1-\left(\frac{3}{3+15}\right)^2-\left(\frac{15}{3+15}\right)^2\right]\\&=0.3887\end{aligned}$$

按上述方式分别计算递增排序后“花萼长度”第 2 个取值到倒数第 3 个取值的 Gini 指数(因为以递增排序相邻值的左值为分裂点，故舍弃最大值；要分为两类，故剩下分裂点中最左侧和最右侧数据排除)；然后选取 Gini 指数最小的取值作为“花萼长度”的 Gini 指数。

以同样的方式，考察“花萼宽度”、“花瓣长度”、“花瓣宽度”等特征的 Gini 指数，选择最小 Gini 指数的特征作为根节点或新生节点，并以该特征 Gini 指数对应的分裂点作为节点划分依据。对新生成的节点依次利用上面过程直到叶节点为止，其生成的决策树如图 7.6 所示。

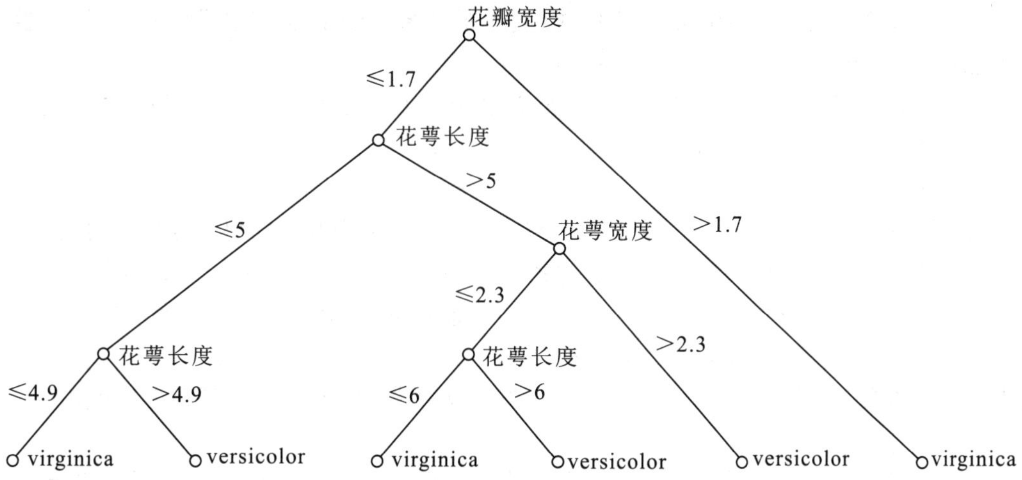

图 7.6　例 7.5 生成的决策树

7.3　马尔可夫网络

前述章节讨论了有向图方法，即一个事件对另一个事件的影响是有方向的。然而，还有一类事件，其影响是双向的，或者对称的，此时用有向图来描述它们的关系就不合适了，需使用无向图模型。马尔可夫网络(亦称马尔可夫随机场)就是一种典型的无向图模型。如在图像处理领域，两个像素 p 和 q 具有 4 邻接、8 邻接或者 m 邻接关系，那么这种关系(影响)是双向的，而不只是一个像素对另一个像素的关系。

图 7.7 显示了一个简单的马尔可夫网络。可见，马尔可夫网络与贝叶斯网络在形态上类似，区别在于节点之间的边连接是无方向性的。

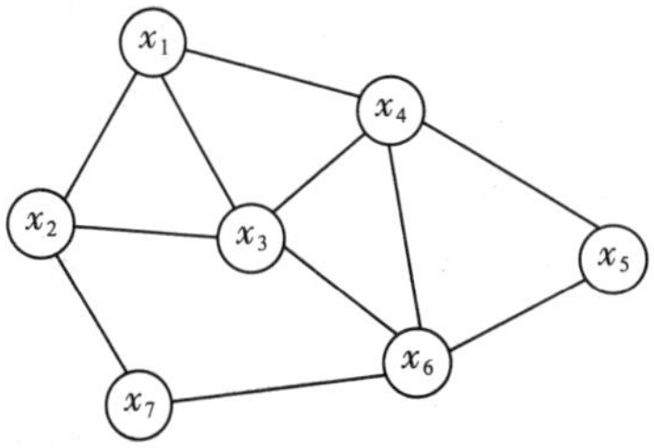

图 7.7　马尔可夫网络的一个例子

1. 几个重要概念

在贝叶斯网络中，是通过各节点的条件依赖关系并利用全联合概率分布公式来查询某个变量的后验概率的。在马尔可夫网络中，讨论的对象已经不是“节点”而是“团”，计算的基础也不再是“条件概率”而是更广泛的“势函数”。

在马尔可夫网络中，“团”定义为一个节点集合，且该集合内任意两个节点之间都存在一条边。如图7.7中，$\{x_1, x_2\}$、$\{x_1, x_3\}$、$\{x_1, x_4\}$、$\{x_2, x_3\}$、$\{x_2, x_7\}$、$\{x_3, x_4\}$、$\{x_3, x_6\}$、$\{x_4, x_5\}$、$\{x_4, x_6\}$、$\{x_5, x_6\}$、$\{x_6, x_7\}$、$\{x_1, x_2, x_3\}$、$\{x_1, x_3, x_4\}$、$\{x_3, x_4, x_6\}$、$\{x_4, x_5, x_6\}$等都是团。若将马尔可夫网络中其他任何节点加入到团中，都使团不再为团，则称该团为“极大团”。如图7.7中，$\{x_2, x_7\}$、$\{x_6, x_7\}$、$\{x_1, x_2, x_3\}$、$\{x_1, x_3, x_4\}$、$\{x_3, x_4, x_6\}$、$\{x_4, x_5, x_6\}$等都是极大团，而$\{x_1, x_2\}$、$\{x_1, x_3\}$、$\{x_1, x_4\}$、$\{x_2, x_3\}$、$\{x_3, x_4\}$、$\{x_3, x_6\}$、$\{x_4, x_5\}$、$\{x_4, x_6\}$、$\{x_5, x_6\}$中均可加入其他节点构成新的团，故不为极大团。显然，马尔可夫网络中，每个节点都至少出现在一个极大团中。

“势函数”则被定义为“团”上的非负实函数。与贝叶斯网络不同，势函数不必有概率解释，因而在具体定义它们时有更大的自由度。通常，将势函数看作一种局部约束的描述。如在图像处理中，在定义邻近像素之间的势函数时，可以将相近灰度的像素间的势函数值设置得大一些。当然，条件概率也可作为势函数的一种。如果将有向图模型中的所有方向丢弃而重新绘制成无向图，并且一个节点只有一个父节点，则可以简单地将条件概率作为两个节点间的势函数；但对于一个节点有多个父节点的情况，就不能简单地使用条件概率作为势函数了，一种方法是转换成因子图(请感兴趣的读者自行查阅)。

2. 联合概率分布与条件独立性

同贝叶斯网络一样，马尔可夫网络也可以既看作是全联合概率分布的表示，又看作随机对象之间条件依赖关系的表示。不同之处在于，贝叶斯网络的概率分布或者依赖关系考察的对象均是“节点”，而马尔可夫网络考察的对象则是“团”。

在马尔可夫网络中，多个变量之间的联合概率分布是基于团分解为多个势函数的乘积，且每个势函数仅与一个团相关。马尔可夫网络中，每个节点都至少出现在一个极大团中。通常，为简化运算，联合概率是基于“极大团”定义的。假设随机变量集$X=\{X_1, X_2, \cdots, X_N\}$，该变量集构成的马尔可夫网络中，共有$L$个极大团构成集合$C=\{C_1, C_2, \cdots, C_L\}$，其中，团$C_l \in C$，$l=1, \cdots, L$对应的变量集合为$X_{C_l}$，则联合概率为

$$p(X) = p(x_1, x_2, \cdots, x_N) = \frac{1}{\Gamma}\prod_{l=1}^{L}\Psi_{C_l}(X_{C_l}) \tag{7.14}$$

式中，$\Psi_{C_l}(X_{C_l})$为与团C_l对应的势函数；Γ为规范化因子，确保$\sum_X p(X) = 1$，有

$$\Gamma = \sum_X \prod_{l=1}^{L}\Psi_{C_l}(X_{C_l}) \tag{7.15}$$

同贝叶斯网络，利用“团”间的条件依赖关系或者说局部化特性可以简化马尔可夫网络的计算。马尔可夫网络中条件独立性定义如下：

如果团 A 到团 B 的所有路径都通过团 C 中的一个或多个节点，也就是说所有连接团 A 和团 B 的路径都被团 C 阻隔了，或者说，去掉团 C 后团 A 和团 B 之间就没有连接路径了，则称团 A 和团 B 在给定团 C 的条件下独立。

如图 7.8 所示，团 A 和团 B 在给定团 C 的条件下独立，则其条件概率分布满足

$$p(A, B|C) = p(A|C)p(B|C) \tag{7.16}$$

则由式(7.14)可得其联合概率分布为

$$p(A, B, C) = \frac{1}{\Gamma}\Psi_{AC}(A, C)\Psi_{BC}(B, C) \tag{7.17}$$

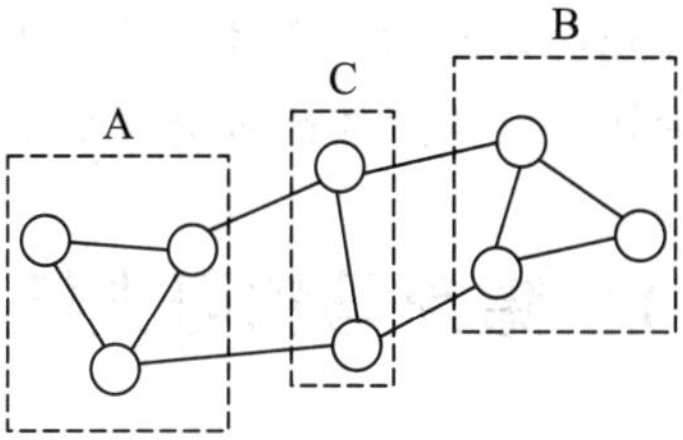

图 7.8 团 A 和团 B 在给定团 C 的条件下独立

复习思考题

1. 什么是贝叶斯网络？它是如何简化全联合概率分布的？
2. 如何构建贝叶斯网络？为什么说条件独立关系是贝叶斯网络能够简化全联合概率计算的基础？
3. 如何使用贝叶斯网络的联合概率分布实现精确推理？该推理方法的局限性是什么？
4. 什么是马尔可夫覆盖？如何确定一个节点的马尔可夫覆盖？
5. 简述决策树的生成过程。
6. 什么是过拟合问题？如何解决？
7. 剪枝的原则是什么？简述两种基本的剪枝方法。
8. 连续属性如何离散化？请用 ID3 或者 C4.5 算法举例说明。
9. 为什么马尔可夫网络中仅需对极大团定义势函数？

第八章　其他典型机器学习方法概述

在前面几章中，着重对比较经典的机器学习算法进行了介绍。随着科技领域的不断扩展，研究对象的不断丰富，新的机器学习方法也不断涌现，层出不穷。这些方法在经典数学的基础上都有不同程度的发展，因此可能需要一些更为广博的数学基础。

本章主要对一些新兴的典型的机器学习方法进行概略性介绍，希望读者能对其有大致了解。对于这些机器学习方法首先应该理解其基本思路，如果拥有足够的数学基础，在理解的基础上能够逐渐内化，并对其加以应用的话将会事半功倍。

8.1　隐含马尔可夫模型

在谈到隐含马尔可夫模型前，首先来介绍马尔可夫模型。马尔可夫模型本质上也是一个时间序列模型，但是这种模型也有着其自身的特点。在前述的很多基于统计方法的算法模型中，都有独立同分布的先验设定，这样在计算和处理过程中有很多好处。但是在一些实际情况中，这样的设定在很大程度上会影响分析效果。例如，根据现代汉语的口语习惯，当我们看到“们”这个字的时候，前面出现“我”“你”“它”的可能性就会很大，而出现“得”“地”“的”的可能性则几乎没有。因此再沿用以前的方法势必会产生一定的问题。这可能会涉及语言学的有关知识，但也同样是机器学习这个大领域内的研究内容之一。

我们先来介绍马尔可夫过程。马尔可夫过程与马尔可夫链密切相关，是由俄国数学家马尔可夫在 1907 年提出的。马尔可夫过程的主要特点是无后效性或无记忆性。若有一随机过程$\{x(t), t\in T\}$，如果对于任意的$t_1<t_2<\cdots<t_n$，其当前的分布函数只与当前的状态有关，而与在此之前的状态没有关系，即

$$P\{x(t)\leqslant X \mid x_1(t)=X_1, x_2(t)=X_2, \cdots, x_n(t)=X_n\}=P\{x(t)\leqslant X \mid x_n(t)=x_n\} \tag{8.1}$$

如随机变量为离散型的随机变量，则也有

$$P\{x(t)=X \mid x_1(t)=X_1, x_2(t)=X_2, \cdots, x_n(t)=X_n\}=P\{x(t)=X \mid x_n(t)=X_n\} \tag{8.2}$$

此过程称为离散型的马尔可夫过程。假设在一个离散型的马尔可夫过程中存在 n 个状态，

那么从当前的状态到下一个状态就有转移概率，称为状态转移概率。可以记作

$$P_{(k+1|k)} = P\{x_{k+1}(t) = X_{k+1} \mid x_k(t) = X_k\} \tag{8.3}$$

从起始状态开始到终端状态，整个过程全部的状态转移概率之和为 1，即

$$\sum_{i=1}^{n-1} P_{(i+1|i)} = 1 \tag{8.4}$$

另外，马尔可夫过程也是一个随机过程，因此，我们无法确定究竟哪个状态才是起始状态，只能得到该状态作为起始状态的概率。这样，可以将各个状态作为起始状态的情况列成矩阵，称为转移概率矩阵：

$$\boldsymbol{P} = \begin{bmatrix} p_{11} & p_{12} & \cdots & p_{1n} \\ p_{21} & p_{22} & \cdots & p_{2n} \\ \vdots & \vdots & \ddots & \vdots \\ p_{n1} & p_{n2} & \cdots & p_{nn} \end{bmatrix} \tag{8.5}$$

为了简便起见，角标的数字代表了从某个状态开始逐渐进行状态转移的概率。可以看出，这个矩阵的各行之和应该为 1。另外，要说明的是状态转移矩阵可以不是方阵。状态转移的情况还可以用图形表示，如图 8.1 所示（这里并未标出全部状态转移情况）。图中，S_i 为第 i 个状态出现的初始概率。如果马尔可夫过程的状态是可以观测到的，就称其为可观测的马尔可夫模型。则对于一个可观测序列，其概率为

$$P\{x = X \mid P, S\} = p(x_1)\prod_{i=1}^{k} p(x_i \mid x_{i-1}) = S_{x_1} p_{12} p_{23} \cdots p_{(k-1)k} \tag{8.6}$$

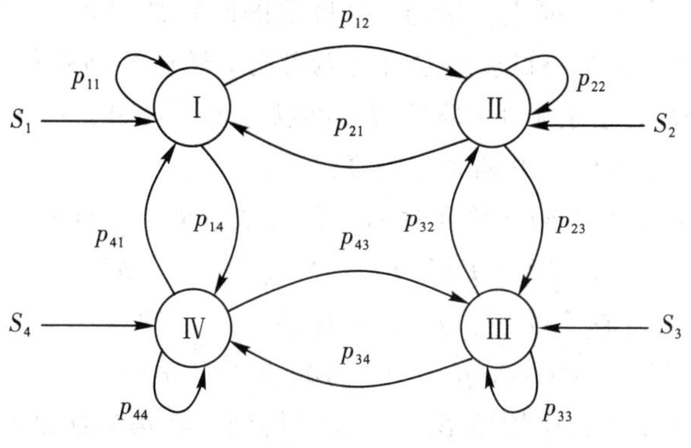

图 8.1　马尔可夫过程转移概率示意图

所谓的“隐含”马尔可夫模型(HMM，Hidden Markov Model)是指在整个随机发生的序列过程中，状态是不能观测的。但是在这个过程中，最终发生的结果是可以被观测和记录的。这一过程可以写成如下形式：

$$r_i(m) = P(O_t = r_m \mid k = X) \tag{8.7}$$

式(8.7)表示在过程处于状态 X 时，能够观测到试验结果 r_i 的概率。

在很多情况下，虽然过程处于不同的状态，但是可以产生相同的试验结果，只不过其发生的概率不同罢了。而在实际工作中要寻找极大似然的那种状态(或样本)。

举个例子：平时学习好的同学与学习欠佳的同学参加考试，不及格的情况都有可能出现，而作为阅卷教师并不了解这些同学平时的学习情况(状态)，只能从最终的考试结果来进行推断，那么考试不及格的情况(试验结果)最大可能出现在哪些同学身上呢？根据一般的生活常识，出现在平时学习情况欠佳的同学身上的可能性会大些(极大似然估计)。

在隐含马尔可夫过程中，状态是随机的，而在某个状态下产生的实验结果也是随机的。隐含马尔可夫模型所要进行的工作是：在获取一定的试验结果(观测序列)的情况下，对模型的参数进行估计。模型(M)、状态(X)和观测试验结果(R)这三个方面就构成了基于隐含马尔可夫模型学习的三个基本问题：

(1) 给定模型，求出在不同状态下试验结果的概率：$p(R|M)$。

(2) 给定模型及试验结果，估计能够产生这种试验结果的最可能的情况，即为最大概率的状态：

$$\max_{X=X^*} p(X \mid R, M)$$

(3) 给定试验结果，求出能够得到这种结果的最可能的模型，即为所求的模型：

$$\max_{M=M^*} p(R \mid M)$$

首先看第一个问题，在给定模型的情况下求取试验结果的概率。在知道状态序列的概率的情况下，这个问题并不需要进行讨论，但目前的问题是状态序列的情况并没有事先获知。在处理这个问题时，通常将试验结果分为两部分，然后分别进行处理，称为前向/后向算法。对于给定的模型及观测到的实验结果，可以分为两部分：一部分从起始时刻开始到时刻 t，另一部分则从时刻 $t+1$ 开始到时刻 T。

对于模型 M，设从起始时刻开始到时刻 t(此时状态为 X_i)的概率为

$$p_t(i) = P(R_1 R_2 \cdots R_t, q_t = X_i \mid M) \tag{8.8}$$

式中，$R_1 R_2 \cdots R_t$ 为试验结果序列。先得到其初始值：

$$p_1(i) = P(R_1, q_1 = X_i \mid M) = S_i P(q_1 = X_i \mid M) \tag{8.9}$$

式中，S_i 为第 i 个状态出现的初始概率。式(8.9)得到了在第一次试验中，第 i 个状态的试验结果为 R_1 的概率。由此进行递归运算可以得到

$$\begin{aligned} p_{t+1}(j) &= P(R_1 R_2 \cdots R_{t+1}, q_{t+1} = X_i \mid M) \\ &= P(R_1 R_2 \cdots R_{t+1} \mid q_{t+1} = X_i, M) P(q_{t+1} = X_i \mid M) \\ &= \left[\sum_{i=1}^{N} p_t(i) p_{ij} \right] r_i(R_{t+1}) \end{aligned} \tag{8.10}$$

这样一来，按照前向计算方法就可以得出整个试验结果序列的概率：

$$p(R \mid M) = \sum_{i=1}^{N} P(R,\ q_T = X_i \mid M) = \sum_{i=1}^{N} p_T(i) \tag{8.11}$$

接着可以进行后向算法。计算从时刻 $t+1$ 开始到时刻 T 的概率：

$$p_t^b(i) = P(R_{t+1}R_{t+2}\cdots R_{\mathrm{T}} \mid q_{\mathrm{T}} = X_i,\ M) \tag{8.12}$$

同前向计算一样，先进行初始值的设置。由于后向计算不具备先验知识，所以可以将其初始值置为 1，即 $p_{\mathrm{T}}^b(i)=1$，然后再仿照前向计算的历程进行递归，有

$$\begin{aligned}
p_t^b(i) &= P(R_{t+1}R_{t+2}\cdots R_{\mathrm{T}} \mid q_t = X_i,\ M) \\
&= \sum_j P(R_{t+1}R_{t+2}\cdots R_{\mathrm{T}},\ q_{t+1} = X_i \mid q_t = X_i,\ M) \\
&= \sum_j P(R_{t+1}R_{t+2}\cdots R_{\mathrm{T}} \mid q_{t+1} = X_i,\ q_t = X_i,\ M)P(q_{t+1} = X_j \mid q_t = X_i,\ M) \\
&= \sum_{j=1}^{N} p_{ij} r_j(R_{t+1}) p_{t+1}^b(j)
\end{aligned} \tag{8.13}$$

前向算法和后向算法是解决问题的两种不同思路，最终的结果应该是相同的。在计算过程中，可能会由于序列的增长引起数据下溢的问题。在这方面很多学者提出了相应的解决方法，可以参看有关的文献。

隐含马尔可夫模型的第二个问题是：对于给定模型及试验结果，求出能够产生这种结果的最大概率的状态。设 $A_t(i)$ 为给定模型与试验结果的、t 时刻的、状态为 X_i 的概率，则有

$$\begin{aligned}
A_t(i) &= P(q_t = X_i \mid R,\ M) \\
&= \frac{P(R \mid q_t = X_i,\ M)P(q_t = X_i \mid M)}{P(R \mid M)} \\
&= \frac{P(R_1R_2\cdots R_t \mid q_t = X_i,\ M)P(R_{t+1}R_{t+2}\cdots R_T,\ q_t = X_i \mid q_t = x_i,\ M)P(q_t = X_i \mid M)}{\sum_{i=1}^{N} P(R,\ q_t = X_i \mid M)}
\end{aligned} \tag{8.14}$$

从式(8.14)中可以看出，这里也再次引用了前向/后向的计算方法。在状态的求取过程中可以使用线性动态规划的方法。由于有线性的基本假设，因此可以在每一步决策时选择最优。

第三个问题，得到模型并确定参数。这种情况又可以分为两种。其一是最终的试验结果和状态是一致的，求取模型及参数；另一种情况则是只知道试验结果而无法获取状态。第一种情况实际上不能严格地称为“隐含”马尔可夫模型，而仅仅是马尔可夫过程。但我们不妨先从这种简单的情况入手进行讨论，解决问题的基本思路是极大似然估计的思想。设在马尔可夫过程中，由状态 X_i 转移到状态 X_j 的频度为 p_{ij}^x，共有 N 个状态，则可得其状态转移矩阵为

$$\boldsymbol{P}_{ij} = \frac{P_{ij}^X}{\sum_{v=1}^{N} P_{iv}^X} \tag{8.15}$$

而过程状态隐藏状态为 X_i 且试验结果为 R_s 的频度为 p_{is}，共有 M 个状态时，状态概率矩阵为

$$\boldsymbol{p}_{is} = \frac{p_{is}}{\sum_{v=1}^{M} p_{iv}} \tag{8.16}$$

进入系统的初始状态为 X_i，且其频度为 $P_s(i)$时，则初始概率分布为

$$P_s(i) = \frac{P_{s(i)}}{\sum_{v=1}^{N} P_s(v)} \tag{8.17}$$

对于非“隐含”马尔可夫过程，这样的处理无疑是非常合适的，但是对于隐含马尔可夫过程，无法获取中间状态的情况，就不能再使用这种方法来进行处理了。这里介绍一种基于期望最大化的算法(EM，Expectation - Maximization algorithm)，即 Baum - Welch 算法。整个算法分为两个部分：第一步是计算期望，即 E；第二步在此基础上使得期望达到最大化，即 M。

第一步，先求期望。设 M 为模型参数，R 为试验结果，X 为状态，则基于条件概率的期望为

$$L(M, \overline{M}) = \sum_X P(X \mid R, \overline{M}) \text{lb} P(R, X \mid M) \tag{8.18}$$

第二步，在此基础上求出上式的最大值，所得到的模型即为所求。即

$$M^* = \arg \max_M L(M, \overline{M}) \tag{8.19}$$

具体的解算过程可以通过迭代计算进行，此处略去。有兴趣的读者可以参阅相关文献。

隐含马尔可夫模型也可以使用图形化的方法来进行描述(如图 8.1 所示)，这样对于问题的处理更加直观。当然，隐含马尔可夫模型也有一些问题。例如，其只依赖于每个状态及试验结果，目标函数与预测函数之间的不相匹配等。在实际应用中。隐含马尔可夫模型通常和其他机器学习算法，例如神经网络、贝叶斯方法等进行相互融合，且在很多领域得到了有效和广泛的应用。

8.2 蒙特卡洛方法

蒙特卡洛(Monte Carlo)是摩纳哥公国的一座城市，该城市以博彩业而闻名于世。而蒙特卡洛方法是一种统计模拟的方法，它使用随机数来解决计算的问题，因此在某种程度上带有“赌博、取巧”的意味，也正因如此以之命名。蒙特卡洛方法由美国科学家 S. M. 乌拉

姆和 J. 冯 · 诺伊曼首先提出。

蒙特卡洛方法的核心是建立在数据均匀分布的基础上的，因此它可以看作是传统频度分析方法的回归。下面以著名的圆周率求取方法来说明蒙特卡洛方法的基本思想。实际上早在 1777 年，法国数学家布丰就提出了这个方法，只不过当时没有命名而已。如图 8.2 所示，在边长为 $2R$ 的正方形内切一个半径为 R 的圆，那么易知正方形面积为

$$S_S = 4R^2$$

而内切圆的面积为

$$S_C = \pi R^2$$

则有

$$\frac{S_C}{S_S} = \frac{\pi}{4} \tag{8.20}$$

然后开始对整个区域进行“撒点”，有的文献也称为“投针”，即随机地、均匀地向整个区域散布随机点。在均匀分布的前提下，位于圆内的点的数目和整个方形区域内点的数目之比应该接近于式(8.20)。撒点的数目越多，则越接近真实值。考虑到涉及面积的比值，还可以非常自然地推广到关于定积分的求取方法。如图 8.3 所示，只要求取曲线下方撒点数目与全部撒点数目之比就可以了。

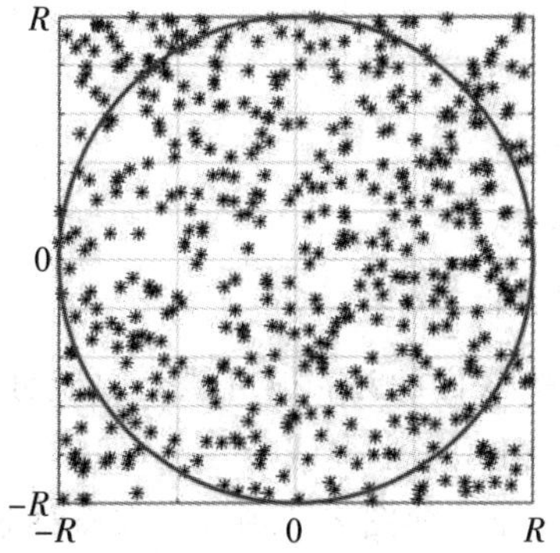

图 8.2　蒙特卡洛方法求圆周率示意图

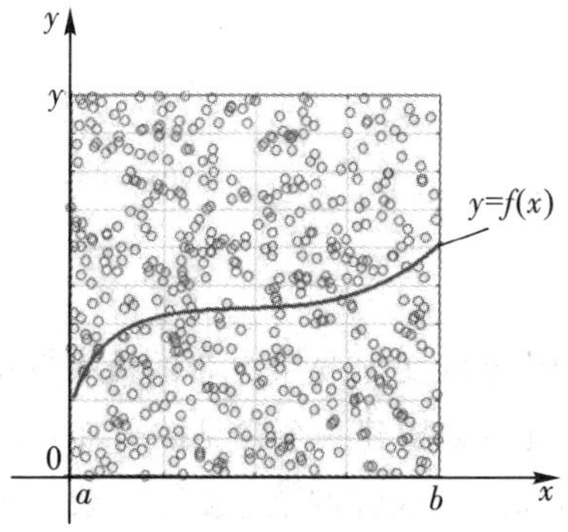

图 8.3　蒙特卡洛方法求定积分示意图

从以上所列举的例子可以看出，蒙特卡洛方法实际上是一种以较大规模数据进行统计模拟分析的方法。当然，以上的例子较为直观简单，在机器学习的算法中，还可以对其进行适当的推广，并不仅仅局限于数据的概率分布是均匀分布这个假设。例如假设有一个参数模型的概率密度为 $p(x)$，那么如果要求取参数 x 的期望值 $E(x)$，则有

$$E(x) = \int xp(x)\mathrm{d}x$$

根据概率论的基本知识，在实际的工作中可以采用期望的无偏估计值——均值来进行

求取，即

$$\bar{x}=\frac{1}{n}\sum_{i=1}^{n}x^{(i)} \tag{8.21}$$

根据切比雪夫大数定律，如果样本是独立同分布的，即有

$$\frac{S_n-E(S_n)}{n}\xrightarrow{P}0 \quad (n\to\infty) \tag{8.22}$$

式中，S_n为所取样本的总和。这也说明了只要样本足够大，样本的平均值是依概率收敛到其期望值的。如果样本的方差有界，其方差也会收敛到0，这一点也由中心极限定理保证。另外，利用这一特性还可以通过常见的正态分布来对期望的置信区间进行估计。

但是在处理实际问题时，如果数据的样本来自于一些不常见的、特殊的分布，使用常规的取样方法可能会有比较大的误差，这时就不能再盲目随机取样了，而是要对样本进行一定的筛选。例如设置样本的拒绝域，按照一定的规则对某些样本进行拒绝，尽量去逼近实际的分布情况，如图8.4所示。

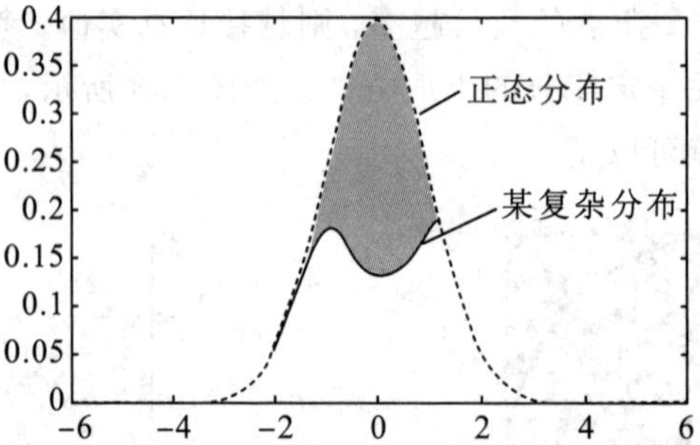

图 8.4 带有拒绝域的蒙特卡洛取样示意图

图中实线为某复杂分布的概率密度函数，如果随机取样的话，很可能会引起分析的偏差。因此可以构建一个常见的分布，例如正态分布(如图8.4中虚线所示)。然后对这个常见的分布进行线性调整，使得复杂分布落在常见分布之下，如图8.4所示。在取样过程中，如果取样值落在了两个分布之间，即图中灰色部分，则拒绝本次采样；反之，则接受本次采样。依此不断进行，最终可逼近真实复杂分布的情况。

使用拒绝域的方法可以很好地逼近某些复杂的分布，但如果问题变得复杂，例如对于高维的复杂分布，很难构建常见分布和使用拒绝域来对取样进行鉴别并逼近真实分布，这就需要采用新的方法来进行分析了。这种方法称为马尔可夫链蒙特卡洛(Markov Chain Monte Carlo，MCMC)方法。

关于马尔可夫链，在前一节着重讨论了其无后效性。马尔可夫链还有一个重要的特性就是收敛性。对于一个马尔可夫链，如果满足了以下几个条件，那么马尔可夫链最终会收

敛于稳定的状态，也就是说最终会稳定地驻留于某个状态，而不会再发生改变。这几个条件是：

(1) 马尔可夫链不是周期性的马尔可夫链，当然如果马尔可夫链周期性地变化也就不能稳定地收敛于某个状态了；

(2) 存在转移矩阵，使得各个状态之间连通。这并不一定要求各个状态之间全部互连，只要可以通过一定的次数转移到达该状态就可以了。

而且，最终的稳定状态与初始的状态并没有关系。

关于这个性质在很多随机过程的文献中都有详细的论证过程。在这里要说的是，如果读者有一定的控制理论基础的话，可以从控制理论的角度来进行说明：

马尔可夫链的转移过程可以用转移方程来表示，在控制理论里常常称为状态方程：

$$\boldsymbol{x}(k)=\boldsymbol{A}(k, k-1)\boldsymbol{x}(k-1) \tag{8.23}$$

式中，$\boldsymbol{x}(k)$表示转移过后的状态，$\boldsymbol{x}(k-1)$为转移之前的状态，$\boldsymbol{A}(k, k-1)$称为状态转移矩阵。

上述的第二个条件在控制理论中常常表示为状态可达。而最终马尔可夫链到达稳定状态与初始状态并没有关系，在控制理论中表示为一致渐近稳定。当然，如果是周期性的马尔可夫链，在控制理论里则认为是BIBO稳定的。同时，根据控制理论，要使马尔可夫链能够最终稳定下来，状态转移矩阵$\boldsymbol{A}$的特征值不能大于1。以上是从不同角度对马尔可夫链的收敛性进行说明。读者可以相互参照，希望能够有助于对马尔可夫链稳定、收敛的理解。

如果马尔可夫过程可以最终稳定下来，而且还和初始的状态没有关系的话，就可以先选定一个较为简单的概率密度函数作为其采样数据的初始状态，然后经过足够的状态转移和更新，最后稳定地收敛于较为接近实际数据概率密度的状态。在得到这个概率密度函数后，就可以利用蒙特卡洛方法进行分析了。

但这又带来了新的问题，虽然收敛的马尔可夫链的稳定状态和初始状态没有关系，但是状态转移矩阵如何确定却是很关键的一个问题。从马尔可夫链能够进入稳定状态的表述来看，凡是进入收敛域内的状态，都可以表示为

$$\pi(i)\boldsymbol{A}(i, j)=\pi(j)\boldsymbol{A}(j, i) \tag{8.24}$$

式中，$\pi(i)$、$\pi(j)$分别表示进入收敛域后在状态i和j的概率分布；$\boldsymbol{A}(i, j)$、$\boldsymbol{A}(j, i)$则表示进入收敛域后从状态i到状态j、从状态j到状态i的状态转移矩阵。但是通过解析方法来寻找这样的状态转移矩阵是比较困难的，也就是说很难满足式(8.24)的条件。这就需要另外寻找别的方法来确定这个状态转移矩阵。

由蒙特卡洛取样的拒绝域的思路启发，可以先引入一个修正因子，使得

$$\pi(i)\boldsymbol{B}(i, j)\alpha(i, j)=\pi(j)\boldsymbol{B}(j, i)\alpha(j, i) \tag{8.25}$$

这样，就可以得到马尔可夫链的状态转移矩阵：

$$\boldsymbol{A}(i,\ j)=\boldsymbol{B}(i,\ j)\alpha(i,\ j) \tag{8.26}$$

将修正因子 $\alpha(j,\ i)$ 的取值控制在[0，1]之间，作为一个概率值。结合蒙特卡洛取样拒绝域的思想，对于原先取定的马尔可夫链状态转移矩阵 $\boldsymbol{B}(i,\ j)$ 进行评价，用修正因子 $\alpha(i,\ j)$ 来进行接受/拒绝的操作，从而不断逼近所期望的马尔可夫链的状态转移矩阵 $\boldsymbol{A}(i,\ j)$。其过程如图 8.5 所示。

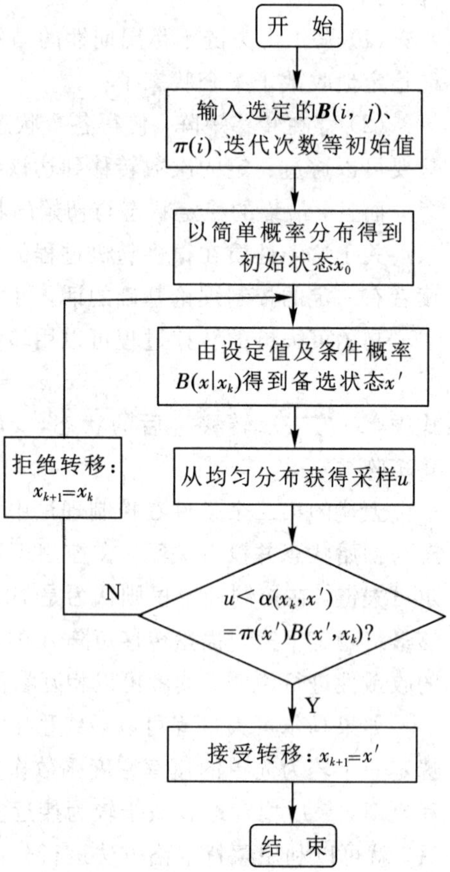

图 8.5　添加修正因子进行判别流程图

使用这种方法可以获得马尔可夫链的状态转移矩阵，但是在取样过程中由于接受率比较低，因此效率比较低。为了解决这个问题，可以适当对修正因子进行线性放大、比较和调整，然后再行接受/拒绝的操作。例如，可以将修正因子取为

$$\alpha(i,\ j)=\min\left\{\frac{\pi(j)\boldsymbol{B}(j,\ i)}{\pi(i)\boldsymbol{B}(i,\ j)},1\right\} \tag{8.27}$$

相应地，在图 8.5 所示的流程图中只需要将接受/拒绝转移的判别条件置换为式(8.27)即可。这种取样方式也称为 M－H(Metropolis－Hastings)取样。

如果数据量发生改变，例如在二维或者更高维数据的情况下，需要的计算时间将会变长；另外，还需要获取数据的联合分布情况。这就需要对取样算法进行进一步的改进。以二维情况为例，设联合概率分布函数为 $P(x_1,\ x_2)$。对于其中一维边缘分布相同的两个点 $X_1(x_1^1,\ x_2^1)$、$X_2(x_1^1,\ x_2^2)$，同时考虑其条件概率，有

$$\pi(X_1)p(x_2^2 \mid x_1^1)=\pi(X_2)p(x_2^1 \mid x_1^1) \tag{8.28}$$

式中，$\pi(\cdot)$为马尔可夫链中状态的概率分布，$p(\cdot)$为二维数据的条件概率分布。对比式(8.29)和式(8.24)可以发现，如果可以将条件概率分布作为马尔可夫链的状态转移概率，就可以满足马尔可夫链的收敛条件了。这样可以得到在二维数据情况下，数据取样的另一种方法，这种方法称为 Gibbs 取样，其流程如图 8.6 所示。由二维情况可以很自然地推广到多维数据的情况。

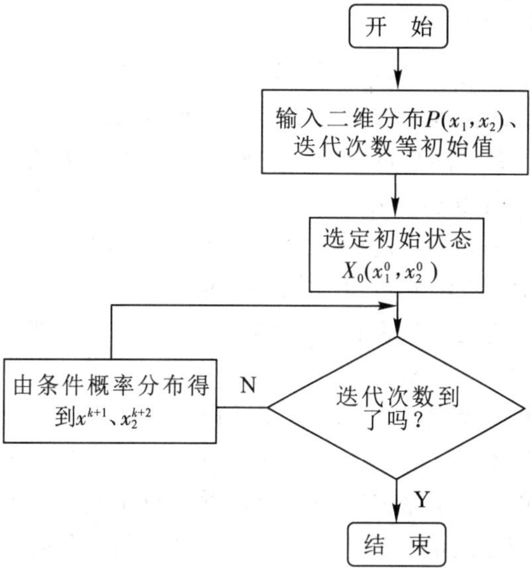

图 8.6　Gibbs 取样算法流程图

有了这种比较通用的马尔可夫链取样方法，马尔可夫链蒙特卡洛(MCMC)方法就可以在很多场合发挥出其独特的优势，特别是对于数据量较大的机器学习问题。

8.3　组合多学习器

前面已经列举了很多机器学习的算法，几乎每种算法都有自己独特的优势，当然也有其自身的缺陷。那么，能不能将多种算法进行汇总、融合，发挥每种算法的优势，同时避免其缺陷，从而达到最好的机器学习效果呢？答案是肯定的，这就是组合多学习器的出发点和基本思路。组合多学习器在一些文献中也称为集成学习(Ensemble Learning)。

其实这种思路在很多工程上已经有了成功的应用，例如在很多强调可靠性的工程场合，经常使用各种类型的表决器：三取二、二乘二取二等。与这些工程应用强调可靠性不同的是，组合多学习器对于精度和差异性更为重视，而不是简单地进行表决。组合多学习器中各个基本的学习算法、机制或学习器称为基学习器。这些基学习器可以是机制相同的也可以是机制不同的，机制相同的称为同质集成，机制不同的称为异质集成。但不论是同质集成还是异质集成，所得到的结果一般是不相同的，这一点与工程上的简单表决器也不相同。否则，成为真正的“冗余设计”只会增加系统的可靠性，而对于学习的精度和效率都不会有提高。组合多学习器是要产生不同的结果，然后“校短量长，惟器是适”，从中进行优选作为最终结果。因此如何构建一个能够产生不同学习结果的基学习器就成为了组合学习器的首要问题。

1. 基学习器的学习策略

一般来讲，产生有差异的学习器一般要遵从这几个原则：

首先，需要提供不同的输入和样本集。基学习器的输入表示需要不同，例如在图像识别过程中，不但需要输入有关图像的信息，还要输入有关图像的一些文本表示信息。尽量从多维度对输入的样本进行考察，从不同的视角来对同一个问题进行表述。另外，输入的样本集也要保持一定的差别，尽量避免在学习对象上的雷同化。

其次，采用不同的学习算法和参数。在组合多学习器中，每个基学习器的学习算法不能是相同的，其训练的方式也应该保持一定的差异性。基学习器的参数也应保持不同，例如不同神经网络的节点数、活化函数等。

第三，保持差异性和准确度。基学习器在进行学习和训练的过程中，对于每个学习器的精度不必过于强调，只要其能满足相对精确就可以了。组合多学习器的精度是由多个基学习器及其组合来实现的，而不是将某一基学习器进行单独优化来实现的。这一点有些类似于全局极值与部分极值之间的关系。同时，还要再次强调各基学习器之间的差异性，这一点与简单的工程表决器是完全不同的。

2. 组合多学习器的组织形式

在了解了各个基学习器的基本学习策略之后，接下来就应该讨论整个组合多学习器的组织形式了。所谓的组织形式，就是这些基学习器之间应该按照什么样的形式来相互连接和运行。组合多学习器的组织形式一般分为两种：一种是并行方式，一种是串行方式。

(1) 并行方式。并行方式是所有的基学习器并行工作，在各个基学习器得到结果后由决策机制对结果进行处理，得到一个输出。决策机制又可以分为全局型和局部型两种。全局型的决策机制要考察所有的基学习器结果，然后进行投票决策(再次强调，此处的投票与工程上的简单表决器是不同的)；局部型的决策机制则是通过考察输入情况，由局部几个基学习器产生最终的输出结果。

(2) 串行方式。串行方式是指一个基学习器处理完数据后，下一个基学习器接着进行处理。但这不是简单的顺序进行，后面的学习器要处理前面的学习器处理得不够好的数据。而且基学习器的复杂程度并不是相同的，而是随着串行过程的进行不断递增的。串行方式也称为级联方式。

在全局型的决策机制中需要有投票机制来进行决策，这种投票决策不是基于简单的压倒多数胜出的机制，而是采用一种类似于神经网络算法的投票机制，其基本拓扑结构如图8.7所示。

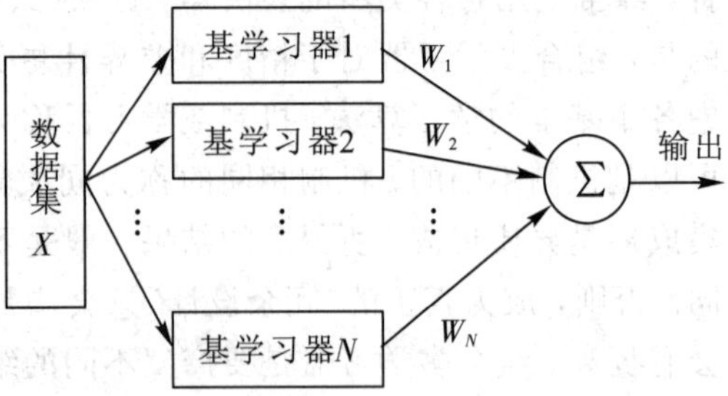

图 8.7 投票机制示意图

从图 8.7 中可以看出，数据集中的学习数据源输入不同的基学习器，各基学习器经过分析得到不同的处理结果后给出各自的输出。基学习器的输出进行加权后（图中 W_1、W_2、W_N为各个基学习器的输出加权值)汇总，经过融合环节$\sum$，经适当的融合函数运算后予以输出。这种结构与神经元很类似，但不同的是融合函数一般不会取为 Sigmoid 函数。融合函数可以是简单的基学习器输出的线性组合，如

$$Y = \sum_{i=1}^{N} W_i x_i$$

式中，Y 为决策输出，W_i 为各个基学习器的加权系数，x_i 为各个基学习器的输出。基学习器的加权系数还可以根据实际情况人为指定，例如取连乘积、中位数、平均值等。在有必要时还要进行输出纠错，纠错过程主要通过衡量相对“距离”来进行。

3. 典型算法

多组合学习器的两种组织形式，即并行学习和串行学习中包含几种典型的算法。并行学习中通常使用装袋(Bagging)算法和随机森林(Radom Forest)算法。在串行学习中，提升(Boosting)算法则是最主要的算法。Boosting 算法又分为 AdaBoosting 算法和梯度提升树(Gradient Boosting Tree)算法。下面分别介绍这几种算法的大致情况。

1）装袋算法

装袋算法是从有差异的数据集中进行样本抽取，抽取过程是有放回的抽取。这样有的样本就有可能会被多次抽取，所生成的样本集也比较类似，同时又因为有随机性的保证，样本集不会雷同，而是近似样本集，也就是同质集成。在随后的学习过程中，各个样本集进行训练得到多个训练结果，然后进行投票决策。但由于采用了同质化的样本集(各样本集之间不完全相互独立)，因此即使在训练过程中采用了不同的训练算法，得到的结果也存在一定的问题。例如，整个学习算法的鲁棒性欠佳，样本集中的微小变化就有可能引起学习结果的巨大差异，从而造成单一投票决策机制的有效性得不到保证。一般来讲，遇到这种情况通常采用事后补救的办法。根据不同的学习任务决定采用不同的投票决策机制。例如，在分类问题中采用加权表决，而在回归问题中采用均值作为训练学习的输出结果，如果这样还不能满足对学习结果的鲁棒性要求的话，还可以考虑采用中位数作为输出。

2）随机森林算法

在装袋算法中，可以选取全部的数据特征进行学习，这样可能造成算法的冗长和效率的低下。因此在很多情况下，可以随机选取部分特征进行训练，这就是随机森林算法。

随机森林算法怎样选取部分特征数据呢？首先需要建立一个决策树，然后将抽取的数据安排在每个自决策树中，各决策树进行学习训练，得到一个结果；从这些结果中选取最优的特征，最终进行投票得到结果。其基本架构如图 8.8 所示。

由于随机性选取的引入，因此随机森林算法具有较强的鲁棒性，而且也可以基本避免

过拟合的问题；在数据选取上没有采用全部数据作为训练数据，既提高了算法效率而且还可以对高维数据进行处理，在并行学习方式中有一定的优势。与单纯装袋算法相比，随机森林算法在生成决策树的时候又一次利用了随机性的优势，这样有两个随机性的保证，使算法的泛化特性进一步得到了提高。

但随机森林算法也有一些缺陷，主要表现在对于数据量的依赖，因为要进行随机抽样，所以在处理数据量较少时，可能会出现较大的偏差。此外，随机森林算法在处理拟合(回归)问题时效果要略逊于分类问题。

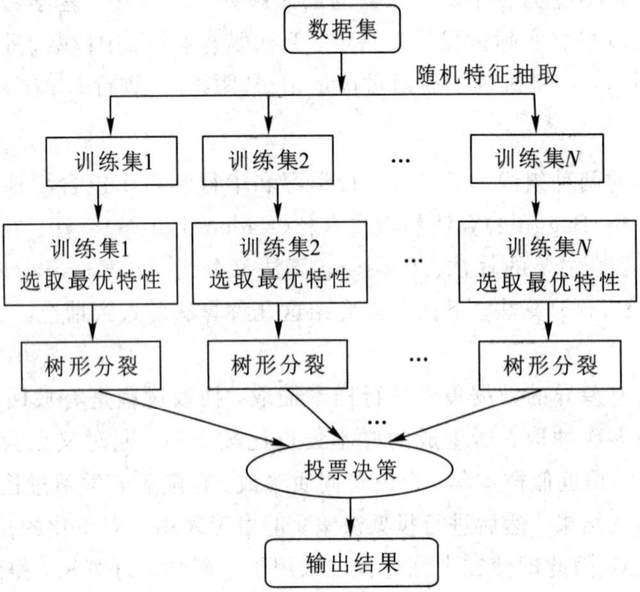

图 8.8 随机森林算法基本架构

3) 串行算法

以上介绍的两种算法属于并行算法，下面介绍串行算法。串行算法主要是提升(Boosting)算法。顾名思义，提升算法可以不断提升学习的效果。该算法首先训练一组弱学习器，然后通过不断的“提升”、加强，最终成为一个强学习器。所谓的弱学习器是指仅比随机猜测好的学习机制，例如在二分类问题中，弱学习器的错误概率只要比 0.5 大就可以了，而强学习器的错误概率可以非常小。

基本的提升算法是先将大的数据集划分为三个子数据集：X_1、X_2、X_3。首先使用第一个子数据集 X_1 训练得出结果 R_1，这是一个弱学习器的学习过程，学习结果 R_1 不需要特别准确；然后，将学习结果 R_1 中的错误结果和子数据集 X_2 中的数据再次进行学习，以得到新的学习结果 R_2；再将子数据集 X_3 中的数据与前两次得到的结果进行合并运算。如果前两次学习的结果可以达到一致，则输出为最终的结果，如果不一致，将与子数据集合并运算后的结果作为最终的输出。可以看出，这种算法需要样本量较大的数据集，还需要对错误的结果进行训练。为了能够进一步改善学习的效果，于是就衍生出了改进型的提升算法。

首先来看 AdaBoost 算法，这是自适应(Adaptive)算法的缩写。这种算法要求有较大的数据集，同时弱学习的结构也尽量简单。AdaBoost 算法将数据集中的各个样本进行赋权值，在算法开始时，先统一赋相同的权值。在进行学习后，对于错误的学习样本加大权值，使之能够显现出来，进行进一步的训练和调整；对于正确的样本则降低权值。然后将错误的样本值再次进行训练，依此不断循环，最终达到学习训练的要求。其基本的算法流程图如图 8.9 所示。整个算法着重考察学习错误的结果，因此在学习过程中并不强调基学习器每次学习的精度，而是要使基学习器尽量简单。与基本装袋算法相比，AdaBoost 算法并不是依赖随机性，而是通过对错误的学习从而对算法进行不断训练以获得学习结果的。最终使用加权平均算法对满足要求的训练学习结果进行规范化处理，然后输出。AdaBoost 算法在分类学习过程中体现了非常好的学习效果，因此在分类算法中有很多重要应用。但是，该算法由于弱学习器结构简单，对于某些异常样本比较敏感，因此有时会影响学习器的准确性。

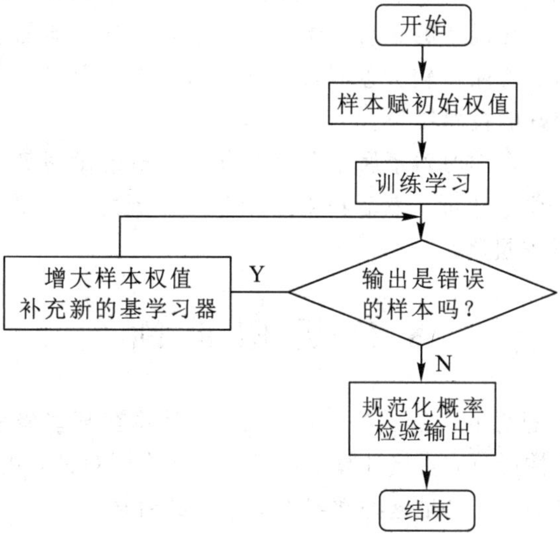

图 8.9　AdaBoost 算法基本流程图

除自适应提升(AdaBoost)算法外，还有一种梯度提升树(GBT：Gradient Boosting Tree)在拟合(回归)分析中的应用也很广泛。梯度提升树算法的主要思想是：在迭代计算的过程中沿负梯度方向进行拟合，使得损失代价函数能够达到最小，也就是要使：

$$L(y, f_t(x)) = L(y, f_{t-1}(x)) + h_t(x) \tag{8.29}$$

达到最小。式中 $L(y, f_t(x))$ 为当前迭代的损失代价函数，$L(y, f_{t-1}(x))$ 为前一步迭代的损失代价函数；$f_t(x)$为当前学习器函数，$f_{t-1}(x)$为前一步学习器函数；$h_t(x)$为所求的、能够使损失代价函数最小化的弱学习器函数。要按照负梯度方向进行迭代，下面首先给出损失代价函数的负梯度形式：

$$G_i = \left.\frac{\partial L(y_i, f(x_i))}{\partial f(x_i)}\right|_{f(x)=f_{t-1}(x)} \tag{8.30}$$

针对每一次迭代，要使得拟合过程中每个节点的输出值最小，即

$$\Delta f(\cdot) = \underset{c}{\operatorname{argmin}} \sum L(y_i, f_{t-1}(x_i) + c) \tag{8.31}$$

最终得到强学习器：

$$f_t(x) = f_{t-1}(x) + \sum_{j=1}^{N} \Delta f_j(\cdot) \tag{8.32}$$

在学习过程中损失代价函数可以自行定义，指数函数、对数函数以及分位数都可以。为了防止过拟合，还可以仿照 AdaBoost 算法进行规范化(正则化)剪枝学习。梯度提升树在数据处理方面比较灵活，学习精度也比较高。在学习过程中，应该注意损失代价函数的选择，一个良好的损失代价函数往往会带来较强的鲁棒性。

在组合多学习算法中，还有一种层迭泛化(Stack Generalization)算法。这种算法主要是针对投票决策的算法。在投票的过程中需要进行学习，学习器的参数也要进行训练。在学习过程中，基学习器需要保持较大差异以构成互补的学习架构。在输出时，对后验概率进行组合，以期形成较好的投票结果。

从狭义上来讲，组合多学习器不属于严格意义上的机器学习算法。它选择了多种机器学习的算法作为基本的学习单元，然后再对各个学习单元之间的关系进行调整、组合，最终形成一套“组合”的学习机制。

8.4　近似推断

在概率模型为主要思想的机器学习中，往往需要计算在某些概率分布下的函数期望或分布函数。但是在很多情况下，直接计算这些函数是非常困难的，更罔谈得到其解析形式。因此，需要进行近似推断，这也是这种学习方法得名的由来。

在近似推断中，可以使用马尔可夫链蒙特卡洛(MCMC)方法，这是随机性的方法，前面的章节已经介绍过了。除此之外还可以使用确定性的方法来进行分析和学习，这是本节介绍的主要内容。这种方法的基本出发点是将推断的问题看作是一个优化问题。首先将该优化问题表述为概率模型(分布函数或概率分布密度)，这个模型包含一个隐含变量 h 和一个可观测的变量 v，然后求取这个概率模型的概率分布函数 $p(v; \theta)$(θ 为模型参数)或者是对数概率分布函数 $\log[p(v; \theta)]$。之所以采用对数形式，一方面是考虑到求极大似然估计的时候便于计算，另一方面是这种形式也具有熵的表达形式，便于用来描述系统的差异性。

在第三章中我们提到过信息熵，信息熵主要是刻画数据或信息的“混乱”程度的。这里再给出相对熵的概念，也称为 KL 散度(Kullback - Leibler divergence)，它用来描述两个概率分布的差异性。KL 散度的表达式为

$$D_{\mathrm{KL}}(p\|q)=\int p(x)\log\frac{p(x)}{q(x)} \tag{8.33}$$

下面确定优化的目标(也称为性能指标函数)。先预先设定一个关于隐含变量 h 的概率分布函数 $q(x)$，然后对比所要求取的概率分布函数，如果能将差异最小化，那就实现了优化的目标。这样，性能指标可以写作

$$L(q)=\log p(x,\theta)-D_{\mathrm{KL}}(q\|p) \tag{8.34}$$

当 $q(x)$ 与 $p(x)$ 相当接近，甚至于完全重合时，KL 散度为 0。这时，式(8.34)就变为了

$$L(q)=\log p(x,\theta) \tag{8.35}$$

根据式(8.34)可以看出这也就是要最大化 $L(q)$。整个优化过程就是要在一组(族) $p(x)$ 中求取/寻找最大化性能指标 $L(q)$ 的函数。在求取最大化的方法中，期望最大化(EM, Expectation - Maximization)算法是一种很有代表性的方法，下面介绍这种方法的基本思路。

期望最大化算法分为两个步骤：首先是设定期望(E)，然后再使期望最大化(M)。两步交替进行迭代，最终达到要求。

第一步，先设定期望。设数据集样本为 x_1，x_2，…，x_n，其隐含变量为 h_i，观测变量对于隐含变量的分布函数为 $q(h_i)$，则可得

$$q(h_i\mid x)=p(h_i\mid x_i;\theta) \tag{8.36}$$

使其等于隐含变量的后验概率。

第二步，使其达到最大化。则由对数似然函数有

$$\begin{aligned}\ln L(\theta)&=\sum_{i=1}^{n}\ln p(x_i;\theta)=\sum_{i=1}^{n}\ln p(x_i,h_i;\theta)\\&=\sum_{i=1}^{n}\sum_{j=1}^{m}q(h_i\mid x)\ln\frac{p(x_i,h_i;\theta)}{q(h_i\mid x)}\end{aligned} \tag{8.37}$$

式中，m 为隐含变量可能的取值数目。在此基础上求出能够使得期望的对数似然函数最大化的参数 θ，即

$$\theta=\arg\max_{\theta}\ln L(\theta) \tag{8.38}$$

然后以上两步交替进行，最终获得优化的参数结果。

期望最大化(EM)算法是先将期望做先验设定，然后再对其进行最大化的检验，带有一种推断性的色彩，因此属于一种近似推断的算法。而且第二步进行最大化检验时，明显采用了使后验概率最大化的思想，因此也称为最大后验推断(MAP：Maximum A Posteriori)。

除了使用期望最大化方法进行推断以外，还可以使用变分推断及学习来对问题进行处理。变分学习与 2.3 节优化理论中提到的变分法密切相关，是求泛函最大化的一种工具。变分学习的基本思想是使式(8.34)所给出的性能指标达到最大化，这是一个带有约束条件的泛函最大化问题。根据第二章对优化问题的描述，可以通过使用变分法来进行分析和处理。从某种意义上说这是一种传统方法的回归。考察式(8.34)所给出的性能指标，在以上我们所讨论的算法中都是要使 $L(q)$ 达到最大，此时可以结合式(8.35)的讨论，在使 $L(q)$ 最大的考虑下还可以换一种思路：就是寻找隐含变量，使散度 $D_{\mathrm{KL}}(q\|p)$ 达到最小。这样，就可以利用变分法的思想来进行处理了。于是最大化问题就可以表示为

$$\frac{\partial D_{\mathrm{KL}}(q\|p)}{\partial h_i}=0 \tag{8.39}$$

可以看出这是一个积分型的性能指标，因为在散度表达式中就很明显地包含了积分，当然这也是熵的表达形式。变分法就是要在一族函数中求取能使性能指标(包含积分型性能指标)达到极值的函数值。变分问题可以表述如下。假设有积分型的性能指标泛函：

$$J=\int g(f(x),\ x)\mathrm{d}x$$

需要在一族 $f(x)$ 中求取 $f^*(x)$，使其满足：

$$\frac{\delta}{\delta f(x)}\int g(f(x),\ x)\mathrm{d}x\bigg|_{f(x)=f^*(x)}=0$$

根据变分法的推导，可以得到欧拉-拉格朗日(Euler - Lagrange)方程：

$$\frac{\partial g}{\partial f(x)}-\frac{\mathrm{d}}{\mathrm{d}x}\frac{\partial g}{\partial[f'(x)]}=0 \tag{8.40}$$

式中，$f'(x)$ 为 $f(x)$ 的导数。这是变分方法的基本结论。这里不加推导直接给出，具体的推证过程可以参阅变分法或优化理论的相关文献。

第二章介绍优化问题时曾经提到，在优化时如果有约束条件的话，可以援引求函数极值的方法，引入拉格朗日乘子来计算泛函极值。在变分推断学习中，优化过程很明显是一个带有约束条件的变分极值问题。这是因为，至少需要对概率密度函数添加一个积分型的约束，即

$$\int p(x)\mathrm{d}x=1 \tag{8.41}$$

此外，对于分布的数字特征也需要加以约束，因为方差的大小会直接影响到熵的大小，期望也需要予以固定。于是再添加两个约束：

$$\begin{cases}E(x)=\mu\\ E[(x-\mu)^2]=\sigma^2\end{cases} \tag{8.42}$$

这样优化问题就变为

$$J = [\lambda_1 \quad \lambda_2 \quad \lambda_3] \begin{bmatrix} \int p(x)\mathrm{d}x - 1 \\ E(x) - \mu \\ E[(x-\mu)^2] - \sigma^2 \end{bmatrix} + D_{\mathrm{KL}}(q \| p) \tag{8.43}$$

其中，$\lambda_1 \sim \lambda_3$为拉格朗日乘子。求变分并令其为零，可得

$$p(x) = \exp[\lambda_1 + \lambda_2 x + \lambda_3 (x-\mu)^2 - 1] \tag{8.44}$$

拉格朗日乘子的选择比较宽泛，可以考虑以正态分布为最终目标对拉格朗日乘子进行选择。

变分推断与期望最大化的近似推断归根结底都是要让散度 $D_{\mathrm{KL}}(q\|p)$或熵达到最小化。这样推断所得出的结果就会与真实情况非常接近。但是变分推断算法与期望最大化又有所不同，参见图 8.10。

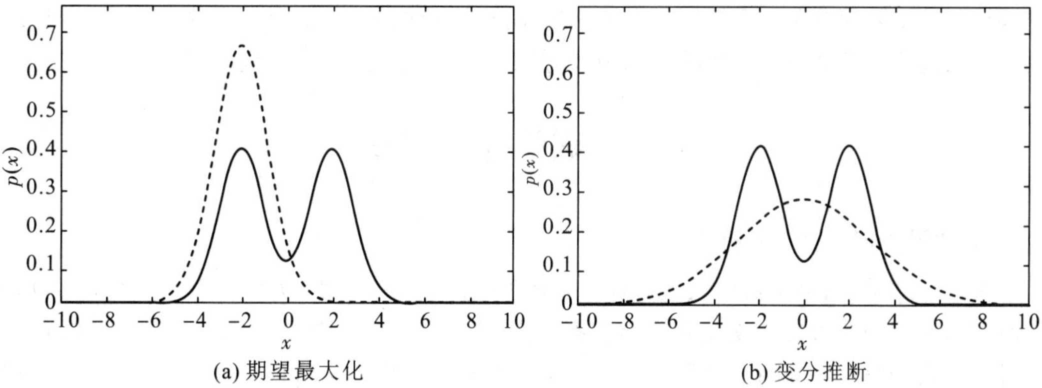

图 8.10　期望最大化算法与变分推断算法对比示意图

在图 8.10 中，实线所代表的是真实存在的实际的概率密度函数(或分布)，近似推断的目的就是要寻找一个比较接近实际情况的概率密度去逼近真实的情况。图中给出的真实情况是一种带有双峰的曲线，这在实际的情况中是很有可能存在的。而在实际工作中去逼近真实情况，并没有太多的先验知识可以依赖，我们不能事先设定一个概率密度函数是双峰的，那样可能会造成更大的偏差(可能实际情况是单峰、三峰或者其他更为复杂的情况)。当前的近似推断算法基本上都是根据已知常见的概率密度函数模型去“猜”实际的情况，然后去衡量手头上的这个模型是不是和实际情况相吻合。所以说近似推断在某种程度上带有贝叶斯估计的基本思想。

那么怎样衡量先验模型与实际情况是否吻合呢？我们给出了散度 D_{KL}这个指标。散度的衡量有两种方法，即 $D_{\mathrm{KL}}(p\|q)$和 $D_{\mathrm{KL}}(q\|p)$。与矩阵乘法在一般情况下不遵从交换律一样，这两个散度并不相等，即

$$D_{\mathrm{KL}}(p\|q) \neq D_{\mathrm{KL}}(q\|p) \tag{8.45}$$

再回到图 8.10，对于实际情况的实线概率密度，可以用两种我们所熟知的概率密度函数去拟合它。一种是照顾到在峰值处尽量能够和实际情况吻合，峰值处说明就是大概率的事件，而舍弃其他部分；另一种则是尽量照顾到全局的情况，希望在各种概率处都能够相互“揖让”，得到一种“平均主义、大锅饭”的情况。这两种思想各有优势，也有不同的使用场合。而这两种情况正是期望最大化和变分推断算法的异同。

在期望最大化算法中，由于要使用到极大似然估计的思想，因此它会迫不及待地去和概率最大的部分逼近，这就呈现出了图 8.10(a)所示的情况；而变分推断由于受积分型性能指标的影响，会更为“顾全大局”，这也就是图 8.10(b)所表现出的情况。不过，从图 8.10 中可以看到，无论哪种方法都不能完美地逼近真实的实际情况。这也就是“近似”推断得名的来历。我们对此应该表示理解，因为在很多自然情况下，人为能解决的问题少之又少，越是复杂问题这种情况就越为明显。但是，从另外一方面来讲，这种“近似”已经是非常精确的手段了。如果读者在实际的工作中能够应用这些方法的话，就会发现这些机器学习方法的精度已经令人叹为观止，而图 8.10 所示情况只不过是为了说明问题的夸张表现。

8.5 增强学习方法

1. 增强学习的含义及特点

在人工智能/机器学习的发展进程中，有两件大事：其一是 1996～1997 年 IBM 公司的“深蓝”与国际象棋大师卡斯帕罗夫的棋赛；其二是 2016 年谷歌的围棋 AI 程序(AlphaGo)与韩国著名围棋棋手李世石九段的对弈。这里先不讨论这几场对局的胜负以及由此引发的一系列问题，我们主要关注机器学习的方法。教会机器(计算机)下各种棋类其实并不是什么问题，只需要让机器了解各种棋类的基本规则和胜负的标准就行了。关键是怎样让机器在整个对局的过程中能够胜出。从第三章所论及的机器学习的基本类型来看，教会机器各种棋类的规则与胜负标准属于有监督的学习，例如在国际象棋中，“马”和“象”不能走直线；在围棋中，不能在对方已经提吃掉的区域再度落子等。但是有这样的知识就行了吗？不，这肯定是远远不够的，就算机器能够记住成千上万的定式和著名的对局也不可能一定能战胜对手。因为棋局的变化实在是太丰富了，不可能使用所谓的“穷举法”来制定策略。那么无监督学习可以吗？那更是不靠谱的事情。我们需要让机器在掌握基本规则的情况下，“灵活”实时地进行情况处理，进行不断的探索(exploration)和开发(exploitation)，这样才有可能获胜。这就需要进行增强学习(Reinforcement Learning)，有的文献也译作强化学习。

经过上面的准备，可以得出增强学习的几个特点：

首先，不能简单地将其归结为传统的有监督学习，尽管有一些外部的“指导”，但远不能对于机器学习提供真正实质性的帮助；

其次，与有监督学习相比，最终的评价是有时间上的延迟的；

第三，机器的学习结果会造成对后序行为的影响。

这些都是需要在增强学习方法中解决的问题。

在增强学习中，进行学习和最终决策的机器称为“智能体”(Agent)，外部的对手或者需要解决的问题称为“环境”。整个学习过程就是智能体与环境不断交互，最终使智能体适应或者战胜环境的过程。在学习过程中，智能体需要根据环境的不断变化作出有利于己方的决策。当然，除了最终的评价之外也会对决策有阶段性的反馈，对于有利于最终结果的趋势会返回一个奖励评价。在增强学习中，最终期望的结果会被划分成一系列步骤，通过在过程中对每一步的优化来实现最终的良好结果。从这个方面来看，可以考虑借鉴马尔可夫状态转移的思想。从与环境不断交互，进行决策调整的方面来看，整个增强学习过程与对策论也有一定的联系。

增强学习的过程可以表述为以下几个要素：

第一，基本决策策略(Policy)。基本决策策略是智能体在接收到环境的状态后，进行运算形成的决策映射。可以表示为：π：$S \to A$。S 表示状态，A 表示为决策动作，π 则为基本决策策略。这种映射可以是确定性的决策，也可以是不确定性的。在不确定情况下，可以表示为条件概率的形式，即 $\pi = P(A|S)$。

第二，阶段性的奖励评价(Reward)。在每个决策阶段或关键时间点，外部的环境应该对智能体所作出的决策给出奖励评价，从而能够让智能体在其后的决策中进行滚动优化。

第三，外部环境与智能体决策形成闭环系统。外部环境和智能体所作出的决策应该构成一个闭环系统。外部环境为智能体提供反馈，智能体输出决策影响环境，如图 8.11 所示。

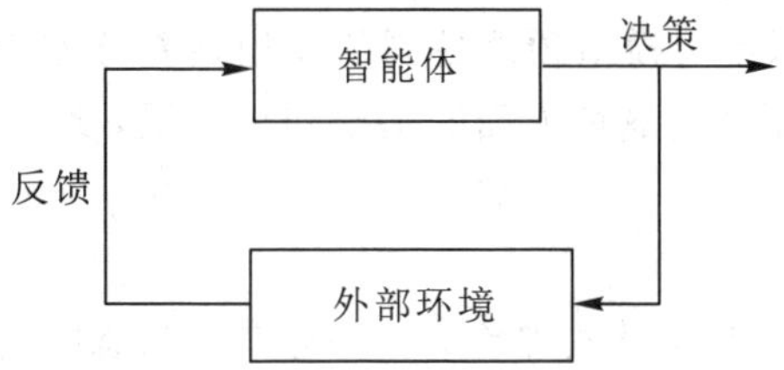

图 8.11　环境与智能体的闭环系统

2. 增强学习的类型

1) 有模型学习

增强学习可以分为有模型学习和无模型学习。有模型学习实现应该有一个参考模型，这个模型包含评价的概率分布 $p(r_{t+1}|s_t, a_t)$，表示在第 t 步状态 s_t 及当时所采取的决策动作 a_t 下，对下一步(第 $t+1$ 步)的评价 r_{t+1} 的概率分布情况。同时，也有在第 t 步状态及当时所采取的决策动作下，下一步状态的概率分布情况 $P(s_{t+1}|s_t, a_t)$，其中，s_{t+1} 为第 $t+1$ 步

状态。在有了参考模型的基础上，开始进行寻优。给出学习要求的性能指标：

$$J = \max_{a_t} V(s_t, a_t) \tag{8.46}$$

这个性能指标表示在第 t 步时，采取决策动作 a_t，状态为 s_t。在此时可以使评价的性能指标达到最优。要注意的是，这个评价的性能指标是一个积累的过程，而不是当前时刻的最优值。也就是说，应该有

$$V(\cdot) = E\left[\sum_{i=1}^{N} r_{t+i}\right] \tag{8.47}$$

也就是要使所有的奖励评价之和达到最优。在每次进行奖励评价时，需要根据前一步的评价情况来调整给予评价的大小，即在每次评价的基础上添加一个奖励/惩罚因子：

$$r_{i+1} = \gamma r_i \tag{8.48}$$

这样，就有了迭代形式：

$$\sum_{i=1}^{N} r_{t+i} = r_{t+1} + \gamma \sum_{i=1}^{N-1} \gamma^{i-1} r_{t+i+1} \tag{8.49}$$

结合性能指标式(8.46)及式(8.47)就有

$$V^*(\cdot) = E(r_{t+1}) + \gamma \sum P(s_{t+1} \mid s_t, a_t) \max V^*(s_{t+1}, a_{t+1}) \tag{8.50}$$

有模型的增强学习就是要找到能使式(8.50)这个性能指标最优的决策动作。在解算过程中，主要还是通过迭代实现的。

有控制理论基础的读者可以发现，式(8.50)正是贝尔曼(Bellman)动态规划的结果。这里的优化思想正是贝尔曼动态规划的基本思想。此外，有模型的增强学习会让人想起模型预测控制(MPC)的基本思路，即模型预测、滚动优化、反馈校正的“三部曲”。从广义上来说，这两者并没有区别。只不过模型预测控制的模型是差分方程，控制的性能指标与增强学习也有所不同罢了。如果能有这两方面的基础知识的话，理解有模型的增强学习会更为容易。

2）无模型学习

无模型的增强学习方法是指奖励评价的概率分布与状态的概率分布情况均没有模型可以依赖或参考，因此在学习过程中处理起来要比有模型的增强学习算法略困难一些。无模型的增强学习有两种应用比较广的算法，一种是蒙特卡洛算法，一种是时间差分算法。

蒙特卡洛算法在前面曾经提到过，其基本思想就是不断地试验，然后根据数据的分布情况进行估计。无模型的增强学习借鉴了这种方法。首先进行随机试验，可以尽可能多次进行，然后记录试验的结果。在这个过程中，并不知道奖励评价的分布，但是可以记录采用各种策略所得到的评价情况。通过不断试验和记录，最终会得出输入-输出的概率模型，然后可以根据这个概率模型进行决策。奖励评价有可能是确定型的评价，可以直接记录其结果；如果评价是不确定、随机性的，要在记录试验结果后得出其概率分布的情况。有了以上

的准备后，就可以进行对输出动作的决策了。

假设从初始时刻开始，进行一系列的抽样，获得了如下的一系列数据：

$$\{x_0, a_0, r_1; x_1, a_1, r_2; \cdots; x_{N-1}, a_{N-1}, r_N\}$$

式中 x 为状态，a 为决策动作，r 为奖励评价。将各步的奖励性评价求均值，可以得到各步状态与对决策动作评价的估计。如果发现对同一状态的决策动作都相同，那么这就是一个确定性的模型。在以后的决策过程中，可以直接得到决策动作。如果在此过程中发现决策动作并不确定，而是带有某种随机性，那么就要求出决策动作与奖励评价的概率分布函数（或概率密度），借助使奖励评价概率极大化的算法得出应该采取的决策动作。

对比有模型的增强学习算法与无模型的蒙特卡洛算法可以发现，在有模型的增强学习算法中充分应用了贝尔曼动态规划的基本思想，其优化过程是逐步递进的、动态的；而无模型的蒙特卡洛算法则是一次性的、静态的，这样就影响了算法的效率。那么能否对蒙特卡洛算法进行改造，使之也能够进行动态性的优化呢？这就是时间差分算法的基本出发点。

参考有模型增强学习时性能指标的更新情况式(8.50)，是使用当前的值再加上一个增量的形式，即

$$V_{t+1}(\cdot) = V_t(\cdot) + \Delta V_{t+1}(\cdot) \tag{8.51}$$

首先要获取当前的评价值，如果如上文所说进行全部步骤评价平均的话，那就失去了意义。但当仅有有限的步数时，进行平均则会产生较大的偏差。对于这个问题的处理是采用“贪心”算法。所谓贪心算法是在某个步骤时（可以理解为从初始状态就这样进行），在所有可能的决策动作中选择一个，设其概率为 ε，然后开始进行搜索，看看剩下的动作（其概率为 $1-\varepsilon$）中有没有比这个决策更好的动作，一旦发现最优的决策即行采用。在算法进行的过程中，一般先将 ε 的值选得较大，然后再逐渐减小，这样对于提高效率是比较有利的。

对于非确定性的情况，需要进行滑动平均处理。将当前最优决策动作的评价值与其后估计值之间的差作为增量进行修正，即

$$V(s_t) \leftarrow V(s_t) + \alpha[r_{t+1} + \gamma V(s_{t+1}) - V(s_t)] \tag{8.52}$$

其中，α 为更新因子，为了使迭代过程能够收敛，其取值也需递减。由于在式中采用了差分的形式，因此被称为时间差分算法。

从时间差分算法的过程可以看出，时间差分是一步校正的算法，即每次计算仅对前一步的状态进行更新。这样，就无法对以前曾经出现过的优化结果进行更新或利用。为了能够对以前出现过的历史状态—决策也进行更新，可以对历史状态进行记录，这就是所谓的资格迹(Eligibility Trace)。为了能够对历史状态—决策进行记录，当出现某一种状态 s，而对应的决策动作是 a 时，就将其“激活”——资格迹设为1；而让其余无关的状态—决策均处于“沉默”状态——将其赋小于 1 的资格迹。这样，资格迹大的状态—决策就被不断强化，而资格迹小的就会逐渐被“遗忘”。类似于一种梯度下降的方法，即

$$V_{k+1}(s, a) = V_k(s, a) + \alpha\delta_k e(s, a) \tag{8.53}$$

式中，$e(s, a)$为状态 s、决策 a 的资格迹，δ_k为时间差分的误差：

$$\delta_k = r_{k+1} + \gamma V(s_{k+1}, a_{k+1}) - V(s_k, a_k) \tag{8.54}$$

α 为迭代步长，其变化情况视误差 δ_k的变化而定：误差变大，步长调小。

在增强学习的过程中，除了机器本身的状态—决策动作—奖励评价的学习模式外，还可以通过借鉴“专家经验”进行模仿学习。这也是从人类的学习过程中得到启发所得出的一种学习模式。例如在别人对弈的时候，自己经常观察、琢磨、研究，久而久之自己也能下棋了。在这种增强学习模式中，首先需要得到“专家经验”，也就是成功的状态—决策动作范例序列：(a_0；x_1，a_1；…；x_N，a_N)，然后将此序列对机器进行类似有监督学习的训练，并在过程中根据外部环境的变化引入适当的反馈进行局部调整优化和改进，最终达到良好的学习效果。此外，还可以从优秀的“专家经验”中提取出高效的奖励评价函数，是为逆学习的过程。

3. 增强学习的应用

增强学习在很多领域有着广泛应用，特别是在很多传统方法不能解决问题的场合。例如四旋翼飞行器的控制，这是一个非线性、高动态的欠驱动系统，采用传统的控制方法很难对其进行有效控制。但是有很多人类飞行的“专家经验”，在对其实施控制的过程中，可以先借鉴人类的“专家经验”，然后形成评价机制，通过数据的积累和分析，最终形成一套良好的控制策略。另外，在多智能体(MAS：Multi－Agent System)的协调控制中，例如机器人足球赛，不但需要各智能体自身的学习，还需要各智能体的相互协调，甚至可能没有现成的“专家经验”。这就更需要不断改进和提高增强学习算法。

当然，增强学习也有一些问题。例如在高动态系统中，需要进行高速采样来获取状态，然后进行高效率的决策才能有效地解决问题，但是在增强学习的过程中却需要不断地进行迭代和优化，从而在一定程度上影响了响应速度。其次，在很多情况下，人造系统(和自然系统相比对，例如机器人 vs 地壳结构)的物理或数学模型可以通过解析模型进行表达，而不必依靠增强学习进行反复摸索。对人造系统的控制也可以使用传统的方法进行。例如波士顿动力公司的 Atlas 双足机器人的各种行为，依然沿用了传统的控制架构，并且取得了非常理想的控制效果。第三，在奖励评价函数的设计上，增强学习总是进行逐步的滚动优化，这样很容易陷入局部最优，而难以达到全局最佳的效果。此外，在反馈机制及收敛性方面，增强学习也有很多问题需要解决。总之，增强学习是一种非常有效的学习模式，但它并不是一劳永逸的万能钥匙，需要根据不同的情况和学习任务来灵活应用。

8.6 深度学习方法概述

深度学习是近些年的研究热点，也是机器学习的重要部分，同时也是传统的机器学习不断发展的结果。本节将对深度学习作简单介绍，同时枚举几种深度学习的算法，使读者得以管窥。深度学习之所以称为“深度”，是指它比传统的机器学习又深化了一些、上了一个台阶。深度学习具有以下特点：

（1）所处理的数据规模较大。需要进行深度学习的场合，所要处理的数据规模一般要比传统机器学习的数据规模大，在某种程度上可以说深度学习是大数据时代的产物。数据规模的增大不但需要有良好的硬件平台，同时还必须有效率出色的算法支持。

（2）学习算法的基本架构。传统的机器学习算法更偏向于任务分解式的处理模式，而深度学习中采用的算法则具有系统性的、全局性的处理模式。

（3）从学习的模式上来看，将由传统机器学习的“被动学习”模式逐渐走向“主动经验学习”模式。传统的机器学习通过人机交互来进行，而深度学习可以由机器本身的经验来逐渐获取知识，“自行”处理复杂的问题。

下面列举几个深度学习的例子来说明其特点。

1. 玻尔兹曼机

首先，从神经网络谈起。神经网络简单说就是机器学习众多算法中的一种。在神经网络中曾经提到过 Hopfield 网络。如果将 Hopfield 网络进行进一步的改造，将网络中隐含层的节点更改为随机性的节点，也就是输入隐含层节点的信息并不是通过活化函数直接给出输出，而是输出状态的转移概率，即

$$P(n_i)=\frac{1}{1+\exp(-x_i/T)} \tag{8.55}$$

式中，$P(n_i)$为第 i 个隐含节点的输出概率，x_i 为该节点的输入信号，T 为“温度”系数。从式中可以看出当输入信号越大时，该节点输出的概率就越大，而且温度系数的变化起到了调整变化率的作用。依旧采用能量函数来描述能量状态：

$$E=\frac{1}{2}\sum_{j=1}^{n}\sum_{i=1}^{n}w_{ij}x_ix_j+\sum_{i=1}^{n}T_ix_i \tag{8.56}$$

式中，w_{ij} 仍为权系数。从式中可以看出，不管怎样变化，整个网络的能量看起来总是在减少。但是由于有随机性的存在，某些神经元的能量也有可能会增加，这样又借鉴了模拟退火算法的优势，避免了陷入局部极值的问题。根据式(8.55)，在网络中两个状态出现的概率所对应的能量关系有

$$\frac{P(n_i)}{P(n_j)}=\frac{\exp(-E_{n_i}/T)}{\exp(-E_{n_j}/T)} \tag{8.57}$$

在物理学中，用玻尔兹曼(Boltzmann)分布来描述气体分子的状态，其分布的表示形式与式(8.57)非常类似。从式中可以看出，网络中某节点状态的概率与能量有关系，能量越小则概率越大；而其温度系数也影响着节点状态的概率。如果规定了某种状态为“期望”的

状态，还可以使用互熵(cross entropy)来衡量实际状态与期望值之间的偏差程度，即

$$D(P, P_e)=\sum_{i=1}^{N}P(n_i)\log\frac{P(n_i)}{P_e(n_i)} \tag{8.58}$$

式中，$P_e(\cdot)$为期望状态的概率。网络最终的平衡状态服从玻尔兹曼(Boltzmann)分布。

这种经过改造的神经网络就称为玻尔兹曼机(BM，Boltzmann Machine)。可以看出，玻尔兹曼机结合了反馈型神经网络、随机性动态特点以及防止陷入局部极值的模拟退火算法，其网络结构更为复杂，涉及的学习方法更多，整个网络的训练时间也更长。可以说在各方面将神经网络的学习和训练都引向"深入"，是一种典型的深度学习算法。其基本的算法流程如图 8.12 所示。

玻尔兹曼机的运算量是巨大的，因此在一定程度上影响了其应用。为了能使玻尔兹曼机投入实际的应用，对其网络结构进行了改进，简化其结构形式。一种通常的简化办法就是将各层内的神经元节点的连接除去，只保留层间的连接，如图 8.13 所示。这样在连接方式上与 BP 网络很类似，当然信息传输的方向是有区别的。这种网络形式虽不同于基本玻尔兹曼机，但网络基本运行机制依然保持了玻尔兹曼机的方式，因此称为受限玻尔兹曼机(RBM，Restricted Boltzmann Machine)。

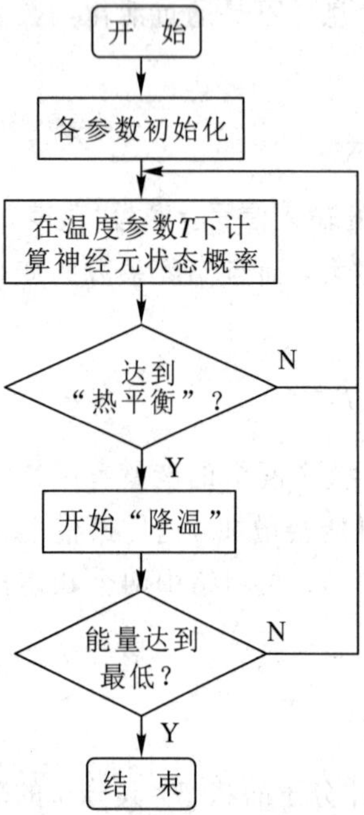

图 8.12 玻尔兹曼机基本算法流程

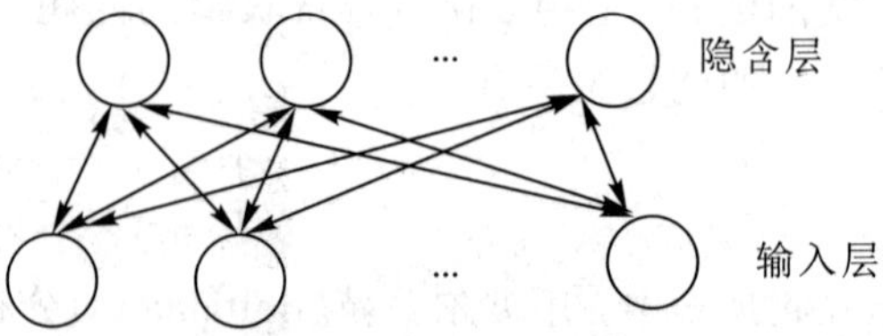

图 8.13 受限玻尔兹曼机基本网络结构

受限玻尔兹曼机需要研究输入层与隐含层之间的概率分布关系。其联合概率分布可以由下式给出：

$$P(v, h)=\frac{\exp[-E(v, h)]}{Z(\theta)} \tag{8.59}$$

式中，v、h 分别表示输入层和隐含层神经元的状态，用向量形式给出；$E(\cdot)$为能量函数；$Z(\theta)$为所有情况下的能量和，θ 为受限玻尔兹曼机的网络参数(即权、阈值)。

在网络训练和学习的过程中，需要得出网络参数的值，因此需要求出其条件分布：

$$P(h \mid v)=\frac{P(h, v)}{P(v)}=\frac{1}{P(v)} \frac{\exp[-E(v, h)]}{Z(\theta)} \tag{8.60}$$

在已知条件分布的情况下，就可以在数据集上进行训练，利用似然函数得到参数：

$$\theta^{*}=\arg \max_{\theta} L(\theta)=\arg \max_{\theta} \sum_{i=1}^{N} \log P(v^{(i)} \mid \theta) \tag{8.61}$$

在实际的算法应用中，一般不会使用求导和梯度公式，而是借鉴马尔可夫链蒙特卡洛方法来计算的，读者可以参阅这方面的文献。

如果在受限玻尔兹曼机中将隐含层的数目增加，就成为了深度受限玻尔兹曼机(DBM)。在深度受限玻尔兹曼机中需要确定隐含层神经元的后验分布，这个过程可以通过变分推断来实现。以两层隐含层为例，其实际分布为 $P(h_1, h_2|v)$，分布的估计为 $\hat{P}(h_1, h_2|v)$。则有

$$\hat{P}(h_1, h_2 \mid v)=\prod_{i} \hat{P}(h_1^{(i)} \mid v) \prod_{j} \hat{P}(h_2^{(j)} \mid v) \tag{8.62}$$

式中，i、j 分别为第一隐含层和第二隐含层的神经元个数。在推断后验分布时，须使估计值与真实值尽量一致。可以借鉴式(8.33)的散度定义来检验估计值和真实值的偏差程度，这里给出其离散形式的表达：

$$D_{\mathrm{KL}}(\hat{P} \mid P)=\sum \hat{P}(h_1, h_2 \mid v) \log \left[\frac{\hat{P}(h_1, h_2 \mid v)}{P(h_1, h_2 \mid v)}\right] \tag{8.63}$$

在参数化的过程中，估计的分布形式可以使用伯努利分布，可以使用极大似然估计方法进行训练。训练过程中一般采用逐层训练的模式，即在隐含层中，每一层都作为受限玻尔兹曼机来进行；在每一层都训练好之后再将其组合起来，成为深度受限玻尔兹曼机。隐含层的训练顺序可以借鉴反向传播的训练算法，这样既保证了训练过程的实用性，又充分利用了反向传播算法的优越性。

随着深度网络的不断发展，各种衍生的玻尔兹曼机也层出不穷，例如建立在卷积网络基础上的卷积玻尔兹曼机、结构化玻尔兹曼机等。在这些机器学习的算法中，基本上都运用了玻尔兹曼机的基本核心思想，然后利用和借鉴了其他的机器学习的优秀思想，最终形成了各种内核为玻尔兹曼机的机器学习算法。由此可以看出，基本玻尔兹曼机的思想是非

常有生命力的，构建各种形式的玻尔兹曼机也是深度机器学习的一个主要方向。在实际应用过程中，对于玻尔兹曼机的能量函数的设计和选择并没有固定的方法，不同的能量函数可能会带来各种意想不到的学习效果，这也为广大的技术人员提供了更为广阔的创新和想象的空间。

2. 生成式网络

在深度机器学习中，有一种生成式网络的应用和发展也很引人瞩目。这种网络也是建构在神经网络的基础上的。之所以称之为“生成”式网络，是说它可以在学习了一定的样本后，根据学习规则再生成更多的样本形式。其实这种学习方式并不神秘，例如伪随机数的生成、正态分布数据的生成就可以看作是生成式网络的雏形或萌芽。在伪随机数的生成过程中，可以使用线性同余法。在生成式网络中，可以根据一定的概率密度函数进行参数化后得到生成式样本，也可以利用 BP 神经网络的梯度下降算法来进行训练得出样本。从上面两例我们可以看出，所谓的随机数生成是有规律的，所以称为其“伪”随机数，而产生正态分布的数据集更是有规律可循。生成式网络在生成数据集时也是按照一定的规律生成的，只不过更为“智能”和复杂。

自编码器是一种基本的生成式网络。自编码器在工作时，首先要进行学习，这时就要从外部为其输入数据，经过一定的训练后，自编码器就可以自行进行编码，生成新的数据并输出了。自编码器的基本架构类似于神经网络，也分为输入层、隐含层和输出层。从外部输入数据进入网络的过程可以看作是编码的过程；而经过一定的训练和学习后，由网络内部向外输出样本数据的过程可以看作是解码过程。假设输入的数据为 x，经过训练后输出的数据为 y，且数据为独立同分布。生成数据的分布(或概率密度函数)可以表示为 $p(y|x)$。利用极大似然估计，使分布的对数似然函数达到最大化，即

$$L[p(y)]=\sum_{i=1}^{N}\log[p(y^{(i)})] \tag{8.64}$$

这是对解码过程的衡量。然后，再考察编码过程的分布 $p(x|y)$ 与后验的分布之间是否吻合，其考察标准仍然采用散度，如式(8.63)。同样的，当两个分布一致时散度为 0。在进行训练和学习过程中，需要使用变分推断的方法，因此这种自编码器的学习方法也称为变分自编码器(VAE, Variational Auto-Encoder)。

在生成式网络中，有一种网络近几年发展迅猛，在很多领域中也很流行，这就是所谓的生成式对抗网络(GAN, Generative Adversarial Network)。生成式对抗网络是美国机器学习专家伊恩·古德费洛(Ian J. Goodfellow)等人在 2014 年提出的。生成式对抗网络的基本思想是生成、对抗双方的“零和”博弈思想。整个网络架构由生成网络和判别网络组成：生成网络负责产生和输出样本数据；而判别网络作为生成网络的“敌对”方，对生成网络所

给出的样本进行判别，即判别是否为假样本。其基本结构如图 8.14 所示。

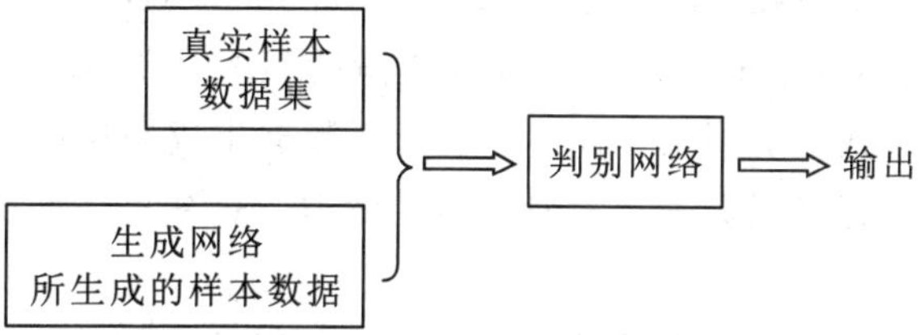

图 8.14　生成式对抗网络基本结构

需要说明的是，虽然判别网络要对样本的真假进行判别，然而其输出却并不仅仅是给出结果，而是根据实际情况而定的。在生成网络中要首先输入实际的数据，在经过一定的学习过程后生成网络就可以生成数据了，这个过程相当于自编码器的编码过程。判别网络的输入有真实、实际的数据，也有生成网络所产生的“假”数据，判别网络就是要识别数据的真/假。判别网络的输出是以概率的形式给出的，即输出的数据在多大程度上是属于真实的/生成的数据。整个生成式对抗网络目的是鼓励生成网络生成能够“以假乱真”的数据标本，而判别网络要强大到能够很清楚地分辨真实样本和生成样本。在这两者的博弈中，不断提高机器学习的能力，将机器的学习引向“深度”。

在训练过程中，生成网路和判别网络进行单独交替迭代训练。在刚开始进行学习训练时，生成网络所生成的数据样本可能会很差，判别网络会很快识别出其是生成的数据样本。这时就需要进行迭代训练，生成网络对判别网络所识别出的错误样本数据重新进行迭代学习和训练，使重新生成的数据样本更接近真实样本，从而使判别网络不能识别或以很小概率给出其属于生成样本。这个学习过程不能简单地归类为有监督学习或无监督学习，因为整个过程都是在生成式对抗网络内部完成的。此外，在判别过程中，判别网络的参数不能变化，也就是说不能将判别的“标准”随意降低，否则就失去了学习和训练的意义。

在生成式对抗网络中，生成网络用 G 表示，判别网络用 D 表示。学习训练的目标就是要使在生成网络中产生被判别为“假”的数据样本的概率最小；而在判别网络中，其不能判别生成网络所生成的样本数据的概率最大。于是有

$$\begin{aligned} J &= \arg\min_{G}\max_{D} V(G, D) \\ &= E_{x\sim P_{\text{data}}}\log D(x) + E_{x\sim P_{\text{model}}}\log[1-D(x)] \end{aligned} \tag{8.65}$$

式中第一项表示对于实际输入样本的判断，第二项表示对于生成样本数据的判断。如果两部分能达到均衡，那么这个网络就训练得很好了。在优化过程中，一般要求最大化函数是凸函数，这与一般的寻优算法是一致的。

古德费洛(Ian J. Goodfellow)指出，在生成式对抗网络的训练过程中，整个网络并不一定是在零和状态时表现最好，而是引入带有启发动机的学习模式。这种学习模式是要适

当增加判别网络出现错误的概率。生成式对抗网络存在训练困难、网络收敛困难等问题。针对这些问题，研究人员也在不断改进，出现了诸如WGAN(GAN，Wasserstein)、最小二乘GAN(LSGAN，Least Square GAN)、基于能量的GAN(Energy-based GAN，EBGAN)等各种衍生形式。生成式对抗网络在图像、语音等数据生成领域应用广泛，在自然语言处理、机器翻译等领域也越来越显示出其强大的生命力，是深度学习领域非常有代表性的一种算法。

与生成式对抗网络相对应，生成式矩匹配网络(GMMN，Generative Moment Matching Network)也是一种有特点的深度学习算法。如果说GAN是一种“对抗性”网络的话，那么生成式矩匹配网络就是一种“合作性”的网络。生成式矩匹配网络也要产生样本，但是它不再让判别网络对生成样本进行“对抗式”的判别了，而是让生成网络所生成的模型样本数据与实际的数据集数据进行匹配。之所以称为“矩”匹配，就是要使生成网络所给出的生成样本数据的各阶统计矩与实际样本数据集中数据的各阶统计矩相同，即

$$J=\min_{x_s}\left[E_{x_s}\left(\prod_i x_{si}^{n_i}\right)\sim E_{x_p}\left(\prod_i x_{pi}^{n_i}\right)\right] \tag{8.66}$$

例如，对于正态分布来讲，如果能使两个数据集中的一阶、二阶矩相等，那么其分布函数几乎是完全相同的。这对于解决普通的问题尚还可以，但是如果要解决更为复杂的问题，就需要更高阶次的统计矩相互匹配。很明显，要穷举数据集的所有统计矩，并使其相互匹配是不太可能的。在实际工作中，通常引入最大平均偏差的指标来对生成式矩匹配网络进行训练。这种方法引入了核函数，然后通过特征空间的映射来解决这个问题。生成式矩匹配网络的应用范围没有生成式对抗网络大，但是作为一种与生成式对抗网络思路不同的深度学习算法，其具有独特的价值，在很多实际问题上也得到了应用。

在生成式网络中可以添加卷积结构，这样就构成了卷积生成网络。在卷积生成网络中池化层对于信息的完整性有一定的影响，因此在很多情况下需要对信息进行一定程度的恢复。这就涉及对于池化层的逆操作过程，虽然算法有些繁琐，但是收到的效果也还是满意的。如果在生成网络中考虑随机性的问题可以构建生成随机网络，是一种类似于自编码器的生成网络结构。此外，与其他优秀的数学方法相结合还可以生成很多独具特色的生成式网络。

从当前的趋势来看，不得不说生成式网络是深度学习极富代表性的一种算法。结合前面对玻尔兹曼机的介绍，就会让人联想到深度学习可能是神经网络算法的发展和逐渐加深。这种理解也不无道理。因为神经网络的发展毕竟经历了一段时间，对其进行研究的学者不计其数。尽管神经网络的这种结构和提法也受到过一些质疑。但是不论从哪方面来看，神经网络从初始的感知机发展到深度学习的阶段，自身经历了很多不断完善和改进的过程。从哲学上否定之否定的规律来看，深度学习确实将神经网络算法发展到了另一个高度。

特别是当前，对于生成式网络的研究更是如火如荼地开展，不但在理论研究上取得了很多令人瞩目的成果，而且在实际应用中也有很多不俗的表现。相信在不远的将来，深度学习算法会有更多崭新的成果出现，也会大大提升机器学习的效率。

8.7　深度学习方法应用举例

随着社会的发展和生活需求的日益多样化，机器学习方法也逐渐走向“深度”。目前，模式识别对于深度学习方法的改进和提高最为迫切。

在人像拍摄领域，很多人像照片的效果往往不尽如人意，例如人像不够清晰等。而利用深度学习的技术就可以将模糊照片变得更加清晰。在人像画面质量修复领域，相关科研人员在现有的一些生成式对抗网络(例如 Beauty Generative Adversarial Networks)的基础上，从上亿的人像数据中进行学习，使得新系统具备对于画质的修复能力，能够在最大程度上还原人像原有的细节信息。在早期拍摄的人像照片中，由于受到当时摄影器材及设备的限制，很多老照片的画质会受损很多，清晰度也比较差。然而很多珍贵的老照片承载着几代人的回忆，对这样的老照片进行修复是非常有价值和有意义的工作。在这方面，深度学习技术显示了其强大的实力。采用生成对抗网络，并对基本网络结构和网络的训练方法不断进行深入优化，不仅提高了修复的质量，而且大大缩短了修复的时间，提高了老照片修复的效率。

进行人像的修复时，首先要抓取人物的脸部进行修复，然后再由脸部逐渐扩展至整个头部，通过去噪、去压缩、消抖动等方法进行画面增强。在此过程中就可以考虑使用对抗样本，对抗样本既是深度学习系统需要克服的障碍，同时也是提高图形图像质量的一个法宝。对抗样本以不能被人类觉察的方式来修改输入数据样本，然后考察学习机制的分类情况，以此不断提高机器的分类能力和对图像的修复能力。对于对抗性样本，有的文献提供了如下的定义：

$$X_{\mathrm{adv}} = \max_{\delta} L(f,\ x_{\mathrm{origin}},\ y) \tag{8.67}$$

式中，L 为损失函数，x_{origin}为原始图像，δ 为扰动，y 代表真实的样本。在对抗的过程中，需要最大化损失函数，使得人类对于对抗生成的样本不能够进行区分，也就是说此时的样本仍然与原始图片非常类似。扰动应该是一个有界量，即

$$\|\delta\|_p \leqslant \varepsilon \tag{8.68}$$

对于两幅图像的相似程度，在技术的处理上通常使用范数来进行衡量。可以根据范数的等价性原理，例如采用 L_∞ 范数来衡量扰动图像和原始图像之间的相似程度(也可谓“距离”)。在实际工作中，通常的一个关键点是选择式(8.68)中的 ε，以期在不依赖原始图像的基础上自动生成对抗样本。例如某图像中的像素类别以表 8.1 的形式给出。

表 8.1　某图像中的像素类别范数(距离)值

	0	1	2	3	4	5	6	7	8	9
0	9.9	11.5	11.6	11.3	11.5	10.9	11.2	11.4	11.3	11.3
1	11.5	6.4	9.8	9.6	9.7	9.6	9.8	9.4	9.3	9.2
2	11.6	9.8	10.1	10.7	10.6	10.9	10.4	10.8	10.5	10.5
3	11.3	9.6	10.7	9.4	10.8	10.0	10.7	10.4	10.0	10.2
4	11.5	9.7	10.6	10.8	9.0	10.3	10.0	9.7	10.2	9.2
5	10.9	9.6	10.9	10.0	10.3	9.6	10.4	10.2	10.0	9.8
6	11.2	9.8	10.4	10.7	10.0	10.4	9.0	10.6	10.3	10.0
7	11.4	9.4	10.8	10.4	9.7	10.2	10.6	8.7	10.2	9.1
8	11.3	9.3	10.5	10.0	10.2	10.0	10.3	10.2	9.4	9.7
9	11.3	9.2	10.5	10.2	9.2	9.8	10.0	9.1	9.7	8.5

表 8.1 中列出了 10 个类别，并给出了类别间的范数(距离)情况。对角线上的元素是类内的范数，非对角线上的元素是类间的范数。一般来讲，类内范数应该比类间范数要小(毕竟同一类别的图像差别不应该大，而非同一类别的图像差别应该大些)。然而，从表 8.1 可以看到还是会有特殊的情况发生，例如：类别 2 的类内范数为 10.1，大于类别 2 与类别 1 的类间距离 9.8；此外，类别 8 的类内范数 9.4 也大于类别 8 与类别 1 之间的范数 9.3。这种情况的产生是因为对于某一类别，其基本的像素集虽然不会随图片而改变，但是当两类像素集有比较大的重合部分时就很容易发生这种情况，从而混淆两类图像。

考察式(8.68)中的 ε，这个值是根据采用不同的范数由人为指定的。对于常见的 L_2 范数，ε 一般取为 4.5；对于 L_∞ 范数，ε 的值则取为 0.3。在训练集和测试集之间的范数满足：

$$\|X\| = rX_{\text{train}} + (1-r)X_{\text{test}}$$

如果某图像将被标记为对抗样本，则需要满足以下的条件：

(1) 真实的原始图像与带有扰动的图像版本进行比较时，扰动不能由人眼进行区分；

(2) 所叠加的扰动对相同的图像不会形成影响。

在对抗样本的选择上，一般会采用度量学习(metric learning)。通过度量学习在整个生成对抗样本中的使用，可以自行调节扰动范数的上限。

近来有的学者提出了一种新的产生对抗样本的方法。这种方法不是对已有的图片添加对抗性的扰动噪声，而是利用生成式对抗网络(GAN)生成对抗性样本。具体的方法是：利用辅助分类器 GAN(AC－GAN)对图像的类别进行调节，以便对所生成的图像进行控制。

在泛化性和鲁棒性指标上进行平衡，而不是只关注其中的一项指标。对于不同图像的 ε 值进行自适应处理，对抽象图像进行可视化和向量表示。

生成对抗网络在近年来发展迅速，Deepfake 技术的出现就是其直接结果。Deepfake 可以通过机器学习将某个特定的人的面部叠加到其他人的身上。这不仅仅体现在图片的处理上，而且已经扩展到视频画面的处理。这对于技术的提升当然是好事，但也带来了一系列的问题。目前，很多国际知名高校和研究机构在从事这方面的研究工作。

除了人脸图像识别外，深度学习方法在很多领域都有广泛的应用。例如，采用深度网络结构的堆栈自动编码器(Stacked Auto-Encoders，SAE)在农业普查方面应用较广。

与传统的人工神经网络算法类似，简单的自编码器是一种三层神经网络模型，包含了数据输入层、隐含层、输出层，同时也是一种无监督学习模型。在有监督的神经网络中，每个训练样本是(x, y)，其中 y 一般是人工标注的标签数据。如用于手写的字体分类，y 的取值即是 0～9 之间的数值。研究者设计神经网络时，网络的输出层为 10 个神经元的网络模型(比如网络输出是(0，0，1，0，0，0，0，0，0，0)，那么就表示该样本标签为 2)。而自编码是一种无监督学习模型，训练数据本来是没有标签的，所以自编码器令每个样本的标签为 $y=x$，也就是每个样本的数据 x 的标签也是 x。自编码就相当于自己生成标签，而且标签是样本数据本身。

从上述内容可见，自编码器训练单元本身也是具有层次结构的系统，训练目标是使网络的输出尽量逼近输入，理想情况是输出完全等于输入。根据输出与输入相同这一原则训练调整参数，得到每一层的权重。显然，系统能够得到输入的多种不同表示(每一层代表一种表示，只是概括程度不同)，这些不同层次的表示可认为是深层特征。自编码器的训练过程由编码和解码组成，如图 8.15 所示，编码过程将输入样本进行线性映射或非线性映射变换得到隐含层表示，将数据输入一个编码器，得到一个编码，也就是输入的一个表示；然后解码过程通过解码器输出一个信息，如果这个信息和开始的输入相似(理想情况下是一样的)，那么该编码是可信的。通过调整编码和解码的参数，使重构误差最小，从而实现参数优化调整。

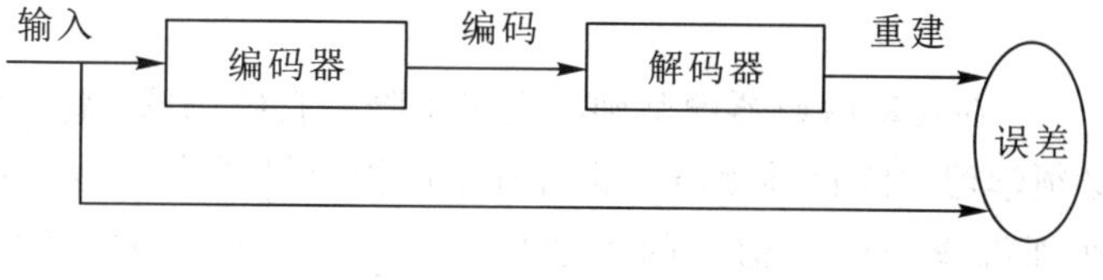

图 8.15　单元自编码器无监督训练过程

设输入向量为 x，可得隐含层的表示为

$$r = f(W^1 x + b^1) \tag{8.69}$$

其中，W^1 和 b^1 分别代表输入层与隐含层之间的权重和偏置，$f(\cdot)$表示隐含层的活化函

数，可为 sigmoid 函数或双曲正切 tanh 函数。解码过程将 r 重新投影到原信号空间，得到解码信号 $\hat{x}$，即

$$\hat{x}=f(W^2r+b^2) \tag{8.70}$$

其中，W^2 和 b^2 分别代表隐含层与输出层之间的权重和偏置，$f(\cdot)$ 表示输出层的活化函数。网络的参数通过重构误差最小化来优化，目标函数为

$$T_f(W^1, b^1, W^2, b^2)=\frac{1}{2N}\sum_{i=1}^{N}\left\|\widehat{x^{(i)}}-x^{(i)}\right\|_2^2 \tag{8.71}$$

在某一层的训练过程中，其他层的参数不变，训练好一层自动编码器后，将其输出层的输出信号作为下一层自动编码器的输入。这样将多层自编码器堆叠起来构成了堆栈自编码器，如图 8.16 所示。堆栈自编码器是一种典型的深度神经网络，被广泛用于特征学习与表示。先逐层贪婪学习来确定参数，再从最顶层反向传播来微调整个网络的参数。本章研究的最终目标是地物信息提取，所以在最顶层加入带标签的样本，通过标准的人工神经网络的监督训练方法(梯度下降法)微调网络参数并优化提取算法参数。

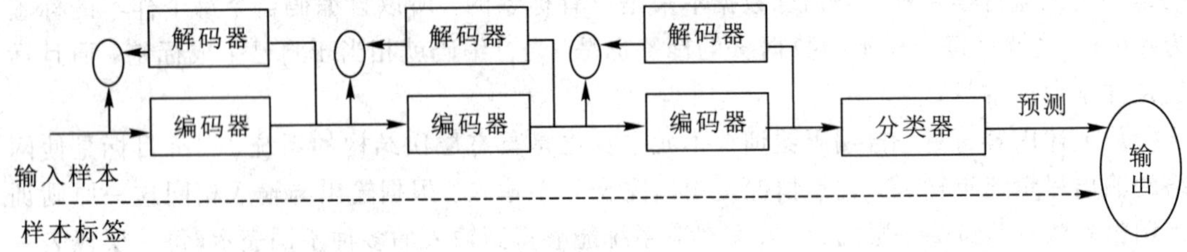

图 8.16　堆栈自编码器自顶向下的训练与微调过程

一般的堆栈自编码器通过逐层学习来构建深度网络，深度处理后的维数一般远高于原始信号维度，学习到的关于原始信号的表达不是稀疏的。深度学习中要优化的参数非常多，加入稀疏性约束能够避免权重矩阵的单位性退化。同时神经科学的研究证明，人脑在感知视觉信号的过程中各个神经元的响应也是稀疏的。2007 年，Bengio 在自编码器模型中加入稀疏约束项，提出了稀疏自编码，用来寻找一组“超完备”基向量来更高效地表示样本数据。

2008 年，Vincent 在自动编码器的基础上提出了降噪自编码器，将训练数据加入噪声，所以自动编码器必须学习去除这种噪声而获得真正的没有被噪声污染过的输入。自编码器通过梯度下降算法训练学习输入信号的更加鲁棒的表达，从而增强抗噪声能力。随后，Salah 提出了收缩自编码器，Jonathan 提出了卷积自编码器。2012 年，Taylor 对 SAE 与无监督学习之间的关联做了深入分析，详细介绍利用自编码器构建不同类型的深度结构的方法。Hinton、Bengio 和 Vincent 等学者比较了原型自编码器、稀疏自编码器、降噪自编码器、收缩自编码器、卷积自编码器和受限波尔兹曼机等深度结构的性能。

目前随着深度学习研究的发展，一些机构和大学开发出了多种快速易用的基于深度学习的开源工具包以及深度学习框架，如基于 MATLAB 的 Deep Learning ToolBox，基于 Lua 的 Torch7，基于 Python 语言的 Theano 深度学习框架，基于 Theano 的拓展库 Pylearn2 以及 Caffe 深度学习框架。本小节研究主要基于 Deep Learning Toolbox-Master 工具包的堆栈自编码器，具体实现步骤如下：

Step 1　随机选择不同数目的样本，设置堆栈自编码器输入节点数目、隐含层数目等参数，隐含层激活函数为 sigmoid 函数或 tanh 函数；

Step 2　根据选择的不同样本训练堆栈自编码网络参数；

Step 3　根据 SAE 参数初始化神经网络分类器；

Step 4　由同批训练样本训练分类器，对测试数据集进行提取实验，保存实验结果及参数；

Step 5　迭代上述步骤直至针对各参数组完成实验；

Step 6　各参数组实验指标评价，根据多源决策规则确定最终实验结果。

下面以堆栈自编码玉米区集成提取实验为例说明这种深度学习的应用情况。

该深度学习网络的数据来自高分一号遥感图像提取结果 GF-1S1 和 GF-1S2，图像尺寸分别为 512×512 像元和 1024×1024 像元。首先针对 GF-1S1 遥感图像进行多分类器实验，确定后续实验参数，其样本像元数区间为[12500，125000]，间隔为 12500，即总像元的 5%，隐含层数目区间为[2，20]，间隔同样为 2，活化函数确定为 sigmoid 函数。不同样本和不同隐含层数统计总体精度和 Kappa 系数的分布情况如图 8.17 所示。

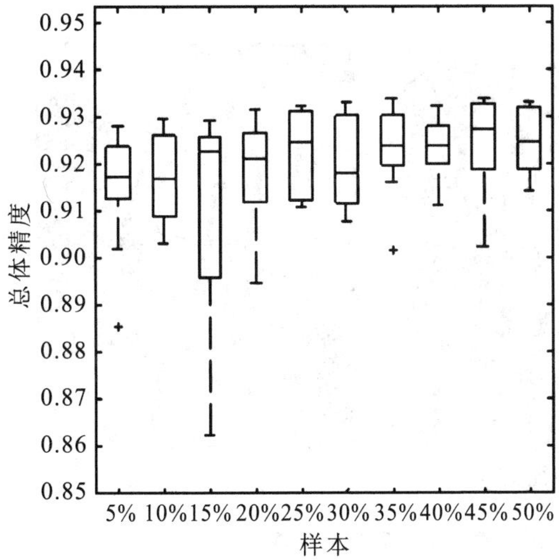

(a) 总体精度-样本规模

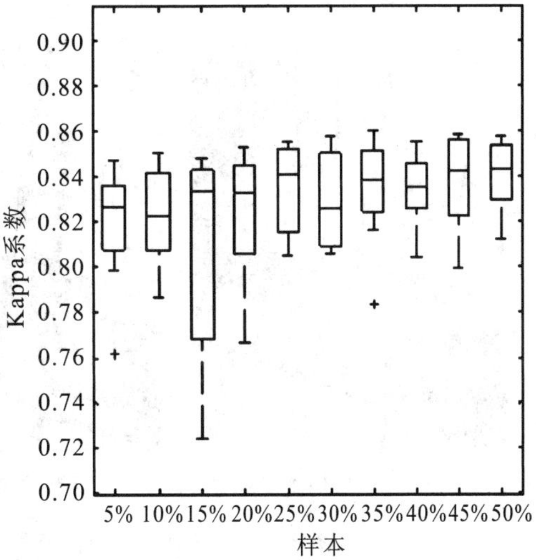

(b) Kappa系数-样本规模

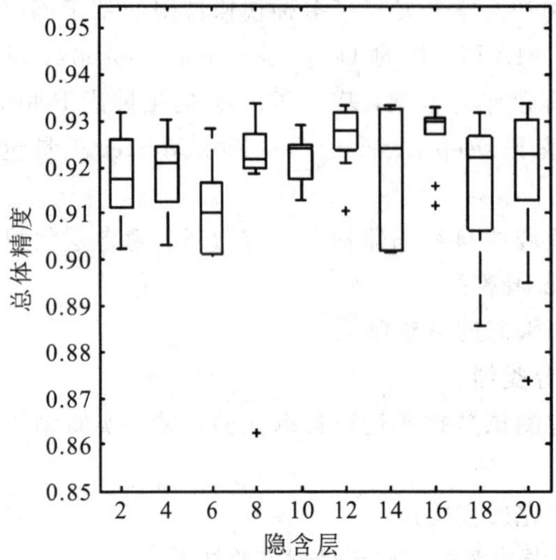

(c) 总体精度-隐含层数

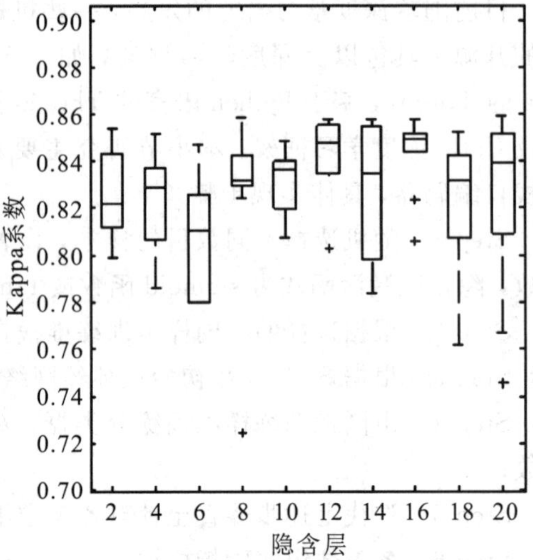

(d) Kappa系数-隐含层数

图 8.17　GF-1S1 不同 SAE 结构参数的提取算法性能对比

根据最大投票决策规则，可获得最终提取结果。分析上述实验结果并与第四章实验参数设置对比分析，综合考虑计算成本与提取精度，确定后续实验过程的样本数为图像像元总数的 10%，隐含层设置为 10 层，迭代次数设定为 10 次。以光谱特征集和联合特征集为输入的 GF-1S1 实验结果如图 8.18 所示，相应的混淆矩阵如表 8.2 和表 8.3 所示。

(a) 光谱特征输入　　(b) 联合特征输入　　(c) 参考图像

图 8.18　GF-1S1 不同特征集输入的堆栈自编码集成提取结果

表 8.2　GF-1S1 光谱特征集输入实验混淆矩阵与评价参数

预测值＼参考值	玉米	其他	行和	用户精度
玉米	149 836	5911	155 747	0.9620
其他	13 428	92 969	106 397	0.8738
列和	163 264	98 880	总体精度	0.8514
制图精度	0.9178	0.9402	Kappa 系数	0.8051

表 8.3　GF-1S1 联合特征集输入实验混淆矩阵与评价参数

预测值＼参考值	玉米	其他	行和	用户精度
玉米	154 395	8990	163 385	0.9449
其他	8869	89 890	98 759	0.8402
列和	163 264	98 880	总体精度	0.8862
制图精度	0.8657	0.9091	Kappa 系数	0.8253

GF-1S1 图像区域的玉米种植分布形式比较单一，光谱纹理可分性较好，各提取精度和 Kappa 系数较高，说明 SAE 方法提高了该实验区域的信息提取精度，有效性强。由表 8.2 和表 8.3 可见，联合特征输入较光谱特征输入的实验结果，总体精度从 0.8514 到 0.8862，有较小幅度提高；同样地，Kappa 系数也是如此。用户精度和制图精度也均达到了 0.85 以上。但在某些局部位置存在错分像元，如图 8.18 左上角方框和中部椭圆框内，较多非玉米像元被错分为玉米，且像元琐碎杂乱，与人工解译的参考图像对比可读性有待提高。

遥感图像 GF-1S2 地物分布不同于 GF-1S1 数据，幅面较大，玉米与其他地物交错、分布复杂。其幅面大小为 1024×1024，随机选择样本数量为 100 000，约为总像元数的 10%。光谱特征集与联合特征集输入的自编码提取实验结果如图 8.19 所示。

(a) 光谱特征集输入　(b) 联合特征集输入　(c) 参考图像

图 8.19　GF-1S2 不同特征集输入的堆栈自编码集成提取结果

GF-1S2 实验图像幅面较 GF-1S1 更广，玉米分布区域更为复杂，地块较琐碎。如表 8.4 和表 8.5 所示，该实验的总体精度和 Kappa 系数较之前数据有所降低，光谱和联合特征输入的总体精度分别为 0.8263、0.8495，Kappa 系数分别为 0.7267、0.7889，说明实验结果与人工参考值的一致程度偏低。非玉米像元的制图精度普遍较低，分别只有 0.7839、0.7010，总体精度下降。比较典型的两处如图 8.19 中矩形框和圆角矩形框内像元错分、漏分现象比较严重。

表 8.4 GF-1S2 光谱特征集输入实验混淆矩阵与评价参数

参考值 / 预测值	玉米	其他	行和	用户精度
玉米	537 272	102 253	639 525	0.8401
其他	37 954	371 097	409 051	0.9072
列和	575 226	473 350	总体精度	0.8263
制图精度	0.9340	0.7839	Kappa 系数	0.7267

表 8.5 GF-1S2 联合特征集输入实验混淆矩阵与评价参数

参考值 / 预测值	玉米	其他	行和	用户精度
玉米	558 936	141 494	700 430	0.7980
其他	16 290	331 856	348 146	0.9532
列和	575 226	473 350	总体精度	0.8495
制图精度	0.9717	0.7010	Kappa 系数	0.7889

结合原始图像分析，矩形框局部区域为村镇，光谱提取对村镇树木的识别易与玉米产生混淆；圆角矩形框内像元光谱更加复杂，因此将玉米错分到其他类别，影响了最终提取精度。

本章介绍了几种近年来机器学习领域中非常具有特色的方法，在很多领域中也都有广泛的应用。与前几章不同的是，本章主要对这些方法进行了大致的介绍和描述，并没有进行较为深入的讨论和推导。之所以作这样的安排，一方面是考虑到掌握这些方法可能需要更多的数学知识；另一方面，不管多么高深和具有创新性的方法，都是建立在坚实的基础知识之上的，在打好基础的前提下才能不断开阔视野。

“温故而知新”，对于传统方法的彻底理解、灵活运用和不断提升可能是创新的源泉。从深度学习的发展历程也可以很明显地看到这一点。

复习思考题

1. 马尔可夫过程及马尔可夫链的基本特征是什么?
2. 隐含马尔可夫模型的基本思想是什么?
3. 为什么要在蒙特卡洛算法中引入马尔可夫链?
4. 组合多学习器与简单表决器有何异同?
5. 基本提升算法包含哪些类型? 其基本思路是什么?
6. 简述 KL 散度为何可以刻画概率分布的差异性。
7. 期望最大化(EM)算法是怎样工作的?
8. 简述近似推断的基本思想。
9. 查阅相关资料，试论述深度学习的发展历程或编制相关年表。

参考文献

[1] 赵玉鹏. 机器学习的哲学探索[M]. 北京：中央编译出版社，2013.

[2] 陈晓平. 贝叶斯方法与科学合理性：对休谟问题的思考[M]. 北京：人民出版社，2010.

[3] 张奠宙. 20世纪数学经纬[M]. 上海：华东师范大学出版社，2008.

[4] 尼克. 人工智能简史[M]. 北京：人民邮电出版社，2017.

[5] 陈家鼎，郑忠国. 概率与统计[M]. 北京：北京大学出版社，2007.

[6] KRIZHEVSKY A, SUTSKEVER I, HINTON G E. Image Net classification with deep convolutional neural networks [C]. International Conference on Neural Information Processing Systems. Curran Associates Inc. 2012：1097－1105.

[7] 韩立群，施彦. 人工神经网络理论及应用[M]. 北京：机械工业出版社，2017.

[8] LECUN Y, BOSER B, DENKER J S, et al. Back propagation Applied to Handwritten Zip Code Recognition[J]. Neural Computation, 2014, 1(4)：541－551.

[9] 李航. 统计学习方法[M]. 北京：清华大学出版社，2012.

[10] MICOLET P J, SMITH A, DUBACH C. A machine learning approach to mapping streaming workloads to dynamic multi-core processors [C]. Proceedings of the 2016 International Conference on ACM SIGPLAN Notices. New York：ACM, 2016, 51(5)：113－122.

[11] 陈雯柏. 人工神经网络原理与实践[M]. 西安：西安电子科技大学出版社，2016.

[12] RICHARD. A JOHNSON, DEAN W. WICHERN. 实用多元统计分析[M]. 陆璇，译. 北京：清华大学出版社，2008.

[13] 伍雪冬. 非线性时间序列在线预测及建模与仿真[M]. 北京：国防工业出版社，2015.

[14] KASUN L L C, Zhou H M, Huang G B, et al. Representational learning with ELMs for big data[J]. IEEE Intelligent Systems, 2013, 28(6)：31－34.

[15] 于剑. 机器学习：从公理到算法[M]. 北京：清华大学出版社，2017.

[16] 陈海虹，黄彪，刘锋，等. 机器学习原理及应用[M]. 成都：电子科技大学出版社，2017.

[17] GOODFELLOW I, BENGIO Y, COURVILLE A. 深度学习[M]. 赵申剑，黎彧君，

符天凡，等译. 北京：人民邮电出版社，2017.

[18] Torsten Söderström. 系统辨识[M]. 陈曦，姜月萍，牟必强，译. 北京：电子工业出版社，2017.

[19] Rolf Isermann. 动态系统辨识：导论与应用[M]. 杨帆，耿立辉，倪博溢，译. 北京：机械工业出版社，2016.

[20] 冷雨泉，张会文，张伟，等. 机器学习入门到实战：MATLAB实践应用[M]. 北京：清华大学出版社，2019.

[21] Ethem Alpaydin. 机器学习导论[M]. 范明，昝红英，牛常勇，译. 北京：机械工业出版社，2015.

[22] 焦李成，赵进，杨淑媛，等. 深度学习、优化与识别[M]. 北京：清华大学出版社，2017.

[23] Vladimir N. Vapnik. 统计学习理论[M]. 徐建华，张学工，译. 北京：电子工业出版社，2009.

[24] 李博. 机器学习实践应用[M]. 北京：人民邮电出版社，2017.

[25] Yoshua Bengio. 人工智能中的深度结构学习[M]. 俞凯，吴科，译. 北京：人民邮电出版社，2017.

[26] 周志华. 机器学习[M]. 北京：清华大学出版社，2016.

[27] 赵卫东，董亮. 机器学习[M]. 北京：人民邮电出版社，2018.

[28] 袁梅宇. 机器学习基础：原理、算法与实践[M]. 北京：清华大学出版社，2018.

[29] 吕云翔，马连韬，刘卓然，等. 机器学习基础[M]. 北京：清华大学出版社，2018.

[30] KANTARDZIC M. 数据挖掘：概念、模型、方法和算法[M]. 2版. 王晓海，吴志刚，译. 北京：清华大学出版社，2013.

[31] REIX N, LODI M. A novel machine learning-derived decision tree including uPA/PAI-1 for breast cancer care[J]. Clinical Chemistry and Laboratory Medicine (CCLM), 2019, 57(6).

[32] RYU S, KANG J. Machine learning-based fast angular prediction mode decision technique in video coding [J]. IEEE Transactions on Image Processing, 2018, 27(11): 5525 - 5538.

[33] SEGALL A, FRANCOIS E, RUSANOVSKY D, et al. JVET common test conditions and evaluation procedures for HDR/WCG video[C]. Proceedings of the Joint Video Exploration Team 5th Meeting. Geneva: JVET, 2017.

[34] 周志华. 机器学习[M]. 北京：清华大学出版社，2016.

[35] 赵卫东，董亮. 机器学习[M]. 北京：人民邮电出版社，2018.

[36] 袁梅宇. 机器学习基础：原理、算法与实践[M]. 北京：清华大学出版社，2018.

[37] 吕云翔，马连韬，刘卓然，等. 机器学习基础[M]. 北京：清华大学出版社，2018.

[38] KANTARDZIC M. 数据挖掘：概念、模型、方法和算法[M]. 2版. 王晓海，吴志刚，译. 北京：清华大学出版社，2013.

[39] PATIL D R，PATIL J B. Detection of Malicious JavaScript Code in Web Pages[J]. Indian Journal of Science & Technology，2017，10(19)：1-12.

[40] CHATTERJEE N，PAUL S，MUKHERJEE P，et al. Deadline and energy aware dynamic task mapping and scheduling for network-on-chip based multi-core platform [J]. Journal of Systems Architecture，2017，74：61-77.

[41] 许夙晖，慕晓冬，柴栋，等. 基于极限学习机参数迁移的域适应算法[J]. 自动化学报，2018，44(2)：311-317.

[42] 刘志刚，许少华，杜娟，等. 一种混合优化的结构自适应极限过程神经网络及应用[J]. 控制与决策，2018，33(7)：1335-1340.

[43] SRIVASTAVA N，HINTON G，KRIZHEVSKY A，et al. Dropout：a simple way to prevent neural networks from over fitting [J]. Journal of Machine Learning Research，2014，15(1)：1929-1958.

[44] SACCHET MD，PRASAD G，FOLANDROSSL C，et al. Elucidating brain connectivity networks in major depressive disorder using classification-based scoring [J]. IEEE International Symposium on Biomedical Imaging，2014，2014：246-249.

[45] MULDERS PC，VAN EIJNDHOVEN PF，SCHENE AH，et al. Resting-state functional connectivity in major depressive disorder：A review[J]. Neuroscience & Bio-behavioral Reviews，2015，56：330-344.

[46] 胡长胜，詹曙，吴从中. 基于深度特征学习的图像超分辨率重建[J]. 自动化学报，2017，43(5)：814-821.

[47] 王振武. 大数据挖掘与应用[M]. 北京：清华大学出版社，2017.

[48] 肖云鹏，卢星宇，许明，等. 机器学习经典算法实践[M]. 北京：清华大学出版社，2018.

[49] YEF，LOU XY，SUN LF. An improved chaotic fruit fly optimization based on a mutation strategy for simultaneous feature selection and parameter optimization for SVM and its applications[J]. Plos，One，2017，12(4)：e0173516.